IC芯片设计中的
静态时序分析实践

[美]　J. 巴斯卡尔 （J. Bhasker）
　　　拉凯什·查达 （Rakesh Chadha）　著

　　　刘斐然　译

机 械 工 业 出 版 社

本书深度介绍了芯片设计中用静态时序分析进行时序验证的基本知识和应用方法，涉及包括互连线模型、时序计算和串扰等在内的影响纳米级电路设计时序的重要问题，并详细解释了在不同工艺、环境、互连工艺角和片上变化（OCV）下进行时序检查的方法，同时详细介绍了层次化块（Block）、全芯片及特殊IO接口的时序验证，并提供了SDC、SDF及SPEF格式的完整介绍。

本书适合芯片设计和ASIC时序验证领域的专业人士，以及逻辑和芯片设计专业的学生和教师阅读。不管是刚开始使用静态时序分析的初学者，还是精通静态时序分析的专业人士，本书都是优秀的教材或参考资料。

译者的话

十几年前我刚入行时，数字 IC 设计远没有现在这么火爆，作为从半导体材料转行的我来说，需要恶补许多基础知识。有幸读到了本书的原版 *Static Timing Analysis for Nanometer Designs：A Practical Approach*，让我职业生涯起步相对顺利。这些年国内数字 IC 设计的发展一直稳中有进，直到 2018 年因为众所周知的原因，突然进入了快车道，随着新公司的不断成立，薪水的节节攀升，越来越多零基础的新人入行，他们碰到了和我当年同样的困扰，希望本书可以帮助这些读者夯实基础。

本书用通俗易懂的语言，从基础开始，为初学者搭建了知识框架，适合常备案头，时时翻阅。开篇介绍了什么是 STA（时序分析），为什么要进行 STA？明确目标后，开始介绍标准单元库和互连寄生参数。有了这两样，就可以计算单元延迟和线延迟。在搭建好 STA 环境后，就进入了真正的时序检查：建立时间和保持时间。接着进一步介绍了如何处理接口时序，如何处理串扰，以及验证的鲁棒性。最后，介绍了 SDC、SDF、SPEF 这 3 种最常用的文件格式。至此，各位读者已经了解了 STA 的基础知识，剩下的就是在工作中实践了。至于 STA 更高阶的技术和知识，本书中并未涉及，目前市面上也并未有理想的书籍介绍，不得不说是种遗憾了。

本书在业内已经小有名气了，很多人都读过它，以前我还疑惑为什么一直没人翻译呢？知道翻译费后，我悟了！转念一想，读书人的事，怎么能这么功利？这"电"，我用爱"发"了！等到真正动手翻译才认识到"读得懂"和"写出来"之间的距离，认识到随便翻译几段和把将近 600 页英文书变成可出版的翻译稿之间的差距，自己挖的坑，含着泪也要填完。翻译时碰到最大的问题就是专业名词的翻译，其实日常工作中都是使用英文名词，有些词汇似乎从来没被翻译过，所以还请各位读者了解，要想工作中顺畅沟通，还是有必要掌握英文专业名词的。

另外，书中有些明显的错误，我估计是作者笔误，翻译时已经修改过了，并加了注释。虽经过仔细校对，但本人水平有限，难免错漏，望各位读者海涵。

最后要感谢这一年多来，家人在背后的默默付出，尤其是爱妻璐璐，是她的支持让本书的出版成为可能。

任何建议和想法，请联系我的邮箱 sta_ic@foxmail.com。

刘斐然

原书前言

时序（Timing），时序，时序！这是数字电路工程师在设计一块半导体芯片时最需要关注的部分。时序是什么，它是怎么被描述的，它是怎么被验证（Verify）的？一个大型数字设计的设计团队可能会花费数月来设计架构，进行迭代，以达到要求的时序目标。除了功能验证外，时序收敛（Timing Closure）也是一个里程碑，它决定了一块芯片什么时候可以被交付给半导体工厂（Foundry）生产。本书介绍了如何用 STA（Static Timing Analysis，静态时序分析）为纳米级芯片进行时序验证。

本书的内容来源于我们在复杂纳米级芯片时序验证方面多年的工作经验。我们咨询了很多工程师，尝试去了解 STA 的各个方面以及相应的背景。不幸的是，现在没有一本书可以让工程师马上了解 STA 的具体细节。芯片工程师缺少时序相关的参考指南，就是那种涵盖从基础知识到先进时序验证方法的资料。

本书的目的是为 STA 领域的初学者以及资深工程师提供一本参考书。本书既介绍了根本的理论背景，也深入介绍了如何用 STA 进行时序验证。本书涵盖的知识点包括：单元时序（Cell Timing）、互连线（Interconnect）、时序计算（Timing Calculation）以及串扰（Crosstalk），这些都能影响纳米级芯片的时序。本书介绍了时序信息是如何存储在单元库（Cell Libraries）中的，这些库又是如何被综合工具（Synthesis Tools）和 STA 工具用来计算和验证时序的。

本书所讲述的主题包括了 CMOS（Complementary Metal Oxide Semiconductor，互补金属氧化物半导体）逻辑门（Logic Gates）、单元库（Cell Library）、时序弧（Timing Arcs）、波形转换率（Waveform Slew）、单元电容（Cell Capacitance）、时序模型（Timing Modeling）、互连线寄生参数（Interconnect Parasitic）及耦合效应（Coupling）、布局前后（Pre-Layout and Post-Layout）的互连线模型、延迟计算（Delay Calculation）、用来分析内部时序路径和 IO（Input/Output，输入输出）接口的时序约束规范（Specification），还包括了先进模型的概念，比如 CCS（Composite Current Source，复合电流源）时序和噪声模型，包括动态功耗和漏电功耗的功耗模型，以及串扰效应对时序和噪声的影响。

STA 从简单块（Block）的验证开始，这对刚进入本领域的新人很有用。然后会涉及复杂纳米级设计所用到的概念，比如 OCV（On-Chip Variation，片上变化）的模型、门控时钟（Clock Gating）、半周期（Half-Cycle）和多周期（Multicycle）路径、伪路径（False Paths），以及源同步（Source Synchronous）IO 接口时序，比如 DDR（Double Data Rate，双倍数据速率）存储器接口。本书详细介绍了如何在不同工艺、环境以及互连线工艺角（Corner）下进行时序分析；层次化（Hierarchical）设计方法所需要的全局时序验证和层次化模块时序验证；如何建立时序分析环境以及多个具体的时序分析案例；时序检查是如何进行的，并提供了几个常用的场景（Scenarios）来帮助说明这一概念。也对 MMMC（Multi-Mode Multi-Corner，多模式多工艺角）分析、功耗管理（Power Management），以及统计时序分析（Statistical Timing Analyses）进行了介绍。

本书在附录部分提供了一些背景参考资料。这些资料完整介绍了几种常用格式：SDC（Synopsys Design Constraints，新思设计约束）、SDF（Standard Delay Format，标准延迟格式），以及 SPEF（Standard Parasitic Exchange Format，标准寄生交换格式⊖）。本书也介绍了这些格式是如何为 STA 提供时序分析所需信息的。SDF 提供了单元延迟和互连线延迟。SPEF 提供寄生参数信息，也就是设计中所有线的电阻电容网络。SDF 和 SPEF 都是行业标准，也都有详细介绍。SDC 格式被用来提供时序规范或者待分析设计的约束。这包括进行分析的环境的规范。SDC 是事实上的描述时序规范的行业标准。

本书的目标读者包括芯片设计以及 ASIC（Application-Specific Integrated Circuit，专用集成电路）时序验证的专业人士，也包括在逻辑和芯片设计领域的学生。无论是刚接触 STA 的初学者，还是熟知 STA 的专业人士，都可以使用本书，因为本书涵盖了很广的知识范围。本书旨在用易读易懂的解释，搭配图表的详细时序报告，来介绍时序分析的方方面面。

本书可以作为具有数字逻辑设计背景知识的工程师的时序验证课程的教材，也可以作为高校数字逻辑设计课程的第 2 本教科书，学生可以从中学习 STA 的基础知识并把它运用到课程里的任意逻辑设计上。

本书特别强调并详细解释了所有相关的基础概念，我们相信这些基础概念是学习更复杂知识的基础。本书既介绍了理论背景，也用相关的纳米级设计的真实案例说明了 STA 的实际操作方法，希望为工程师和学生填补该领域的空白。

虽然本书主要介绍的是 CMOS 数字同步设计，但是，这些基本原理也可以应用到其他相关的设计上，比如 FPGA 和异步设计等。

本书架构

本书先介绍基础的概念，再引入更复杂的知识点：以基础的时序概念作为开始，然后是常用的库模型和延迟计算方法，接着是纳米级设计的噪声和串扰的处理方法；详细的背景介绍完之后，会介绍使用 STA 进行时序验证的几个关键知识点；最后两章会介绍更高阶的话题，包括特殊 IO 接口的验证、门控时钟、时序借用（Time Borrowing）、功耗管理、多工艺角时序验证，以及统计时序分析。

第 1 章介绍了什么是 STA 以及它是怎么用来时序验证的。功耗和可靠性也要在 STA 中考虑。**第 2 章**介绍了 CMOS 逻辑的基础知识以及 STA 相关的术语。

⊖ 原文中将 SPEF 解释为 Standard Parasitic Extraction Format，但根据 IEEE Std 1481-1999，应为 Standard Parasitic Exchange Format。译文中将全部采用 Standard Parasitic Exchange Format。——译者注

第 **3** 章介绍了时序相关信息是如何存储在常见的库单元（Library Cell）中的。虽然 1 个库单元包含很多属性，但本章只专注于那些和时序、串扰以及功耗分析相关的属性。在纳米级工艺中，互连线对时序的影响占支配地位。第 **4** 章概括介绍了互连寄生参数的各种建模技术和表示方法。

第 **5** 章解释了在布局前后的时序验证中，单元延迟（Cell Delay）和路径延迟（Path Delay）是如何计算的。它扩展了之前章节提到的概念以得到整个设计的时序。

在纳米级工艺中，串扰在设计的信号完整性（Signal Integrity）方面扮演了重要的角色。相关的噪声和串扰分析，也就是毛刺分析和串扰分析，这些内容在第 **6** 章有介绍。这些技术被用来确保 ASIC 在时序方面有足够的鲁棒性。

第 **7** 章是后续章节的必要准备。它介绍了时序分析的环境是如何配置的，以及如何指定时钟、IO 特性、伪路径以及多周期路径。第 **8** 章介绍了时序检查，它是多种时序分析方法中的一部分。这包括了建立时间、保持时间、异步时钟恢复时间检查以及移除时间检查。这些时序检查是为了确保待分析设计的时序得到全面的验证。

第 **9** 章的重点在特殊接口的时序验证。比如源同步（Source Synchronous）和存储器接口（包括 DDR 接口）。其他进阶的且重要的知识点，如时序借用、层次化设计、功耗管理，以及统计时序分析都在第 **10** 章有介绍。

SDC 格式在**附录 A** 中有介绍。该格式被用来指定设计的时序约束。**附录 B** 用一些实例详细描述了延迟是如何被反标（Back-annotated）的。该格式用 ASCII（American Standard Code for Information Interchange，美国信息交换标准代码）的格式记录设计的延迟。该格式被很多工具支持。**附录 C** 介绍了 SPEF 格式，该格式用来描述设计的寄生电阻和寄生电容。

所有时序报告都是用 PrimeTime 生成的，这是来自 Synopsys 公司的 STA 工具。

致谢

我们要向 eSilicon 公司致以诚挚的感谢，给我们这个机会完成本书。

我们也要向那些在审查初稿时提供了大量宝贵建议的人们致以诚挚的感谢，他们是

Kit-Lam Cheong, Ravi Kurlagunda, Johnson Limqueco, Pete Jarvis, Sanjana Nair, Gilbert Nguyen, Chris Papademetrious, Pierrick Pedron, Hai Phuong, Sachin Sapatnekar, Ravi Shankar, Chris Smirga, Bill Tuohy, Yeffi Vanatta, and Hormoz Yaghutiel。

他们珍贵的反馈意见极大地提高了本书的质量和有效性。

最后也是最重要的，我们要感谢我们的家庭，感谢他们对我们写作本书的支持。

Rakesh Chadha 博士

J. Bhasker 博士

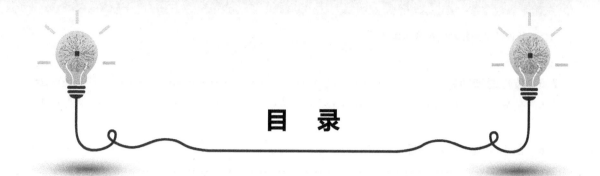

目 录

译者的话

原书前言

第 1 章　引言

本章概述了纳米级设计（Nanometer Designs）的 STA 方法，解决了一些关键问题，比如：什么是 STA，噪声（Noise）和串扰（Crosstalk）的影响，这些分析是如何进行的，以及在整个设计流程中何时被采用。

1.1　纳米级设计

在半导体器件中，金属互连线通常被用来连接电路中的各个部分，进而实现整个芯片。随着制造工艺的进一步缩小，这些互连线对芯片性能的影响开始显现。对于深亚微米（Deep Submicron）或者纳米级的工艺⊖，互连线之间的耦合电容会引起噪声和串扰，而这两者都会限制芯片的运行速度。在老旧工艺中，噪声和耦合效应都是可以忽略不计的，而现在它们在纳米级工艺中扮演重要的角色。所以物理实现（Physical Design，或者叫后端设计）和设计验证（Design Verification）都应该考虑串扰和噪声的影响。

1.2　什么是 STA

STA（Static Timing Analysis，静态时序分析） 是多种验证数字电路时序方法中的一种。另一种验证时序的方法是时序仿真（Timing Simulation），它不仅可以验证时序，还可以验证功能。"时序分析"这个词通常被用来指代这两种方法——STA，或者时序仿真——中的一种。所以简单地说，时序分析就是指分析电路的时序问题。

STA 中的"静态"是指整个电路的分析是静态进行的，不依赖于输入端口的激励（Stimulus）。这和基于仿真的时序分析形成了鲜明对比。时序仿真时，在输入端口施加激励，电路的行为被观察和验证，然后随时间进行施加新的激励，新的电路行为被观察和验证，诸如此类。

STA 的目的就是去验证 1 个电路是否可以在给定的 1 组时钟、给定的电路外部环境下，正常工作在额定速度上。也就是说，这个电路可以安全地工作在指定的时钟频率上而没有任

⊖　深亚微米是指制程工艺具有 0.25μm 或者更低的特征尺寸（Feature Size）。制程工艺的特征尺寸在 0.1μm 以下时被称为纳米工艺。常见的纳米制程工艺有 90nm、65nm、45nm，以及 32nm。更先进的制程工艺通常需要更多层金属互连。

何时序违例（Timing Violations）。图 1-1 展示了 STA 的基本功能。DUA 是指待分析设计（Design Under Analysis）。一些时序检查的例子是建立时间检查（Setup Timing Check）和保持时间检查（Hold Timing Check）。建立时间检查保证了数据可以在给定的时钟周期内到达触发器（Flip-Flop）。保持时间检查保证了数据至少稳定了一段时间，没有预料之外的数据到达触发器，这保证了触发器读取了正确的数据。这些保证了触发器可以抓到正确的数据并且为新的状态保存好这些数据。

STA 更重要的意义在于整个设计只需要分析一次就可以对所有可能的场景和路径进行必要的时序分析。因此，STA 是一种完备的验证设计时序的方法。

DUA 通常使用硬件描述语言比如 VHDL[⊖] 或者 Verilog HDL[⊖]。外部环境，包括时钟定义，通常使用 SDC[⊜] 格式或其他有同等功能的格式。SDC 是一种时序约束的标准语言。时序报

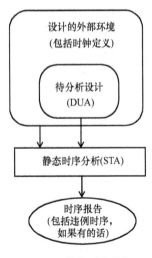

图 1-1　静态时序分析

告是 ASCII 格式，通常有许多列，每列显示路径延迟的 1 个属性。本书提供了很多时序报告实例作为说明。

1.3　为什么要进行 STA

STA 可以对设计中所有时序进行完备的验证。其他的时序分析方法比如时序仿真，只能验证被激励执行到的部分时序。通过时序仿真验证只能验证到使用测试向量（Test Vectors）的部分。如果想验证 1 个千万门级甚至上亿门级设计的所有时序，速度会非常慢，并且也做不到彻底验证。所以，想通过时序仿真来进行完整的验证是非常困难的。

相比之下，STA 提供了一种更快捷更简单的方式去检查和分析设计中所有时序路径的任何时序违例。鉴于如今 ASIC 设计的复杂度，芯片可能达到千万门级甚至上亿门级，STA 已经成为设计时序完备验证的必要方法。

串扰和噪声

设计的功能和性能都会受到噪声的限制。噪声产生的原因有：信号线之间的串扰，主要输入端口或电源引入的噪声。噪声的影响会限制设计的频率，也可能会造成功能错误。所以，设计的物理实现必须验证具有鲁棒性，这意味着设计可以运行在额定频率并容忍一定的噪声。

⊖　详情见参考文献 BHA99。

⊜　详情见参考文献 BHA05。

⊜　新思设计约束（Synopsys Design Constraints）：它是事实上的标准，但也是 Synopsys 公司的专利格式。

基于逻辑仿真的验证无法处理串扰、噪声和片上变化（On-chip Variation，OCV）的影响。

本书中描述的分析方法不仅包括传统的时序分析技巧，也包括验证噪声对设计影响的噪声分析。

1.4 设计流程

本节主要描述了本书其余部分使用的 CMOS 数字设计流程。简要说明了设计流程在 FPGA（Field Programmable Gate Array，现场可编程门阵列）和异步设计（Asynchronous Designs）中的应用。

1.4.1 CMOS 数字设计

在 CMOS 数字设计流程中，STA 可以在物理实现的各个阶段中进行。图 1-2 展示了一种典型的流程。

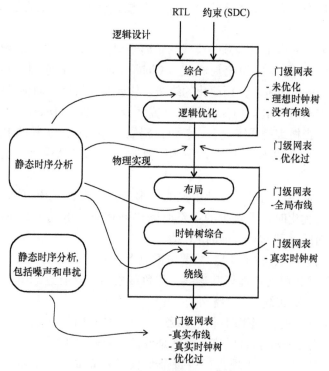

图 1-2 CMOS 数字设计流程

STA 很少在 RTL（Register Transfer Level，寄存器传输级）阶段完成，因为这一阶段最重要的任务是验证功能而不是时序。同时由于块（Block）的描述还处在行为级（Behavioral Level），并不是所有的时序信息都是准备好的。一旦 RTL 级的设计被综合

（Synthesized）到门级（Gate Level）网表，就可以用 STA 来验证设计的时序。STA 可以在逻辑优化之前运行，这是为了提前确定最差或关键的时序路径。STA 也可以在逻辑优化之后再次运行，这是为了检查是否还有遗留的时序违例路径需要再次优化，或者确定关键的时序路径。

在物理实现的开始，时钟树被认为是理想的，即时钟树上的延迟为零。一旦物理实现开始，时钟树被综合好，STA 将再次检查时序。事实上，在物理实现的过程中，STA 可以在每个阶段执行来确定最差的时序路径。

在物理实现过程中，所有的逻辑单元被金属互连线连接起来。金属绕线的寄生 RC（Resistance and Capacitance，电阻和电容）会影响经过这些绕线的信号路径延迟。在典型的纳米级设计中，互连线的寄生参数是造成延迟和功耗损失的主要原因。所以，对设计的任何分析都应该评估互连线对性能（频率、功耗等）的影响。综上所述，信号线之间的耦合效应会带来噪声，验证时必须考虑噪声对性能的影响。

在逻辑设计阶段，因为没有关于布局的物理信息，可以假设互连线是理想状态的，此阶段更关注是哪些逻辑造成了最差的时序路径。还有一种技术在此阶段被用来估计互连线的长度，那就是线负载模型（Wireload Model）。线负载模型会基于单元的扇出（Fan-out）估算出 RC 值。

在完成绕线之前，后端工具会预估绕线的距离来得到该绕线的 RC 寄生参数。因为绕线没有最终确定，这一阶段被称为全局布线（Global Route），和它对应的阶段是最终布线（Final Route）。在全局布线阶段，用简化的绕线来估计绕线长度，而估计的绕线则用来估计电阻和电容值。这些电阻和电容值又被用来计算线延迟（Wire Delay）。在这一阶段，耦合效应是无法分析的。当精细绕线完成后，就可以提取（Extract）实际的 RC 值来分析耦合效应的影响了。但是，物理实现工具在计算 RC 值时，可能仍然会使用近似值来缩短运行时间。

提取工具是用来从绕线完成的设计中提取详细的寄生参数（RC 值）。提取工具通常具有以下选项：在迭代优化时，用较少的运行时间得到相对较低精度的 RC 值；在最终验证时，用更长的运行时间得到非常精准的 RC 值。

总结一下，在门级网表运行 STA，需要考虑以下条件：

1）互连线是如何建模的：理想互连线，线负载模型，具有近似 RC 值的全局布线，或者具有精准 RC 值的真实布线。

2）时钟是如何建模的：理想时钟（零延迟）或者传播时钟（真实延迟）。

3）是否考虑信号之间的耦合效应，也就是说是否分析串扰噪声。

图 1-2 似乎暗示 STA 是在实现过程中每个步骤以外完成的，也就是说 STA 是在综合、逻辑优化以及物理实现的每个步骤之后进行的。但实际上，这些步骤在实现功能时都进行集成的（递进的）STA。比如，逻辑优化步骤中的时序分析引擎就负责找到关键时序路径并对其优化。类似地，布局工具集成的时序分析引擎就负责在逐渐布局的过程中保持时序的质量。

1.4.2 FPGA 设计

STA 的基本流程也适用于 FPGA。即使在 FPGA 中，绕线受制于通道，提取寄生参数和运行 STA 的机制也是和 CMOS 数字设计流程是一样的。比如，在运行 STA 时，可以假设互连线是理想的或者使用线负载模型，可以假设时钟树是理想的或者真实的，可以假设全局布线或者真实布线来计算寄生参数。

1.4.3 异步设计

STA 的原理也适用于异步设计（Asynchronous Design）。异步设计更关注从 1 个信号到另 1 个信号的时序，而不是检查那些可能不存在的建立时间和保持时间。所以，大部分的检查是点到点的时序分析或者时钟偏移（Skew）检查。噪声分析用于分析耦合效应引起的毛刺现象，这既适用于同步设计，也适用于异步设计。同样地，噪声分析考虑到耦合效应对时序的影响，也同样适用于异步设计。

1.5　不同阶段的 STA

在逻辑级（门级，没有布局布线），STA 要用到以下模型：
1）理想互连线或者基于线负载模型的互连线。
2）带有预估时钟抖动（Clock Jitter）和时钟延迟（Clock Latency）的理想时钟。
在物理实现阶段，除了以上模型，STA 还会用到：
1）互连线：可以是使用预估 RC 值的全局布线，可以是提取近似 RC 值的真实布线，也可以是使用签核（Sign off）精度的真实布线。
2）时钟树：真实时钟树。
3）包括或不包括串扰的影响。

1.6　STA 的局限性

虽然时序和噪声分析在任何情况下都可以很好地分析设计中的时序问题，但在最先进的工艺中仍然无法用 STA 来完全替代时序仿真。这是因为 STA 仍然无法捕捉和验证时序验证的某些方面。

STA 的局限性：
1）复位序列（Reset Sequence）：要检查是否所有的触发器在收到异步或同步复位信号后都复位到所需的逻辑值，STA 是做不到的。芯片可能无法退出复位状态。这是因为一些特定的声明，比如某些信号的初始值，没有被综合，且只能在仿真时验证。
2）X 状态处理：STA 只能处理逻辑 0 和逻辑 1（或者高电平/低电平）的逻辑域，或者电平上升和下降。设计中 1 个未知的状态 X 会造成不确定的值在设计中传播，STA 无法进行这种检查。即使 STA 的噪声分析可以分析并传播设计中的毛刺，但这一类型的毛刺分析和传播与未知状态 X 的处理也是非常不同的，后者是纳米级设计的基于时序仿真的时序验证的一部分。

3）PLL（Phase-Locked Loops，锁相环）设置：PLL 的配置可能没有被正确读取和设置。

4）跨异步时钟域（Asynchronous Clock Domain Crossings）：STA 不能检查是否使用了正确的时钟同步器，需要其他工具来保证在跨异步时钟域的地方都有正确的时钟同步器。

5）IO 接口时序：仅依靠 STA 的约束来指定 IO 接口的需求是不太可能的。举例来说，工程师可能用 SDRAM 仿真模型，为 DDR 接口选择精细的电路级仿真。这种仿真可以保证读取和写入存储器都有足够的余量，也保证在必要时可以用 DLL（Delay Locked Loop，延迟锁相环）（如果有）来对齐信号。

6）模拟和数字块（Block）之间的接口：因为 STA 不能处理模拟块，需要相应的验证方法来确保两种块之间的连接是正确的。

7）伪路径：STA 确保逻辑路径的时序满足所有的要求，并且标记出那些不满足要求的逻辑路径。在很多情况下，哪怕逻辑值永远不可能传播到这条路径，STA 还是标记了这条路径为违例路径。这种情况的发生，通常是由于系统应用使用不到这条路径，或者互相冲突的情况发生在这条违例路径上。这些时序路径被称为伪路径，因为它们永远不会被用到。如果使用了正确的包括伪路径和多周期的时序约束，STA 的结果会好很多。在大多数情况下，设计者可以运用他们对设计的内在理解来指定约束，这样在 STA 的过程中删除伪路径。

8）FIFO（First In，First Out，先进先出）指针不同步：当 2 个应该是同步的有限状态机（Finite State Machines）不同步时，STA 不能发现该问题。在功能仿真时，2 个有限状态机是可能一直同步并且在锁步（Lock-Step）时一起改变。但是，考虑到存在延迟，1 个有限状态机可能会和另 1 个不同步，通常是由于 1 个有限状态机的复位（Reset）信号比另 1 个更早。STA 检测不到这种情况。

9）时钟同步逻辑：STA 不能发现时钟生成逻辑和时钟定义不符。STA 会假定时钟生成器会提供时钟定义里指定的波形。时钟生成逻辑可能会被错误地优化，比如，1 条没有被正确约束的路径被插入 1 个巨大的延迟。再比如，添加的逻辑可能会改变时钟的占空比（Duty Cycle）。STA 不能检测到任何一种可能的情况。

10）跨时钟周期的功能性行为：STA 不能建模或仿真那些跨时钟周期的功能性行为变化。

尽管存在以上局限性，STA 依然广泛用于验证设计的时序，而仿真（带有时序或单位延迟）则作为备用手段检查极端情况，或作为更简单的验证设计的普通功能模式。

1.7 功耗考虑

功耗是物理实现中的重要因素。大多数设计需要在电路板和系统的功耗预算内运行。功耗考虑越来越重要，可能是因为需要符合标准，并且（或者）要满足芯片运行的电路板或系统的热预算约束。总功耗（Total Power）和待机功耗（Standby Power）通常是独立的约束。待机功耗通常是手持设备或者电池供电设备的强制约束。

在大多数实际设计中，功耗和时序通常息息相关。工程师倾向于用更快（或更高速度）的单元去满足速度的要求，但很可能会违反现有的功耗约束。在选择工艺和单元库时，功耗是一个重要的考虑因素。

1.8　可靠性考虑

设计实现必须满足可靠性要求。如在 1.4.1 小节中所述，金属互连线的寄生 RC 限制了设计的性能。除了寄生参数，金属线的宽度也要考虑可靠性的要求。比如，1 个高速时钟信号的走线必须足够宽，来满足可靠性的要求，比如电迁移。

1.9　本书概要

尽管 STA 在表面上看起来是一个很简单的概念，但在它背后还是有很多背景知识。基础概念的范围从精确的表达单元延迟到在最小悲观度下计算最差路径延迟。常见的概念有计算单元延迟、计算组合逻辑块时序、时钟关系、多时钟域以及门控时钟，这些概念共同构成了 STA 的重要基础。为设计写出一个正确的 SDC，这确实是个挑战。

本书是按照从下至上（Bottom-Up）的顺序编写的。先介绍简单的概念，然后介绍进阶的概念。本书首先介绍了如何精确表示单元延迟（**第 3 章**）。**第 4 章**介绍了如何估计或计算准确的互连线延迟，以及有效的表示方法。**第 5 章**介绍了如何计算由互连线和单元组成的时序路径延迟。**第 6 章**介绍了信号完整性，也就是信号在相邻线上翻转时的效应以及该效应是如何影响本条路径的延迟的。**第 7 章**介绍了如何用时钟定义和路径例外来准确表示 DUA 的环境。**第 8 章**介绍了 STA 如何进行时序检查。**第 9 章**介绍了跨多种接口的 IO 时序建模。最后，**第 10 章**介绍了进阶的时序检查，比如 OCV、门控时钟检查、功耗管理以及统计时序分析。附录提供了 SDC（用来表示时序约束）、SDF（用来表示单元和线延迟），以及 SPEF（用来表示寄生参数）的详细描述。

第 7~10 章是 STA 验证的核心部分。它们之前的章节为更好地理解 STA 提供了坚实的理论基础以及具体实践的详细描述。

第 2 章　STA 概念

本章介绍了 CMOS 技术的基础知识以及进行 STA 所涉及的术语。

2.1　CMOS 逻辑设计

2.1.1　基本 MOS 结构

MOS（Metal Oxide Semiconductor，金属氧化物半导体）晶体管（NMOS[⊖]和 PMOS[⊖]）的物理实现如图 2-1 所示。源极（Source）和漏极（Drain）之间的距离就是 MOS 晶体管的长度。用来制造 MOS 晶体管的最小长度通常就是 CMOS 技术工艺的最小特征尺寸（Feature Size）。举例来说，0.25μm 工艺允许 MOS 晶体管有 0.25μm 或者更大的沟道长度（Channel Length）。通过缩小沟道（Channel）的尺寸，晶体管的尺寸会变小，这样在一定区域内就可以封装更多的晶体管。正如我们将在本章中看到的，更小的尺寸也会让设计在更高的速度上运行。

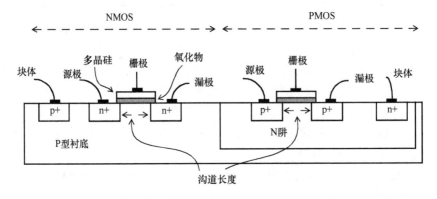

图 2-1　NMOS 和 PMOS 晶体管的结构

2.1.2　CMOS 逻辑门

CMOS 逻辑门（Logic Gate）是用 NMOS 和 PMOS 晶体管搭建的。图 2-2 是一个 CMOS 反

⊖　N 型沟道金属氧化物半导体，N-channel Metal Oxide Semiconductor。

⊖　P 型沟道金属氧化物半导体，P-channel Metal Oxide Semiconductor。

相器（Inverter）的示例。CMOS 反相器的两种稳定状态取决于输入的状态。当输入 A 是低电平（Vss 或者逻辑 0），NMOS 晶体管是关断（Off）状态，PMOS 晶体管是导通（On）状态，这导致输出 Z 被上拉至 Vdd，也就是逻辑 1。当输入 A 是高电平（Vdd 或逻辑 1），NMOS 晶体管是导通状态，PMOS 晶体管是关断状态，这导致输出 Z 被下拉到 Vss，也就是逻辑 0。在上述两种状态的任一种里，CMOS 反相器都是稳定的，不会从输入 A 或者电源 Vdd 吸取任何电流$^{\ominus}$。

CMOS 反相器的特性可以扩展到任何 CMOS 逻辑门。在 CMOS 逻辑门中，输出节点被上拉结构（由 PMOS 晶体管构成）连接到 Vdd，被下拉结构（由 NMOS 晶体管构成）连接到 Vss。举例来说，图 2-3 所示为一个两输入的 CMOS 与非门（Nand Gate）。在本例中，上拉结构由 2 个并联的 PMOS 晶体管构成，下拉结构由 2 个串联的 NMOS 晶体管构成。

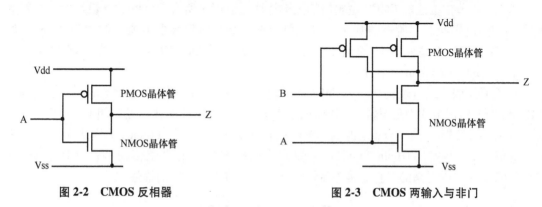

图 2-2　CMOS 反相器　　　　　　图 2-3　CMOS 两输入与非门

对于任何 CMOS 逻辑门，上拉和下拉结构是互补的。对于逻辑 0 或者逻辑 1 的输入，如果上拉状态是导通的，那下拉状态是关闭的；类似地，如果上拉状态是关闭的，那下拉状态就是导通的。下拉和上拉结构是被 CMOS 门实现的逻辑函数控制的。例如，在 CMOS 与非门中，控制下拉结构的函数是"A 与 B"，也就是说，当 A 和 B 都是逻辑 1，下拉结构导通。类似地，控制上拉结构的函数是"不是 A，或者不是 B"，也就是说，当 A 或 B 至少有 1 个是逻辑 0，上拉结构导通。这些特性确保了基于控制上拉结构的函数，输出节点的逻辑会被上拉到 Vdd。因为下拉结构是被互补函数控制，当上拉结构的函数结果为 0，输出节点会处于逻辑 0。

对于逻辑 0 或者逻辑 1 的输入，在稳定状态下，CMOS 逻辑门不会从输入或者电源吸取任何电流，因为上拉结构和下拉结构不会同时处于导通状态$^{\ominus}$。CMOS 逻辑的另 1 个重要方面是输入仅对上一级构成电容性负载（Capacitive Load）。

CMOS 逻辑是反相门，意味着单独的输入翻转（Switch，上升或下降）只能造成输出向

$\ominus$　取决于 CMOS 工艺的特性，即使是在稳定状态，也有很小的漏电流被吸取。

$\ominus$　只有在转换时，上拉结构和下拉结构才会同时处于开启状态。

相反的方向翻转，也就是说，输出不能和翻转的输入向同一方向翻转。但是，CMOS 逻辑门可以串联起来实现更复杂的功能——反相或者不反相。

2.1.3 标准单元

芯片中的大多数复杂功能通常是由基本的构建模块（Building Blocks）来实现的。这些基本的模块实现了简单的逻辑功能，比如与（And）、或（Or）、与非（Nand）、或非（Nor）、与或非（And-Or-Invert）、或与非（Or-And-Invert），以及触发器（Flip-Flop）。这些基本的模块是预先设计好的，被称为**标准单元（Standard Cell）**。标准单元的功能和时序已经预先特征化（Pre-Characterized），供设计师使用。设计师就可以使用标准单元作为基本的构建模块来实现需要的功能。

2.1.2 小节中描述的 CMOS 逻辑门的关键特性是适用于所有 CMOS 数字设计的。当输入处于稳定的逻辑状态，所有的数字 CMOS 单元都不会从电源吸取电流（漏电流除外）。所以，大部分的功耗是和设计的活动相关，是由设计中的 CMOS 单元输入端的充放电（Charging and Discharging）引起的。

什么是逻辑 1 或者逻辑 0？在 CMOS 单元里，VIHmin 和 VILmax 定义了范围：任何高于 VIHmin 的电压都被认为是逻辑 1，任何低于 VILmax 的电压都被认为是逻辑 0。如图 2-4 所示，0.13μm 工艺、1.2V Vdd 电源的 CMOS 反相器单元，典型的 VILmax 值为 0.465V，VIHmin 的值为 0.625V。VIHmin 和 VILmax 的值是从标准单元的直流传输特性（DC Transfer Characteristics）中得来的。直流传输特性会在 6.2.3 节中有详细的描述。

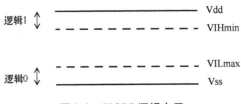

图 2-4 CMOS 逻辑电平

想了解更多关于 CMOS 技术的信息，请阅读本书最后的相关参考文献。

2.2 CMOS 单元建模

如果一个标准单元的输出引脚驱动多个扇出单元，该输出引脚的总电容，就等于所有它驱动的单元的输入引脚电容，加上组成该线（Net）的所有线段（Wire Segment）的电容，再加上驱动单元的输出电容。注意，在 CMOS 单元中，单元的输入只表现为电容性负载。

图 2-5 展示了一个例子：1 个单元 G1 驱动了 3 个其他单元——G2、G3 和 G4。Cs1、Cs2、Cs3 和 Cs4 是组成这条线的所有线段的电容值。所以：

Total cap (Output *G1*) = Cout(*G1*) + Cin(*G2*) + Cin(*G3*) +
                          Cin(*G4*) + Cs1 + Cs2 + Cs3 + Cs4
Cout 是单元的输出引脚电容。
Cin 是单元的输入引脚电容。

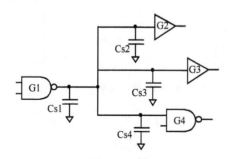

图 2-5 线上的电容

这个总电容就是单元 G1 翻转的时候需要充放电的电容，所以总电容的值影响单元 G1 的时序。

从时序的角度看，我们需要对 CMOS 单元建模，来帮助我们分析经过该单元的时序。每个输入引脚都指定了输入引脚电容。每个输出引脚也可以指定电容，但大部分 CMOS 逻辑单元都没有包括输出引脚的电容。

当输出为逻辑 1，输出级的上拉结构导通，它提供了一条从输出到 Vdd 的路径。类似地，当输出为逻辑 0，输出级的下拉结构提供了一条从输出到 Vss 的路径。当 CMOS 单元的状态翻转（Switch State）时，翻转的速度是由输出线（Output Net）电容的充放电速度决定的。输出线电容（见图 2-5）的充放电是通过上拉结构和下拉结构分别进行的。注意，上拉结构和下拉结构中的通道对输出的充放电路径构成电阻。充放电路径的电阻是决定 CMOS 单元速度的主要因素。上拉电阻的倒数被称为单元的输出高电平驱动（Output High Drive）。输出上拉结构越大，上拉电阻越小，单元的输出高电平驱动就越大。更大的输出结构也意味着这个单元有更大的面积。输出上拉结构越小，单元的面积越小，单元的输出高电平驱动越小。同样的概念也可以应用到下拉结构上，它决定了下拉路径的电阻值以及输出低电平驱动（Output Low Drive）。通常，单元被设计成有相似的上拉和下拉驱动能力（同样大，或同样小）。

输出驱动决定了可以驱动的最大电容负载（Maximum Capacitive Load）。而最大电容负载又决定了最大扇出（Fan-out）的数量，也就是说，决定了可以驱动多少个单元。更高的输出驱动对应着更低的输出上拉和下拉电阻，这让单元在输出引脚可以充放电更大的负载。

图 2-6 所示为 CMOS 单元的等效抽象模型（Equivalent Abstract Model）。这个模型是为了抽象出单元的时序行为，所以仅对输入级和输出级建模。这个模型不能表达单元的内在延迟或电学行为。

CpinA 是单元输入 A 的输入引脚电容。Rdh 和 Rdl 是单元输出驱动电阻，这 2 个电阻会

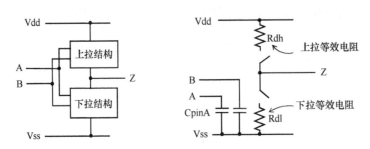

图 2-6　CMOS 单元和它的电学等效模型

根据单元驱动的负载来确定输出引脚 Z 的上升和下降时间。这个驱动电阻也决定了单元的最大扇出限制。

图 2-7 中的线和图 2-5 是一样的，不同的是图 2-7 是用等效模型来表示单元。

Cwire = Cs1 + Cs2 + Cs3 + Cs4

Output charging delay (for high or low) = Rout * (Cwire + Cin2 +Cin3 +Cin4)

在上面的表达式中，Rout 是 Rdh 或者 Rdl 中的 1 个。Rdh 是上拉输出电阻，Rdl 是下拉输出驱动电阻。

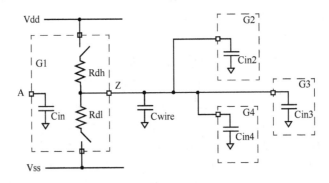

图 2-7　线的 CMOS 等效模型

2.3　电平翻转波形

如图 2-8a 所示，当闭合开关 SW0，电压施加到 RC 网络，输出变为逻辑 1。假设当闭合 SW0 时，电压尚处在 0V，输出端电压转换（Voltage Transition）由以下公式表示：

$$V = Vdd * [1 - e^{-t/(Rdh * Cload)}]$$

该上升电压波形如图 2-8b 所示。乘积（Rdh * Cload）被称为 **RC 时间常数**（RC Time Constant），通常该常数和输出的转换时间（Transition Time）有关。

当断开 SW0 并闭合 SW1，输出从逻辑 1 变为逻辑 0，输出电压转换如图 2-8c 所示。输出电容通过处于导通状态的 SW1 放电。这种情况下，输出电压转换由以下公式表示：

$$V = Vdd * e^{-t/(Rdl * Cload)}$$

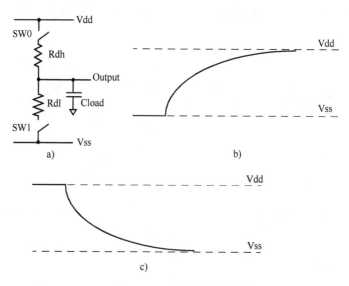

图 2-8　RC 充放电波形

在一个 CMOS 单元中，因为 PMOS 上拉晶体管和 NMOS 下拉晶体管会在极短的时间内同时导通，所以输出的充放电波形看起来不会像图 2-8 中 RC 的充放电波形那样。图 2-9 说明了在输出从逻辑 1 翻转到逻辑 0 的不同阶段，一个 CMOS 反相单元内的电流路径（Current Path）。图 2-9a 说明了当上拉和下拉结构同时导通时的电流流动。随后，图 2-9b 说明了上拉结构关断后的电流流动。当输出到达最终状态后，由于电容 Cload 完全放电，此时没有电流流动。

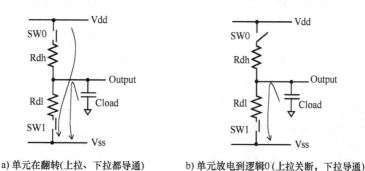

a) 单元在翻转(上拉、下拉都导通)　　　b) 单元放电到逻辑0(上拉关断，下拉导通)

图 2-9　CMOS 单元输出各阶段电流流动

图 2-10a 说明了 CMOS 单元输出上的典型波形。注意转换波形（Transition Waveforms）是如何逐渐向 Vss 轨（Vss Rail）和 Vdd 轨（Vdd Rail）弯曲的，且波形的线性部分处于波形的中间位置。

在本书中，我们将用图 2-10b 中所示的简化图来描述一些波形。它显示了波形具有转换时间，也就是从 1 个逻辑状态转换到另 1 个逻辑状态所需的时间。图 2-10c 显示了同样的波形但是转换时间为 0，也就是说，这是理想波形。在本书中，我们将交替使用这两种波形来解释概念，但是现实中，每个波形都有如图 2-10a 所示的真实的沿特性。

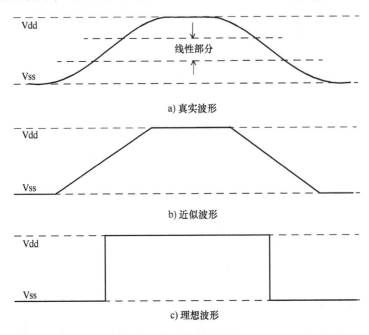

a) 真实波形

b) 近似波形

c) 理想波形

图 2-10　CMOS 输出波形

2.4　传播延迟

考虑一个 CMOS 反相单元以及它的输入和输出波形。单元的传播延迟（Propagation Delay）是用翻转波形上的一些测量点来定义的。比如用以下 4 个变量来定义的点：

\# 输入下降沿阈值点：
input_threshold_pct_fall : 50.0;
\# 输入上升沿阈值点：
input_threshold_pct_rise : 50.0;
\# 输出下降沿阈值点：
output_threshold_pct_fall : 50.0;
\# 输出上升沿阈值点：
output_threshold_pct_rise : 50.0;

这些变量是一个指令集的一部分，该指令集是用来描述单元库的（该指令集在 Liberty[⊖]中有描述）。这些阈值参数是由 Vdd 或者电源的百分比定义的。对大多数标准单元库来说，通常 50%的阈值被用来测量延迟。上升沿（Rising Edge）是指从逻辑 0 到逻辑 1 的转换。下

　　⊖　详情见参考文献［LIB］。

降沿（Falling Edge）是指从逻辑 1 到逻辑 0 的转换。

以图 2-11 中的反相器单元和引脚的波形为例。传播延迟用以下值表示：

1）输出下降沿延迟（Tf）

2）输出上升沿延迟（Tr）

通常这 2 个值是不同的。图 2-11 说明了这 2 个传播延迟是如何测量的。

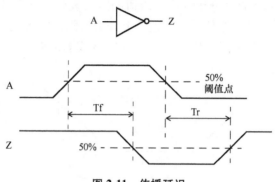

图 2-11　传播延迟

如果我们只考虑理想波形，传播延迟就只是简单的 2 个沿（Edge）之间的延迟，如图 2-12所示。

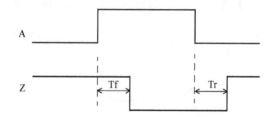

图 2-12　使用理想波形的传播延迟

2.5　波形的转换率

转换率（Slew Rate）被定义为改变的速率。在 STA 中，上升或下降波形是用电平转换的快慢来测量的。转换率通常是由**转换时间**（Transition Time）来衡量的，转换时间就是信号在 2 个指定电平之间转换所需的时间。注意，转换时间实际是转换率的倒数⊖——转换时间越大，转换率越慢，反之亦然。图 2-10 说明了 CMOS 单元输出上的典型波形。这个波形在末段是渐进的，很难判断转换时间精确的开始和结束点。因此，用指定的阈值水平来定义转换时间。例如，转换率阈值设置可以是：

　⊖　日常使用中，slew 和 transition 常被当作同义词混用，并不区分。——译者注

下降沿阈值：
slew_lower_threshold_pct_fall : 30.0;
slew_upper_threshold_pct_fall : 70.0;
上升沿阈值：
slew_lower_threshold_pct_rise : 30.0;
slew_upper_threshold_pct_rise : 70.0;

这些阈值被指定为 Vdd 的百分比。这些阈值的定义表明，下降转换率就是下降沿到达 70% Vdd 和 30% Vdd 的时间的差值。类似地，上升沿的阈值定义表明，上升转换率就是上升沿到达 30% Vdd 和 70% Vdd 的时间的差值。图 2-13 用图形来说明。

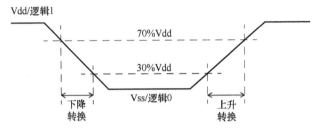

图 2-13　上升和下降的转换时间

图 2-14 展示了另一个例子。下降沿的转换率用 20~80（20%~80%）来定义，上升沿的转换率用 10~90（10%~90%）来定义。下面是这个例子的具体设定。

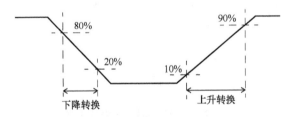

图 2-14　转换率设定方法的另一个例子

下降沿阈值：
slew_lower_threshold_pct_fall : 20.0;
slew_upper_threshold_pct_fall : 80.0;
上升沿阈值：
slew_lower_threshold_pct_rise : 10.0;
slew_upper_threshold_pct_rise : 90.0;

2.6　信号之间的偏移

偏移（Skew）是 2 个或多个信号的时序之差，信号可以是数据也可以是时钟。比如，如果 1 个时钟树（Clock Tree）有 500 个终点，有 50ps 的偏移，这意味着最长的时钟路径和最短的时钟路径的延迟差为 50ps。图 2-15 展示了 1 个时钟树的例子。时钟树的起点通常是定义时钟的节点。时钟树的终点通常是同步元件（比如触发器）的时钟引脚。时钟延迟（Clock Latency）是信号从时钟源（Clock Source）到终点的时间。时钟偏移（Clock Skew）是时钟树到达每个终点的时间差。

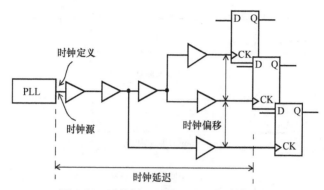

图 2-15　时钟树、时钟延迟以及时钟偏移

　　一个理想的时钟树是假设时钟源拥有无限的驱动能力，也就是说时钟可以驱动无限多个终点且没有延迟。另外，时钟树包含的任何单元都假定为 0 延迟（Zero Delay）。在逻辑设计的早期，STA 通常是假设理想时钟树来进行的，这是为了专注分析数据路径（Data Path）。在理想时钟树中，默认时钟偏移为 0ps。可以用约束 set_clock_latency 来明确指定时钟树的延迟（Latency）。下面的例子指定了时钟树的延迟：

set_clock_latency 2.2 [**get_clocks** BZCLK]
　#上升沿和下降沿的延迟都是 2.2ns.
　#如果上升沿和下降沿的延迟不一致，用-*rise*和-*fall*来分别指定.

　　时钟树的时钟偏移（Clock Skew）也可以用约束 set_clock_uncertainty 来明确设定具体的值：

set_clock_uncertainty 0.250 -**setup** [**get_clocks** BZCLK]
set_clock_uncertainty 0.100 -**hold** [**get_clocks** BZCLK]

set_clock_uncertainty 指定了 1 个时间窗口，时钟的沿可能在这个窗口内的任意时间出现。这个时钟沿时序的不确定性（Uncertainty）是为了考虑到几个因素，比如时钟周期的抖动（Clock Period Jitter），以及时序验证需要的额外余量（Margin）。每一个真实的时钟源都有一定量的抖动（Jitter），所谓抖动就是 1 个时间窗口，时钟沿可能出现在窗口内的任意时间。时钟周期抖动是由时钟发生器的类型决定的。现实中，没有理想的时钟，也就是说所有的时钟都有一定量的抖动，而且在定义时钟的不确定性时应包含抖动。

　　在时钟树实现（Implemented）之前，时钟的不确定性也必须包含实现后可预期的偏移（Skew）。

　　我们可以为建立时间检查（Setup Check）和保持时间检查（Hold Check）分别设定不同的时钟不确定性。保持时间检查的不确定性不需要包括时钟抖动，所以通常保持时间检查的不确定性（Uncertainty）比较小。

图 2-16 的例子展示了 1 个具有 250ps 不确定性的时钟。图 2-16b 展示了逻辑传播到下 1 个触发器的可用时间是如何减去不确定性的。这相当于验证设计可以运行在更高的频率上。

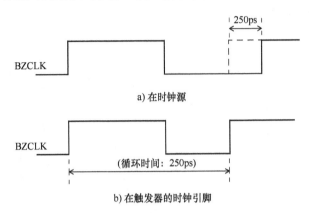

a）在时钟源

b）在触发器的时钟引脚

图 2-16　时钟建立时间不确定性

如图 2-16 所指定，set_clock_uncertainty 也可以用来建模任何额外的余量（Margin）。比如，一个设计师可能会用 50ps 的时序余量作为设计中的额外悲观余量。这部分余量可以被加到 set_clock_uncertainty 命令中。通常，在时钟树被实现（Implemented）前，set_clock_uncertainty 指定的值通常要包括时钟抖动（Jitter）、时钟偏移（Skew）、以及额外的悲观值。

```
set_clock_latency 2.0 [get_clocks USBCLK]
set_clock_uncertainty 0.2 [get_clocks USBCLK]
    # 200ps 的不确定性可能包括了50ps 的时钟抖动、100ps 的时钟偏移，以及50ps
    # 的额外悲观值。
```

我们之后将会看到 set_clock_uncertainty 是如何影响建立时间和保持时间的检查。最好把时钟不确定性考虑成最终裕量（Slack）计算时的偏离（Offset）。

2.7　时序弧和单调性

每 1 个单元都有多个时序弧（Timing Arc）。举例来说，1 个组合逻辑单元，比如与门（And）、或门（Or）、与非门（Nand）、或非门（Nor）、加法器（Adder）单元，每个输入到每个输出都有时序弧。时序单元比如触发器，有从时钟到输出的时序弧，有数据引脚（Data Pin）对时钟的时序约束（Timing Constraint）。每个时序弧都有时序极性（Timing Sense），也就是说，对应输入上不同类型的转换（Transition），输出是如何变化的。如果输入的上升转换引起输出的上升（或者不变），输入的下降转换引起输出的下降（或者不变），这都是正单调（Positive Unate）。比如，与门和或门的时序弧就是正单调，如图 2-17a 所示。

如果输入的上升转换引起输出的下降转换（或者不变），输入的下降转换引起输出的上升转换（或者不变），这都是负单调（Negative Unate）。比如，与非门和或非门的时序弧就是负单调，如图 2-17b 所示。

如果输出的转换不能由输入转换的方向单独决定，也要取决于其他输入的状态，这就是非单调（Non-unate）时序弧。比如，异或门（XOR，Exclusive-Or）的时序弧就是非单调的⊖，如图 2-17c 所示。

单调性对时序是很重要的。它决定了电平沿（电平转换）是如何通过单元传播的，以及是如何出现在单元输出上的。

可以利用时序弧的非单调性，比如使用异或门来翻转时钟的极性（Polarity），如图 2-18 所示。如果输入 POLCTRL 是逻辑 0，单元 UXOR0 输出上的时钟 DDRCLK 和输入时钟 MEMCLK 有一样的极性。如果 POLCTRL 是逻辑 1，单元 UXOR0 输出上的时钟就有和输入时钟 MEMCLK 相反的极性。

a) 正单调弧

b) 负单调弧

c) 非单调弧

或

图 2-17　时序弧的极性

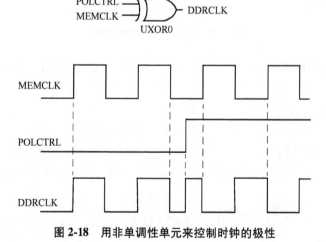

图 2-18　用非单调性单元来控制时钟的极性

2.8　最小和最大时序路径

逻辑传播通过逻辑路径的总时间被称为路径延迟（Path Delay）。这包括通过路径上各种

⊖　异或门（XOR）是正单调和负单调的，可为它指定依赖状态的时序弧。这在第 3 章中有描述。

逻辑单元（Cell）以及线（Net）的总延迟。通常情况下，逻辑可以通过几条不同的路径传播到终点。而实际路径取决于这条逻辑路径上其他输入的状态，如图 2-19 中的例子。因为到达终点有多条路径，可以得到到达终点的最大时序和最小时序。相应地，最大时序路径和最小时序路径被分别称为最大路径（Max Path）和最小路径（Min Path）。2 个端点的最大路径就是拥有最大延迟的路径（也就是最长路径）。类似地，最小路径就是拥有最小延迟的路径（也就是最短路径）。请注意，最长和最短指的是路径上的累计延迟，而不是路径上的单元个数。

图 2-19 展示了 1 条触发器间的数据路径。UFF1 和 UFF3 之间的最大路径是经过 UNAND0、UBUF2、UOR2 以及 UNAND6 单元，而最小路径是经过 UOR4 和 UNAND6 单元。注意在这个例子里，最大和最小路径的终点都是触发器 UFF3 的 D 引脚（Pin）。

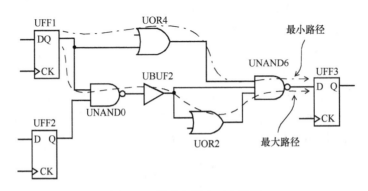

图 2-19　最大和最小时序路径

最大路径通常也叫作晚路径（Late Path），最小路径通常也叫作早路径（Early Path）。

当考虑 1 条从 UFF1 到 UFF3 这样的触发器到触发器的路径，1 个触发器发出数据，另 1 个触发器接收数据。这种情况下，因为 UFF1 发出数据，UFF1 就被称为发射触发器（Launch Flip-flop）。UFF3 捕获数据，UFF3 被称为捕获触发器（Capture Flip-flop）。注意，"发射"和"捕获"这样的术语不是固定的，是由触发器到触发器的路径决定的。比如，如果 1 条路径中任何触发器捕获了 UFF3 发射的数据，UFF3 就变成了发射触发器。

2.9　时钟域

在同步逻辑设计中，1 个周期时钟信号（Periodic Clock Signal）将计算出的新数据锁存（Latch）到寄存器中。这个新数据是基于上 1 个时钟周期（Clock Cycle）的触发器值。该锁存的数据被用来计算下 1 个时钟周期的数据。

1 个时钟通常驱动（Feed）许多触发器。由同一个时钟驱动的一组触发器被称为该时钟的时钟域（Clock Domain）。在 1 个典型的设计中，通常有多个时钟域。比如，200 个触发器可以被时钟 USBCLK 驱动，1000 个触发器可以被时钟 MEMCLK 驱动。图 2-20 描述了寄存器和它们的时钟。在这个例子中，我们称这里有 2 个时钟域。

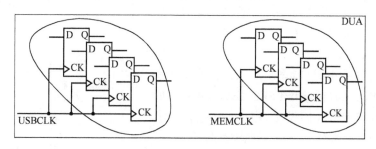

图 2-20　2 个时钟域

1 个有趣的问题是，这 2 个时钟域是相互独立的还是有关联的。答案取决于是否有数据路径从 1 个时钟域开始，到另 1 个时钟域结束。如果没有这样的路径，我们可以肯定地说这 2 个时钟域是相互独立的。这意味着，没有时序路径是从 1 个时钟域开始，到另 1 个时钟域结束。

如果确实有数据路径跨时钟域（如图 2-21 所示），必须去确定这条路径是真还是假。例如，真实的路径就是 1 个有 2 信速时钟的触发器驱动 1 个有 1 信速时钟的触发器。伪路径（False Path）就是设计师将时钟同步器（Clock Synchronizer）逻辑明确地放在 2 个时钟域之间。在这种情况下，即使有从 1 个时钟域到另 1 个时钟域的路径，这也不是真实的时序路径，因为没有约束数据要在 1 个时钟周期内传播通过同步器逻辑。所以这样的路径被称为伪路径，不是真实路径，因为时钟同步器确保了数据可以正确地从 1 个时钟域传递到另 1 个时钟域。可以使用 set_false_path 来指定时钟域之间的伪路径，比如：

set_false_path -from [**get_clocks** USBCLK] \
　-to [**get_clocks** MEMCLK]
在第 8 章中会详细介绍这个命令。

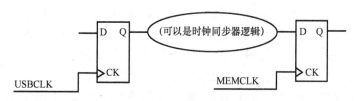

图 2-21　跨时钟域

即使没有在图 2-21 中描述，跨时钟域也可以是双向的，从 USBCLK 时钟域到 MEMCLK 时钟域，从 MEMCLK 时钟域到 USBCLK 时钟域。在 STA 中需要理解并处理好这两种情况。

为什么要讨论跨时钟域的路径呢？通常一个设计有大量的时钟，可能有海量的跨时钟域路径。判断哪些跨时钟域路径是真实的，哪些不是，是时序验证重要的一部分。这确保了设计师专注于验证真实的时序路径。

图 2-22 展示了时钟域的另一个例子。1 个多路复用器（Multiplexer）选择时钟源——根据设计的工作模式来选择是哪个时钟。只有 1 个时钟域，但是有 2 个时钟，而且这 2 个时钟是互斥的，同一时间只有 1 个时钟处于激活（Active）状态。所以，在这个例子里，要注意 USBCLK 时钟域和 USBCLKx2 时钟域之间永远不可能存在路径。（假设多路复用器是静态的，并且在设计中的其他部分不存在这种路径）。

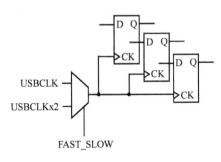

图 2-22　互斥时钟

2.10　工作条件

STA 通常是在特定的工作条件[⊖]（Operating Condition）下进行的。工作条件是由工艺（Process）、电压（Voltage）和温度（Temperature）（PVT）共同定义的。单元延迟和互连延迟是在特定的工作条件下计算的。

半导体代工厂（Semiconductor Foundry）会给数字设计师提供 3 种制造工艺模型（Manufacturing Process Model）：慢速（Slow）工艺模型，典型（Typical）工艺模型，以及快速（Fast）工艺模型。慢速和快速工艺模型代表了代工厂制造工艺的极端工艺角（Corner）。对于鲁棒（Robust）设计，应该在极端制造工艺角，以及温度和电压都极端的环境下进行验证。图 2-23a[⊖]说明了单元延迟是如何跟随工艺角变化的，图 2-23b 说明了单元延迟是如何跟随电压变化的，图 2-23c 说明了单元延迟是如何跟随温度变化的。所以，决定 STA 用什么工作条件是非常重要的。

选用什么工作条件进行 STA，也要受限于这些工作条件有哪些可用的单元库。3 种标准的工作条件是：

1）WCS（Worst-Case Slow）：工艺是慢（Slow），温度是最高（比如 125℃），电压是最低（比如额定电压减去 10%）。对于使用低功耗（Low Power）供电的纳米级设计，可能会有另 1 个 WCS 工艺角，它具有最慢工艺、最低电压以及最低温度。低温下的延迟并不总是比高温下的延迟小。这是因为对于纳米级工艺，器件的阈值电压（Vt）和供电电压的差值变小了。在这种情况下，对于低供电电压，轻负载的单元在低温下的延迟要比高温下的大。对于高 Vt（更高阈值，更大延迟）单元，或者标准 Vt（常规阈值，更低延迟）单元，情况更是如此。延迟在低温下的这种异常行为叫温度反转（Temperature Inversion），见图 2-23c。

2）TYP（Typical）：工艺是典型（Typical），温度是标称（比如 25℃），电压是额定

⊖　设计中的单元有不同的电压，STA 可以分析这种设计。我们之后会介绍这种情况是如何处理的。STA 也可以用统计的方式进行，这在第 10 章中会介绍。

⊖　原书图 2-23a 延迟从 Slow（慢）到 Fast（快）是变大的，这与事实不符，似乎是作者的笔误，现在展示的图片经过了重绘。——译者注

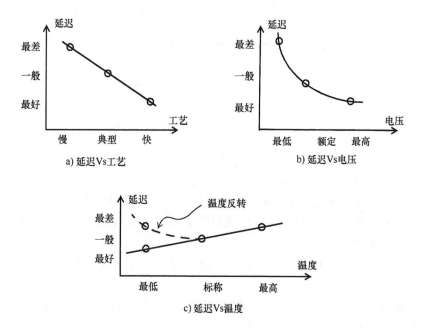

图 2-23　不同 PVT 下延迟的变化

（比如 1.2V）。

3）BCF（Best-Case Fast）：工艺是快（Fast），温度是最低（比如-40℃），电压是最高（比如额定电压 1.2V 加 10%）。

进行功耗分析（Power Analysis）的环境条件通常和 STA 的条件不一样。对于功耗分析，工作条件可以是：

1）ML（Maximal Leakage，最大漏电流）：工艺是快（Fast），温度是最高（比如 125℃），电压也是最高（比如 1.2V 加 10%）。该工作条件有最大的漏电功耗（Leakage Power）。对大多数设计来说，该工作条件也有最大的动态功耗（Active Power）。

2）TL（Typical Leakage，典型漏电流）：工艺是典型（Typical），温度是最高（比如 125℃），电压是额定电压（比如 1.2V）。该工作条件下大部分设计具有典型漏电流，因为正常工作时的发热，芯片温度会变高。

STA 是基于读入和链接的库（Library）来进行的。可以使用 set_operating_conditions 来明确指定设计的工作条件。

set_operating_conditions "WCCOM" **-library** mychip
使用单元库 *mychip* 中定义的工作条件 *WCCOM*.

各种工作条件都有相应的单元库，选择哪些工作条件进行分析取决于 STA 读入了哪些单元库。

第3章 标准单元库

本章将介绍时序信息在单元库中是如何描述的。这个单元可以是1个标准单元、1个IO缓存器，或者复杂的IP（Intellectual Property，知识产权）核，比如USB核。

除了时序信息，单元库还包括了其他一些属性，比如单元的面积和功能，虽然这些属性和时序没关系，但是它们在RTL综合时是需要考虑到的。在本章里，我们只需要关注和时序以及功耗计算相关的属性。

1个库单元可以用多种标准格式来描述。这些格式在本质上是很相似的，这里我们采用Liberty格式来描述库单元。

在本章开始的部分会介绍线性以及非线性时序模型，接着在3.7节会介绍专门为深纳米工艺准备的先进时序模型。

3.1 引脚电容

单元的每个输入和输出都可以在引脚上指定引脚电容（Pin Capacitance）。在大多数情况下，只会指定输入的电容而不会指定输出的，在大多数单元库中，输出引脚的电容是0。

```
pin (INP1) {
  capacitance: 0.5;
  rise_capacitance: 0.5;
  rise_capacitance_range: (0.48, 0.52);
  fall_capacitance: 0.45;
  fall_capacitance_range: (0.435, 0.46);
  . . .
}
```

上面的例子展示了输入INP1的引脚电容值的常见规范。在它最基本的格式中，引脚电容被指定为单一值（在上面的例子中是0.5个单位）。电容的单位通常在库文件的开头被指定为皮法（Picofarad）。单元描述中也可以为rise_capacitance（0.5个单位）和fall_capacitance（0.45个单位）分别指定值，它们分别对应引脚INP1的上升和下降转换时间。rise_capacitance和fall_capacitance也可以被指定为范围，在描述中指定上下限的值。

3.2 时序建模

单元时序模型（Cell Timing Model）可以为设计环境中各种单元的实例（Instance）提供

精准时序信息。时序模型通常是从单元的详细电路仿真中得到的，用来给单元的实际运行场景建模。

让我们研究图 3-1 所示的 1 个简单反相器（Inverter）逻辑单元的时序弧。因为它是个反相器，输入的上升（下降）转换会导致输出的下降（上升）转换。表征反相器的是这两类延迟：

- Tr：输出上升延迟
- Tf：输出下降延迟

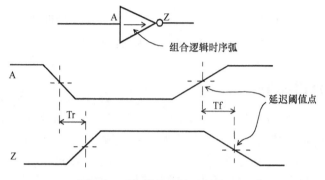

图 3-1　反相器单元的时序弧延迟

注意，延迟是基于库文件中定义的阈值点来计算的（见 2.4 节），通常是 50% 的 Vdd。所以，延迟是计算从输入跨过阈值点到输出跨过阈值点的时间。

通过反相器单元的时序弧的延迟是基于以下 2 个因素：

1）输出负载，也就是反相器输出引脚的电容负载；

2）信号在输入的转换时间（Transition Time）。

延迟的值和负载电容有直接关系：负载电容越大，延迟越大。在大多数情况下，延迟随着输入转换时间增加而增加。在少数情况下，输入阈值（用来计算延迟）和单元内部转换点（Internal Switching Point）有显著的不同。在这种情况下，单元的延迟可能和输入的转换时间呈现非单调性——更大的输入转换时间可能产生更小的延迟，尤其是输出负载较小时。

单元输出转换率（Slew）主要取决于输出电容——输出转换时间随输出电容增大而增大。所以，输入的较大转换率（较长的转换时间）可能在输出得到改善，这取决于单元类型和输出负载。图 3-2 展示了单元输出的转换时间是如何根据输出负载改善或恶化的。

3.2.1　线性时序模型

一种简单的时序模型是线性延迟模型（Linear Delay Model，LDM），单元的延迟和输出转换时间由 2 个参数的线性方程来表示：输入转换时间（Input Transition Time）和输出负载电容（Output Load Capacitance）。通过单元的延迟 D 用线性模型的一般形式表示如下：

D = D0 + D1 * S + D2 * C

式中，D0、D1、D2 都是常数，S 是输入转换时间，C 是输出负载电容。对于亚微米工艺，线性延迟模型对于一定范围内的输入转换时间和输出电容并不精确，所以现在大部分单元库采用了更复杂的模型，比如非线性延迟模型（Non-linear Delay Model，NLDM）。

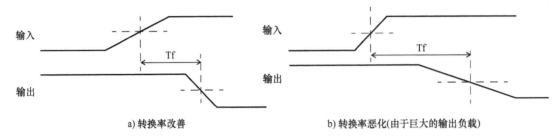

a) 转换率改善　　　　　　　　　　　b) 转换率恶化(由于巨大的输出负载)

图 3-2　通过单元时转换率的变化

3.2.2　非线性延迟模型

大部分单元库包括表模型（Table Model）来为单元的各种时序弧指定延迟和时序检查。一些用于纳米技术的较新的时序库还提供了基于电流源（Current Source）的高级时序模型（比如 CCS、ECSM 等），这将在本章后文中描述。这些表模型（Table Model）被称为 NLDM，它被用来计算延迟，输出转换率，或者其他时序检查。这个表模型通过单元输入引脚的输入转换时间（Input Transition Time）和单元输出引脚的总输出电容（Total Output Capacitance）这两者的各种组合，来查表得到通过单元的延迟。

延迟的 NLDM 通过二维表格来表示，2 个独立变量是输入转换时间和输出负载电容，表中的数值表示延迟。这里有 1 个典型的反相器单元的表格例子：

```
pin (OUT) {
 max_transition : 1.0;
 timing() {
  related_pin : "INP1";
  timing_sense : negative_unate;
  cell_rise(delay_template_3x3) {
   index_1 ("0.1, 0.3, 0.7"); /* Input transition */
   index_2 ("0.16, 0.35, 1.43"); /* Output capacitance */
   values (  /*   0.16      0.35     1.43 */ \
    /* 0.1 */   "0.0513, 0.1537, 0.5280", \
    /* 0.3 */   "0.1018, 0.2327, 0.6476", \
    /* 0.7 */   "0.1334, 0.2973, 0.7252");
  }
  cell_fall(delay_template_3x3) {
   index_1 ("0.1, 0.3, 0.7"); /* Input transition */
   index_2 ("0.16, 0.35, 1.43"); /* Output capacitance */
   values (  /*   0.16      0.35       1.43 */ \
    /* 0.1 */   "0.0617, 0.1537,   0.5280", \
    /* 0.3 */   "0.0918, 0.2027,   0.5676", \
    /* 0.7 */   "0.1034, 0.2273,   0.6452");
  }
```

在上面的例子中描述了输出接口 OUT 的延迟信息。这段节选的单元描述包括了从引脚 INP1 到引脚 OUT 时序弧的上升和下降延迟模型，以及引脚 OUT 所能允许的 max_transition。对上升延迟和下降延迟（对于输出引脚）有单独的模型，它们被分别标记为 **cell_rise** 和 **cell_fall**。索引（Index）的类型以及查表时索引的顺序在查表模板 delay_template_3x3 中有描述。

```
lu_table_template(delay_template_3x3) {
  variable_1 : input_net_transition;
  variable_2 : total_output_net_capacitance;
  index_1 ("1000, 1001, 1002");
  index_2 ("1000, 1001, 1002");
}/* 输入转换时间和输出负载电容可以是任一顺序，比如，variable_1
   可以是输出电容。但是这个顺序通常在 1 个库文件中是一致的。*/
```

这个查询表（Lookup Table）模板定义表中第 1 个变量是输入转换时间，第 2 个变量是输出电容。表的值类似于嵌套循环，第 1 个索引（**Index_1**）是外圈循环变量（或者变化较少的变量），第 2 个索引（**Index_2**）是内圈循环变量（或者变化较多的变量）。每个变量有 3 个条目，所以这对应 1 个 3×3 的表。在大多数情况下，条目也被按照表来格式化，第 1 个索引（**Index_1**）可以认为是行索引，第 2 个索引（**Index_2**）相当于列索引。索引值（比如 1000）是虚拟占位符（Dummy Placeholder），可以被 **cell_fall** 和 **cell_rise** 延迟表中的真实索引值覆盖。另一个指定索引值的方法是在模板定义时指定索引值，而不是在 **cell_rise** 和 **cell_fall** 表中指定它们。这样的模板看起来像这样：

```
lu_table_template(delay_template_3x3) {
  variable_1 : input_net_transition;
  variable_2 : total_output_net_capacitance;
  index_1 ("0.1, 0.3, 0.7");
  index_2 ("0.16, 0.35, 1.43");
}
```

基于上面的延迟表，输入下降转换时间为 0.3ns，输出负载为 0.16pF，相应的反相器的上升延迟为 0.1018ns。因为输入下降转换导致反相器的输出上升，应该用反相器输入的下降转换去查表得到上升延迟。

这种用表格来表示延迟的方法就是 NLDM，该表格是转换时间和负载的函数，因为表中的延迟是随着输入转换时间和负载电容非线性变化的。

该表模型也可以是三维的——比如拥有互补输出 Q 和 QN 的触发器，在 3.8 节对此有描述。

NLDM 不仅可以用来描述延迟，也可以用来描述单元输出的转换时间，该时间也是由输入转换时间和输出负载来表征。所以，也有单独的二维表来计算单元输出的上升和下降转换时间。

```
pin (OUT) {
  max_transition : 1.0;
  timing() {
```

```
related_pin : "INP";
timing_sense : negative_unate;
rise_transition(delay_template_3x3) {
  index_1 ("0.1, 0.3, 0.7"); /* Input transition */
  index_2 ("0.16, 0.35, 1.43"); /* Output capacitance */
  values ( /*   0.16      0.35      1.43 */ \
    /* 0.1 */ "0.0417,  0.1337,  0.4680", \
    /* 0.3 */ "0.0718,  0.1827,  0.5676", \
    /* 0.7 */ "0.1034,  0.2173,  0.6452");
}
fall_transition(delay_template_3x3) {
  index_1 ("0.1, 0.3, 0.7"); /* Input transition */
  index_2 ("0.16, 0.35, 1.43"); /* Output capacitance */
  values ( /*    0.16      0.35      1.43 */ \
    /* 0.1 */  "0.0817,  0.1937,  0.7280", \
    /* 0.3 */  "0.1018,  0.2327,  0.7676", \
    /* 0.7 */  "0.1334,  0.2973,  0.8452");
}
    . . .
  }
    . . .
}
```

有两种转换时间的表格：**rise_transition** 和 **fall_transition**。如第 2 章中描述的，转换时间是基于转换率阈值来计算的，通常是供电电压的 10% ~ 90%。

如上面说明的，1 个具有 NLDM 的反相器单元有以下表格：

- 上升延迟；
- 下降延迟；
- 上升转换时间；
- 下降转换时间。

如图 3-3 所示，基于该单元的输入转换时间和输出负载，上升延迟由 cell_rise 表格中 15ps 输入转换时间（下降）和 10fF 负载查表得到，下降延迟由 cell_fall 表格中 20ps 输入转换时间（上升）和 10fF 负载查表得到。

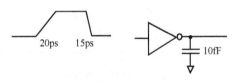

图 3-3　计算单元延迟的转换时间和电容

是哪里的信息表明这个单元是反相器呢？这一信息属于时序弧 timing_sense 字段。某些情况下，并没有指定这一字段，但是可以从接口功能字段推算出来。

对于例子中的反相器单元，时序弧属性 timing_sense 的值是 negative_unate，这表明输出接口的转换方向是和输入接口的转换方向相反的（负相关）。所以，要用输入接口的下降转换时间去查找 **cell_rise** 表格。

非线性延迟模型的查表示例

本节通过 1 个例子说明了如何查找表模型（Table Model）。如果输入转换时间和输出电容在表中都有对应的值，那么查表就很简单，因为时序值直接对应表中的索引值。下面的例子是一种常见的情况，表中没有要找的值。在这种情况下，二维插值法（Two-dimensional Interpolation）被用来得到时序的计算值。假设我们用输入转换时间 0.15ns 和输出电容 1.16pF 来查找下降转换时间（之前指定的示例表）。下降转换时间表中相应的部分被摘抄如下，用二维插值法计算：

```
fall_transition(delay_template_3x3) {
 index_1 ("0.1, 0.3 . . .");
 index_2 (". . . 0.35, 1.43");
 values ( \
   ". . . 0.1937, 0.7280", \
   ". . . 0.2327, 0.7676"
   . . .
```

在下面的公式中，2 个 **index_1** 值用 x_1 和 x_2 表示，2 个 **index_2** 值用 y_1 和 y_2 表示，相应的表中的查找值用 T_{11}、T_{12}、T_{21} 和 T_{22} 分别表示。

如果需要在表中查找（x_0，y_0）对应的值，那查找值 T_{00} 通过插值法得到：

$$T_{00} = x_{20} * y_{20} * T_{11} + x_{20} * y_{01} * T_{12} + x_{01} * y_{20} * T_{21} + x_{01} * y_{01} * T_{22}$$

式中

$$x_{01} = (x_0 - x_1) / (x_2 - x_1)$$
$$x_{20} = (x_2 - x_0) / (x_2 - x_1)$$
$$y_{01} = (y_0 - y_1) / (y_2 - y_1)$$
$$y_{20} = (y_2 - y_0) / (y_2 - y_1)$$

将 0.15 代入 **index_1**，1.16 代入 **index_2**，得到 **fall_transition** 的值：

$$T_{00} = 0.75 * 0.25 * 0.1937 + 0.75 * 0.75 * 0.7280 + 0.25 * 0.25 * 0.2327 + 0.25 * 0.75 * 0.7676 = 0.6043$$

注意，上面的公式对于插值法和外推法都有效，也就是当索引（x_0，y_0）超出索引特征化范围时依然成立。举个例子，用 **index_1** 0.05 和 **index_2** 1.7 去查表，下降转换时间的值是：

$$T_{00} = 1.25 * (-0.25) * 0.1937 + 1.25 * 1.25 * 0.7280 + (-0.25) * (-0.25) * 0.2327 + (-0.25) * 1.25 * 0.7676 = 0.8516$$

3.2.3 阈值规范和转换率减免

转换率[⊖]的值是基于库文件中设定的测量阈值。大部分旧工艺的库（0.25μm 或者更旧）用 10% 和 90% 作为转换率或者转换时间的测量阈值。

⊖ 转换率（Slew）和转换时间（Transition Time）是一样的。

转换率阈值的选择是和波形的线性部分对应的。随着工艺的进步，真实波形的线性部分通常是 30%~70%。所以，大部分较新工艺的时序库函数都设定 Vdd 的 30%~70% 作为转换率的测量点。但是，因为之前的转换时间是用 10% 和 90% 测量的，在移植（Populate）库时，用 30%~70% 测量的转换时间被翻倍了。这个问题用转换率减免系数（Slew Derate Factor）来解决，它的值通常是 0.5。转换率阈值为 30%~70%，且转换率减免系数为 0.5，就等效于用 10%~90% 测量的结果。下面阈值设定的例子可以进一步说明。

```
/* 阈值定义 */
slew_lower_threshold_pct_fall : 30.0;
slew_upper_threshold_pct_fall : 70.0;
slew_lower_threshold_pct_rise : 30.0;
slew_upper_threshold_pct_rise : 70.0;
input_threshold_pct_fall : 50.0;
input_threshold_pct_rise : 50.0;
output_threshold_pct_fall : 50.0;
output_threshold_pct_rise : 50.0;
slew_derate_from_library : 0.5;
```

上面的设置表明，库函数表格中的转换时间必须乘以 0.5 来得到转换率阈值（30~70）对应的转换时间。这意味着转换时间表格中的值（以及相应的索引值）是在 10~90 的阈值下测量的。在建库时（Characterization），转换时间在 30~70 阈值下测量，然后把测量数据外推到 10%~90% 阈值的情况 [(70-30)/(90-10)=0.5]。

另一个例子，不同的转换率阈值可能包括：

```
/* 阈值定义 20/80/1 */
slew_lower_threshold_pct_fall : 20.0;
slew_upper_threshold_pct_fall : 80.0;
slew_lower_threshold_pct_rise : 20.0;
slew_upper_threshold_pct_rise : 80.0;
/* slew_derate_from_library 没有指定 */
```

例子中的转换率阈值是 20~80，并且没有指定 slew_derate_from_library（默认为 1），意味着库文件中的转换时间不会减免（Derate）。转换时间表中的值就是直接由 20~80 阈值得到的，如图 3-4 所示。

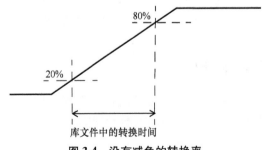

图 3-4　没有减免的转换率

另一个例子，库函数中的转换率阈值设置：
slew_lower_threshold_pct_rise : 20.00;
slew_upper_threshold_pct_rise : 80.00;
slew_lower_threshold_pct_fall : 20.00;
slew_upper_threshold_pct_fall : 80.00;
slew_derate_from_library : 0.6;

本例中，slew_derate_from_library 为 0.6，建库时转换率阈值是 20%~80%。这表明库文件中的转换时间表是阈值为 0%~100% 扩展得到的值 $[(80-20)/(100-0)=0.6]$，如图 3-5 所示。

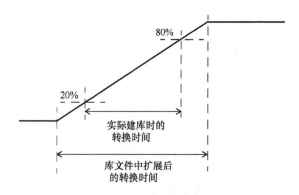

80%

20%

实际建库时的
转换时间

库文件中扩展后
的转换时间

图 3-5 应用了减免的转换率

当指定了转换率减免(Slew Derating)，转换率的值会在计算延迟时内部转换：
library_transition_time_value * slew_derate
这就是在计算延迟时工具使用的转换率，对应建库时的转换率阈值测量点。

3.3 时序模型——组合逻辑单元

让我们考虑一个双输入的与门单元的时序弧。这个单元的 2 个时序弧都是 positive_unate，所以，输入的上升对应着输出的上升，反之亦然，如图 3-6 所示。

对于双输入与门单元，有 4 种延迟：
- A→Z：输出上升；
- A→Z：输出下降；
- B→Z：输出上升；
- B→Z：输出下降。

这意味着对于 NLDM，为了表示延迟会有 4 个表模型 (Table Model)。类似地，也会有 4 个表模型来表示输出转换时间。

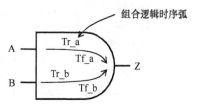

组合逻辑时序弧

A

Tr_a

Tf_a

Z

B

Tr_b

Tf_b

图 3-6 组合逻辑时序弧

3.3.1 延迟和转换率模型

下面的例子是 3 输入与非门的输入 INP1 和输出 OUT 的时序模型。

```
pin (OUT) {
  max_transition : 1.0;
  timing() {
    related_pin : "INP1";
    timing_sense : negative_unate;
    cell_rise(delay_template_3x3) {
      index_1 ("0.1, 0.3, 0.7");
      index_2 ("0.16, 0.35, 1.43");
      values ( \
        "0.0513, 0.1537, 0.5280", \
        "0.1018, 0.2327, 0.6476", \
        "0.1334, 0.2973, 0.7252");
      }
    rise_transition(delay_template_3x3) {
      index_1 ("0.1, 0.3, 0.7");
      index_2 ("0.16, 0.35, 1.43");
      values ( \
        "0.0417, 0.1337, 0.4680", \
        "0.0718, 0.1827, 0.5676", \
        "0.1034, 0.2173, 0.6452");
      }
    cell_fall(delay_template_3x3) {
      index_1 ("0.1, 0.3, 0.7");
      index_2 ("0.16, 0.35, 1.43");
      values ( \
        "0.0617, 0.1537, 0.5280", \
        "0.0918, 0.2027, 0.5676", \
        "0.1034, 0.2273, 0.6452");
      }
    fall_transition(delay_template_3x3) {
      index_1 ("0.1, 0.3, 0.7");
      index_2 ("0.16, 0.35, 1.43");
      values ( \
        "0.0817, 0.1937, 0.7280", \
        "0.1018, 0.2327, 0.7676", \
        "0.1334, 0.2973, 0.8452");
      }
      . . .
    }
    . . .
}
```

在这个例子中，用了 2 个单元延迟表（**cell_rise** 和 **cell_fall**），以及 2 个转换时间表（**rise_transition** 和 **fall_transition**）来表示从 INP1 到 OUT 的时序弧。输出 max_transition 的值也包括在上面的例子中。

正单调性（Positive Unate）**或负单调性**（Negative Unate）

正如 2.7 节中的描述，与非门单元例子中的时序弧是负单调性，也就是说输出引脚的转换方向和输入引脚的转换方向是相反的（负相关）。所以，**cell_rise** 查表是对应输入引脚的下降转换时间。另一方面，与门或者或门单元的时序弧就是正单调性，因为输出转换和输入转换是同方向的。

3.3.2　常用组合逻辑块

考虑以下有 3 个输入、2 个输出的组合逻辑块（Combinational Block），如图 3-7 所示。

像这样的逻辑块具有多个时序弧。通常，逻辑块的每个输入到输出都有时序弧。如果从输入到输出的逻辑路径是非反相（Non-inverting）或者正单调性，那么输出和输入具有相同的极性。

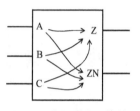

图 3-7　常用组合逻辑块

如果逻辑路径是反相路径或者负单调性，则输出和输入具有相反的极性，所以，当输入上升时，输出下降。这些时序弧表示了经过这个逻辑块的传播延迟。

有时，穿过组合逻辑单元的时序弧可以是正单调的，也可以是负单调的，比如，穿过双输入异或门单元的时序弧。在双输入异或门单元的某 1 个输入上的转换，可以造成输出转换是同相或者反相，这取决该单元另 1 个输入的逻辑状态。这些时序弧可以被描述成非单调性（Non-unate），或者两组不同的正单调性和负单调性时序模型，这取决于输入的状态。这种状态依赖的表会在 3.5 节中有更详细的描述。

3.4　时序模型——时序单元

考虑图 3-8 所示的时序单元的时序弧。

对于同步输入，比如引脚 D（或者 SI，SE），有以下时序弧：

1）建立时间（Setup）检查时序弧（上升和下降）；

2）保持时间（Hold）检查时序弧（上升和下降）。

对于异步输入，比如引脚 CDN，有以下时序弧：

1）恢复时间（Recovery）检查时序弧；

2）移除时间（Removal）检查时序弧。

对于触发器的同步输出，比如引脚 Q 或者 QN，有以下时序弧：

CK 到输出的传播延迟时序弧（上升和下降）。

所有的同步时序弧都和时钟有效沿相关，有效沿就是引起时序单元捕获数据的时钟沿。另外，时钟引脚和非同步引脚［比如清除引脚（Clear Pin）］之间会有脉冲宽度时序检查

（Pulse Width Timing Check）。图 3-9 展示了用不同信号波形进行时序检查。

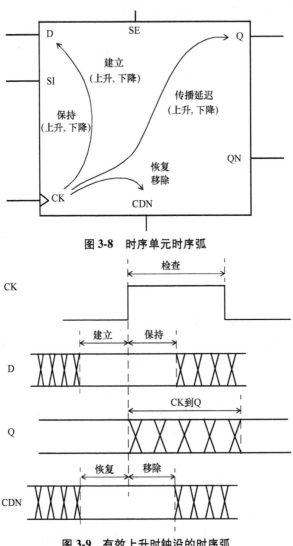

图 3-8　时序单元时序弧

图 3-9　有效上升时钟沿的时序弧

3.4.1　同步检查：建立时间和保持时间

建立（Setup）和保持（Hold）同步时序检查是为了保证数据正确的通过时序单元传播。这些检查保证了数据输入在时钟的有效沿是清晰唯一的，并且数据输入在有效沿被正确地锁存（Latched）。这些时序检查确保了在有效时钟沿附近数据输入是稳定的。在有效时钟前，数据输入必须保持稳定的最小时间叫作建立时间（Setup Time）。建立时间是测量最近的数据信号（Latest Data Signal）跨过它的阈值（通常是 50% Vdd）和有效时钟沿跨过它的阈值（通常是 50% Vdd）两者之间的时间间隔。类似地，保持时间（Hold Time）就是在有效时钟之后，数据输入必须保持稳定的最小时间。保持时间是测量有效时钟沿跨过它的阈值和最早的数据信号（Earliest Data Signal）跨过它的阈值两者之间的时间间隔。之前提到过，对于时序单元，时钟的有效沿就是引起时序单元捕捉数据的上升或下降沿。

1. 建立时间检查和保持时间检查的例子

一个时序单元的同步引脚的建立时间约束和保持时间约束通常用二维表来描述，如下面的例子所示。下面的例子展示了触发器数据引脚的建立时间和保持时间信息。

```
pin (D) {
  direction : input;
  . . .
  timing () {
    related_pin : "CK";
    timing_type : "setup_rising";
    rise_constraint ("setuphold_template_3x3") {
      index_1("0.4, 0.57, 0.84"); /* Data transition */
      index_2("0.4, 0.57, 0.84"); /* Clock transition */
      values( /*      0.4        0.57       0.84 */ \
        /* 0.4 */    "0.063,  0.093,   0.112", \
        /* 0.57 */   "0.526,  0.644,   0.824", \
        /* 0.84 */   "0.720,  0.839,   0.930");
    }
    fall_constraint ("setuphold_template_3x3") {
      index_1("0.4, 0.57, 0.84"); /* Data transition */
      index_2("0.4, 0.57, 0.84"); /* Clock transition */
      values( /*      0.4       0.57       0.84 */ \
        /* 0.4 */    "0.762,  0.895,   0.969", \
        /* 0.57 */   "0.804,  0.952,   0.166", \
        /* 0.84 */   "0.159,  0.170,   0.245");
    }
  }
}

timing () {
  related_pin : "CK";
  timing_type : "hold_rising";
  rise_constraint ("setuphold_template_3x3") {
    index_1("0.4, 0.57, 0.84"); /* Data transition */
    index_2("0.4, 0.57, 0.84"); /* Clock transition */
    values( /*      0.4        0.57       0.84 */ \
      /* 0.4 */    "-0.220,  -0.339,  -0.584", \
      /* 0.57 */   "-0.247,  -0.381,  -0.729", \
      /* 0.84 */   "-0.398,  -0.516,  -0.864");
  }
  fall_constraint ("setuphold_template_3x3") {
```

```
  index_1("0.4, 0.57, 0.84"); /* Data transition */
  index_2("0.4, 0.57, 0.84");/* Clock transition */
  values(    /*    0.4          0.57       0.84 */ \
   /* 0.4 */     "-0.028,    -0.397,   -0.489", \
   /* 0.57 */    "-0.408,    -0.527,   -0.649", \
   /* 0.84 */    "-0.705,    -0.839,   -0.580");
  }
}
```

上面的例子显示了相对于时钟 CK 的上升沿，1 个时序单元输入引脚 D 上的建立时间和保持时间约束。这个二维模型的索引是 constrained_pin（D）和 related_pin（CK）上的转换时间。查找这个二维表是根据库文件中的模板 setuphold_template_3x3。对于上面的例子，查表模型 setuphold_template_3x3 可以描述为：

```
lu_table_template(setuphold_template_3x3) {
  variable_1 : constrained_pin_transition;
  variable_2 : related_pin_transition;
  index_1 ("1000, 1001, 1002");
  index_2 ("1000, 1001, 1002");
}
/* 被约束的引脚和相关的引脚可以是任意顺序，也就是，variable_1
    可以是相关引脚转换时间。但是，这一顺序在库文件中的所有模板中，
    通常是固定唯一的。*/
```

像上面的例子，表中建立时间的值类似于嵌套循环，第 1 个索引（**Index_1**）是外圈循环变量（或者变化较少的变量），第 2 个索引（**Index_2**）是内圈循环变量（或者变化较多的变量），诸如此类。所以，当 D 引脚的转换时间是 0.4ns，CK 引脚的转换时间是 0.84ns，对于 D 引脚的上升沿建立时间约束值就是 0.112ns，这个值是从 rise_constraint 表中查到的。对于 D 引脚的下降沿，建立时间约束要查找建立时间表中的 **fall_constraint** 表。当查找建立时间和保持时间表时，索引值里找不到转换时间，要采用 3.2 节中描述的非线性模型查表常用方法。

注意，建立时间约束的 rise_constraint 表和 **fall_constraint** 表是指 constrained_pin。查表使用的时钟转换时间是由 timing_type 决定的，它指定了单元是上升沿触发还是下降沿触发。

2. 建立时间检查和保持时间检查里的负值

注意，例子里的一些保持时间值是负值。这是可接受的，这通常发生在当数据路径从触发器的引脚到内部的锁存点（Latch Point）比对应的时钟路径长。所以，保持时间为负值意味着触发器的数据引脚可以先于时钟引脚变化，并且依然满足保持时间检查。

触发器的建立时间也可以是负值。这代表在触发器的引脚上，数据可以在时钟引脚后变化，且依然满足建立时间检查。

建立和保持时间可以都是负值吗？不行。为了让建立和保持时间检查一致，建立时间和保持时间的和必须为正。所以，如果建立时间（或者保持时间）检查包含负值，那相应的保持时间（或者建立时间）必须是足够大的正值，以保证建立时间加上保持时间的和是正

值。下面来看图 3-10 所示的例子，它有负保持时间。因为建立时间必须发生在保持时间之前，建立时间加上保持时间是正值。建立时间加保持时间的时间宽度就是信号必须保持稳定的区间。

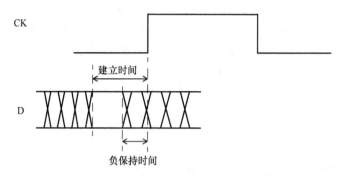

图 3-10　保持时间检查的负值

对于触发器，在扫描数据输入（Scan Data Input）引脚有负的保持时间是很有帮助的。这给了时钟偏移（Clock Skew）一定灵活性，在扫描模式（Scan Mode）下就不需要为了修复保持时间违例而插入大量的缓冲器（Buffer）（扫描模式是指在该模式下，触发器被串联在一起形成扫描链，1 个触发器的输出通常被连接到下 1 个触发器的扫描数据输入引脚，这种连接发生是为了可测试性）。

和在同步数据输入端的建立保持时间检查类似，异步引脚上也有约束。接下来将进一步的介绍。

3.4.2　异步检查

1. 恢复时间和移除时间检查（Recovery and Removal Check）

异步引脚，比如异步清除（Clear）引脚或者异步置位（Set）引脚可以覆盖单元的任何同步行为。当 1 个异步引脚处于有效状态（Active），输出是由异步引脚控制而不是由数据输入端的时钟锁存控制。但是，当异步引脚变为无效状态（Inactive），时钟的有效沿开始在数据输入端锁存。异步的恢复和移除约束检查确保异步引脚在下 1 个有效时钟沿之前确定恢复到 1 个无效状态。

恢复时间是异步引脚被设置为无效（De-asserted）后，在下 1 个有效时钟沿之前需要保持稳定的最短时间。

类似地，移除时间是在异步引脚可以被设置为无效（De-asserted）前，在 1 个有效时钟沿之后需要保持有效的时间。

异步移除和恢复时间检查在 8.6 节和 8.7 节中有介绍。

2. 脉冲宽度检查（Pulse Width Check）

除了同步和异步时序检查，还有一个检查来确保单元输入引脚的脉冲宽度满足最小要求。比如，如果时钟引脚上的脉冲宽度小于指定的最小值，时钟可能没有正确的锁存数据。可以给相关的同步和异步引脚指定脉冲宽度检查。最小脉冲宽度检查可以指定高脉冲和低脉冲。

3. 恢复时间、移除时间以及脉冲宽度检查的例子

下面的例子是触发器的异步清除引脚 CDN 的恢复时间、移除时间以及脉冲宽度检查。恢复时间和移除时间检查与时钟引脚 CK 有关。因为恢复时间和移除时间是为处于无效状态的异步引脚定义的，所以下面的例子中只有上升约束。引脚 CDN 的最小宽度检查是针对低脉冲的。因为引脚 CDN 是低电平有效，对于该引脚的高脉冲宽度没有约束。

```
pin(CDN) {
  direction : input;
  capacitance : 0.002236;
  . . .
  timing() {
    related_pin : "CDN";
    timing_type : min_pulse_width;
    fall_constraint(width_template_3x1) { /*low pulse check*/
      index_1 ("0.032, 0.504, 0.788"); /* Input transition */
      values ( /*    0.032     0.504    0.788 */ \
               "0.034,    0.060,   0.377");
    }
  }
  timing() {
    related_pin : "CK";
    timing_type : recovery_rising;
    rise_constraint(recovery_template_3x3) { /* CDN rising */
      index_1 ("0.032, 0.504, 0.788"); /* Data transition */
      index_2 ("0.032, 0.504, 0.788"); /* Clock transition */
      values( /*      0.032     0.504     0.788 */ \
        /* 0.032 */  "-0.198,   -0.122,  0.187", \
        /* 0.504 */  "-0.268,   -0.157,  0.124", \
        /* 0.788 */  "-0.490,   -0.219, -0.069");
    }
  }
  timing() {
    related_pin : "CP";
    timing_type : removal_rising;
    rise_constraint(removal_template_3x3) { /* CDN rising */
      index_1 ("0.032, 0.504, 0.788"); /* Data transition */
      index_2 ("0.032, 0.504, 0.788"); /* Clock transition */
      values( /*      0.032    0.504     0.788 */ \
        /* 0.032 */  "0.106, 0.167,   0.548", \
        /* 0.504 */  "0.221, 0.381,   0.662", \
        /* 0.788 */  "0.381, 0.456,   0.778");
    }
  }
}
```

3.4.3　传播延迟

时序单元的传播延迟是从时钟的有效沿到输出的上升或下降沿。下面的例子是 1 个下降沿触发的触发器，从时钟引脚 CKN 到输出 Q 的传播延迟弧。这是非单调（Non-unate）时序弧，因为时钟的有效沿可以导致输出 Q 的上升或者下降沿。下面是延迟表（Delay Table）：

```
timing() {
 related_pin : "CKN";
 timing_type : falling_edge;
 timing_sense : non_unate;
 cell_rise(delay_template_3x3) {
  index_1 ("0.1, 0.3, 0.7"); /* Clock transition */
  index_2 ("0.16, 0.35, 1.43"); /* Output capacitance */
  values ( /*     0.16     0.35      1.43 */ \
   /* 0.1 */   "0.0513, 0.1537, 0.5280", \
   /* 0.3 */   "0.1018, 0.2327, 0.6476", \
   /* 0.7 */   "0.1334, 0.2973, 0.7252");
 }
 rise_transition(delay_template_3x3) {
  index_1 ("0.1, 0.3, 0.7");
  index_2 ("0.16, 0.35, 1.43");
  values ( \
   "0.0417, 0.1337, 0.4680", \
   "0.0718, 0.1827, 0.5676", \
   "0.1034, 0.2173, 0.6452");
 }
 cell_fall(delay_template_3x3) {
  index_1 ("0.1, 0.3, 0.7");
  index_2 ("0.16, 0.35, 1.43");
  values ( \
   "0.0617, 0.1537, 0.5280", \
   "0.0918, 0.2027, 0.5676", \
   "0.1034, 0.2273, 0.6452");
 }
 fall_transition(delay_template_3x3) {
  index_1 ("0.1, 0.3, 0.7");
  index_2 ("0.16, 0.35, 1.43");
  values ( \
   "0.0817, 0.1937, 0.7280", \
   "0.1018, 0.2327, 0.7676", \
   "0.1334, 0.2973, 0.8452");
 }
}
```

像之前的例子一样，到输出的延迟用二维表来表示，二维表的索引是输入的转换时间和输出引脚的电容。但是在这个例子里，因为这是下降沿触发的触发器，要使用的输入转换时间是 CKN 引脚的下降转换时间。这一点在上面例子中的字段（Construct）timing_type 里也表明了。上升沿触发的触发器会指定 rising_edge 作为 timing_type。

```
timing() {
  related_pin : "CKP";
  timing_type : rising_edge;
  timing_sense : non_unate;
  cell_rise(delay_template_3x3) {
    . . .
  }
  . . .
}
```

3.5 状态相关的时序模型

在很多组合逻辑块（Block）中，输入和输出之间的时序弧取决于该逻辑块的其他引脚。这些输入输出之间的时序弧可以是正单调，负单调，或者既是正单调也是负单调。举个例子，异或门（XOR）或者异或非门（XNOR），到输出的时序弧可以是正单调或者负单调的。在这些例子里，时序行为根据逻辑块其他输入的状态会有所不同。通常来讲，需要根据引脚的状态描述多个时序模型。这些模型被称作状态相关的时序模型（Stat-Dependent Model）

异或门、异或非门和时序单元

考虑 1 个有两输入的异或门单元。当输入 A2 是逻辑 0 时，从输入 A1 到输出 Z 的时序路径是正单调的。当输入 A2 是逻辑 1 时，从 A1 到 Z 的路径就是负单调的。这 2 个时序模型用状态相关模型来指定。当 A2 是逻辑 0 时，从 A1 到 Z 的时序模型指定如下：

```
pin (Z) {
  direction : output;
  max_capacitance : 0.0842;
  function : "(A1^A2)";
  timing() {
    related_pin : "A1";
    when : "!A2";
    sdf_cond : "A2 == 1'b0";
    timing_sense : positive_unate;
    cell_rise(delay_template_3x3) {
    index_1 ("0.0272, 0.0576, 0.1184"); /* Input slew */
    index_2 ("0.0102, 0.0208, 0.0419"); /* Output load */
    values( \
```

```
        "0.0581, 0.0898, 0.2791", \
        "0.0913, 0.1545, 0.2806", \
        "0.0461, 0.0626, 0.2838");
    }
    . . .
}
```

用 when 条件来指定状态相关条件。以上的单元模型摘录只说明了 cell_rise 延迟，其他时序模型（cell_fall、rise_transition 以及 fall_transition 表）也用同样的 when 条件来指定。另 1 个 when 条件——当 A2 是逻辑 1 时，时序模型如下：

```
timing() {
  related_pin : "A1";
  when : "A2";
  sdf_cond : "A2 == 1'b1";
  timing_sense : negative_unate;
  cell_fall(delay_template_3x3) {
    index_1 ("0.0272, 0.0576, 0.1184");
    index_2 ("0.0102, 0.0208, 0.0419");
    values( \
      "0.0784, 0.1019, 0.2269", \
      "0.0943, 0.1177, 0.2428", \
      "0.0997, 0.1796, 0.2620");
  }
  . . .
}
```

当生成 SDF 时，sdf_cond 是用来指定时序弧的条件的，见 3.9 节的例子，以及在附录 B 中 COND 字段。

状态相关模型被用来描述各种类型的时序弧。很多时序单元用状态相关模型指定建立或保持时间的约束。下面的例子中用状态相关模型指定了 1 个扫描触发器的保持时间约束。在这个例子中，使用了两组模型，一组是当扫描使能引脚（Scan Enable Pin）SE 是有效的（Active），另一组是当扫描使能引脚是无效的（Inactive）。

```
pin (D) {
  . . .
  timing() {
    related_pin : "CK";
    timing_type : hold_rising;
    when : "!SE";
    fall_constraint(hold_template_3x3) {
      index_1("0.08573, 0.2057, 0.3926");
      index_2("0.08573, 0.2057, 0.3926");
      values("-0.05018, -0.02966, -0.00919",\
             "-0.0703, -0.05008, -0.0091",\
             "-0.1407, -0.1206, -0.1096");
```

```
      }
      ...
    }
  }
```

上面的模型是当 SE 引脚在逻辑 0，类似的模型是当 when 条件的 SE 在逻辑 1。

一些时序关系要同时使用状态相关模型和非状态相关模型（Non-state-dependent Model）来指定。在这样的情况下，如果单元的状态是已知的且这个状态属于状态相关模型，那么时序分析就要用到状态相关模型。如果状态相关模型不包括单元的状态，那么就要用到非状态相关模型。比如，考虑一种情况，保持时间约束只有一种 when 条件：SE 在逻辑 0，没有状态相关模型对应 SE 在逻辑 1。在这种情况下，如果 SE 被设置为逻辑 1，就要用到非状态相关模型。如果保持时间约束没有非状态相关模型，就没有任何有效的保持时间约束。

状态相关模型可以用来指定时序库中任何属性（Attribute）。所以，状态相关的规范可以是功耗（Power）、漏电功耗（Leakage Power）、转换时间（Transition Time）、上升和下降延迟、时序约束等。下面的例子是状态相关漏电功耗的规范：

```
leakage_power() {
  when : "A1 !A2";
  value : 259.8;
}
leakage_power() {
  when : "A1 A2";
  value : 282.7;
}
```

3.6 黑箱（Black Box）的接口时序模型

本节描述黑箱（任意模块和块）的 IO 接口上的时序弧。时序模型捕获黑箱 IO 接口的时序。这个黑箱接口模型可能有组合逻辑弧，也可能有时序逻辑弧（Sequential Timing Arc）。通常，这些弧也是状态相关的。

对于图 3-11 所示的例子，这些时序弧可以被归类为以下几种：

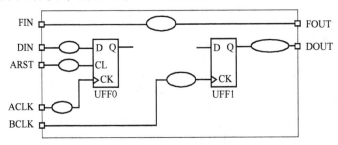

图 3-11 用接口时序建模的设计

1）输入到输出组合逻辑弧：这对应着直接从输入到输出的组合逻辑路径，比如从输入端口 FIN 到输出端口 FOUT。

2）输入时序弧：这被描述为输入的建立或保持时间，该输入连接到触发器的 D 引脚。通常，在将块的输入和触发器的 D 引脚连接之前，存在着组合逻辑。这类例子是在端口 DIN 相对于时钟 ACLK 的建立时间检查。

3）异步输入弧：这类似于触发器的异步输入引脚上的恢复时间和移除时间约束。例如输入 ARST 到触发器 UFF0 的异步清除引脚。

4）输出时序弧：这类似于时钟到输出端的传播时间，该输出端连接到触发器的 Q 端。通常，它们是位于触发器输出端到模块（Module）输出端的组合逻辑。例如，从时钟 BCLK 到触发器 UFF1 的输出端，再到输出端口 DOUT。

除了上面提到的时序弧，还会在黑箱外部时钟引脚上有脉冲宽度检查（Pulse Width Check）。也可以定义内部节点，并且在这些内部节点上定义生成时钟（Generated Clock），进而指定到达或来自这些节点的时序弧。总的来说，一个黑箱模型可能有以下时序弧：

1）对于组合逻辑路径的输入到输出时序弧。

2）从同步输入到相应的时钟引脚的建立和保持时间时序弧。

3）从异步输入到相应的时钟引脚的恢复和移除时间时序弧。

4）从时钟引脚到输出引脚的传播时间延迟。

上面描述的接口时序模型并没有包括黑箱的内部时序，只包括了接口的时序。

3.7 先进时序建模

时序模型，比如 NLDM，代表了基于输出负载电容和输入转换时间的，经过时序弧的延迟。实际上，单元输出看到的负载包括了电容和互连电阻。因为 NLDM 这种方法假设输出负载是纯电容性的，所以互连线电阻就成了问题。即使互连电阻不为 0，当互连电阻很小的情况下，NLDM 还是可以使用的。由于互连电阻的存在，延迟计算算法改进了 NLDM，它在单元的输出端创造了 1 个等效的有效电容（Effective Capacitance）。这个"有效"电容的算法被用在了计算延迟的工具里，它在单元的输出端创造了 1 个等效的电容，该电容和具有 RC 互连线的单元有相同的延迟。该有效电容方法在 5.2 节中作为延迟计算的一部分有进一步描述。

随着特征尺寸的缩小，波形变得很不线性，互连线电阻可能会导致精度很差。各种建模方法为单元输出驱动提供了更好的精度。广义上讲，这些方法用等效电流源（Equivalent Current Source）对驱动的输出级建模来获得更高的精度。常见的方法有 CCS（Composite Current Source，复合电流源）模型、ECSM（Effective Current Source Model，有效电流源模型）。比如，CCS 时序模型使用随时间变化，且依赖电压的电流源给单元输出驱动建模，以得到更好精度。通过在不同场景（Scenario）下为接收引脚电容（Receiver Pin Capacitance）⊖和输出充电电流，

⊖ 即输入引脚电容——相当于 NLDM 中的引脚电容。

指定更精细的模型来提供时序信息。接下来要详细介绍 CCS 模型。

3.7.1 接收引脚电容

接收引脚电容对应着 NLDM 中定义的输入引脚电容（Input Pin Capacitance）。和 NLDM 中的引脚电容不同，CCS 模型允许对接收电容在转换波形的不同部分分别定义。由于互连线 RC 和单元内输入器件的密勒效应（Miller Effect）所带来的等效输入非线性电容，接收电容在传输波形的不同点上具有不同的值。所以，这个电容在波形的初始段或者前段（Initial or Leading portion）建模与后段（Trailing portion）建模是不同的。

接收引脚电容可以在引脚级（Pin Level）指定（如 NLDM），所有经过这个引脚的时序弧都使用该电容值。或者，接收引脚电容可以在时序弧级（Timing Arc Level）指定，对于不同的时序弧指定不同的电容模型。这两种指定接收引脚电容的模型如下所示。

1. 在引脚级指定电容

当在引脚级指定电容，下面给出的例子就是接收引脚电容的一维规范表。

```
pin (IN) {
 . . .
 receiver_capacitance1_rise ("Lookup_table_4") {
 index_1: ("0.1, 0.2, 0.3, 0.4"); /* Input transition */
 values("0.001040, 0.001072, 0.001074, 0.001085");
 }
```

index_1 指定的目录是这个引脚的输入传输时间。这个一维表中的 values 为输入引脚上升波形的前段（Leading portion）指定了接收电容。

类似于上面的 receiver_capacitance1_rise，receiver_capacitance2_rise 为输入上升波形的后段（Trailing portion）指定了上升电容。下降电容（下降输入波形的引脚电容）是用属性 receiver_capacitance1_fall 和 receiver_capacitance2_fall 分别指定的。

2. 在时序弧级指定电容

接收引脚电容也可以在时序弧级用二维表指定，索引为输入转换时间和输出负载。下面给出的例子就是在时序弧级的规范。该例子指定了引脚 IN 的波形前段（Leading Portion）的接收引脚上升电容，该电容是输入引脚 IN 上的转换时间和输出引脚 OUT 上的负载的函数。

```
pin (OUT) {
 . . .
 timing () {
 related_pin : "IN"-;
 . . .
 receiver_capacitance1_rise ("Lookup_table_4x4") {
 index_1("0.1, 0.2, 0.3, 0.4"); /* Input transition */
 index_2("0.01, 0.2, 0.4, 0.8"); /* Output capacitance */
 values("0.001040-, 0.001072-, 0.001074-, 0.001075", \
        "0.001148-, 0.001150-, 0.001152-, 0.001153", \
```

```
           "0.001174-, 0.001172-, 0.001172-, 0.001172", \
           "0.001174-, 0.001171-, 0.001177-, 0.001174");
     }
     . . .
   }
   . . .
}
```

上面的例子指定了 receiver_capacitance1_rise 的模型。这个库包括相似的 receiver_capacitance2_rise、receiver_capacitance1_fall，以及 receiver_capacitance2_fall 规范的定义。

这 4 种不同的接收电容类型总结在表 3-1 中。综上所述，这些电容可以用一维表指定在引脚级，也可以用二维表指定在时序弧级。

表 3-1　接收电容类型

电容类型	边　沿	转　损
Receiver_capacitance1_rise	Rising	Leading portion of transition
Receiver_capacitance1_fall	Falling	Leading portion of transition
Receiver_capacitance2_rise	Rising	Trailing portion of transition
Receiver_capacitance2_fall	Falling	Trailing portion of transition

3.7.2　输出电流

在 CCS 模型里，非线性时序用输出电流来代表。输出电流的信息用查询表（Lookup Table）来指定，该表依赖于输入转换时间和输出负载。

输出电流根据输入转换时间和输出电容的不同组合被指定为不同的值。对任意一个组合，输出电流波形是确定的。本质上，这里的波形指的是随时间变化的输出电流值。如下面的例子所示，用 output_current_fall 指定了下降输出波形的输出电流。

```
pin (OUT) {
 . . .
 timing () {
  related_pin : "IN"-;
  . . .
  output_current_fall () {
   vector ("LOOKUP_TABLE_1x1x5") {
    reference_time : 5.06; /* Time of input crossing
      threshold */
    index_1("0.040"); /* Input transition */
    index_2("0.900"); /* Output capacitance */
    index_3("5.079e+00, 5.093e+00, 5.152e+00,
            5.170e+00, 5.352e+00");/* Time values */
```

```
      /* Output charging current: */
      values("-5.784e-02, -5.980e-02, -5.417e-02,
             -4.257e-02, -2.184e-03");
    }
    . . .
  }
  . . .
  }
  . . .
}
```

属性 reference_time 是指当输入波形跨过延迟阈值的时间。Index_1 和 index_2 是指输入转换时间和用到的输出负载，index_3 是时间。Index_1 和 index_2（输入转换时间和输出电容）可以每个只有 1 个值。Index_3 指的是时间值，而 values 指的是相应的输出电流。所以，对于给定的输入转换时间和输出负载，输出电流波形是时间的函数。同样地，也指定了输入转换时间和输出电容的其他组合的查找表。

类似地，用 output_current_rise 指定上升输出波形的输出电流。

3.7.3　串扰噪声分析模型

本章介绍的是用于串扰噪声（或毛刺）分析的 CCS 模型。该模型被称为 CCSN（CCS 噪声）模型。该 CCS 噪声模型是结构化模型（Structural Model），并表示为单元内的不同 CCB（Channel Connected Blocks，沟道连接块）。

什么是 CCB？CCB 是指单元的源-漏沟道（Source-Drain Channel）的连接部分。例如，单级（Single Stage）单元，比如反相器、与非门和或非门，都只包含 1 个 CCB，即整个单元通过唯一的沟道连接区域连接。多级（Multi-Stage）单元，比如与门和或门，包含多个 CCB。

CCSN 模型通常指定单元输入驱动的第 1 个 CCB 和驱动单元输出的最后 1 个 CCB。该模型通常会用稳态电流（Steady State Current）、输出电压以及传播噪声模型（Propagated Noise Model）来指定。

对单级组合逻辑单元，比如与非门和或非门，要为每个时序弧指定 CCS 噪声模型。这些单元只有 1 个 CCB，因此模型是从单元的输入引脚到输出引脚的。

下面的例子是与非门：

```
pin (OUT) {
  . . .
  timing () {
    related_pin : "IN1";
    . . .
    ccsn_first_stage() { /* First stage CCB */
    is_needed : true;
    stage_type : both; /*CCB contains pull-up and pull-down*/
    is_inverting : true;
```

```
    miller_cap_rise : 0.8;
    miller_cap_fall : 0.5;
    dc_current (ccsn_dc) {
      index_1 ("-0.9, 0, 0.5, 1.35, 1.8"); /* Input voltage */
      index_2 ("-0.9, 0, 0.5, 1.35, 1.8"); /* Output voltage*/
      values ( \
        "1.56, 0.42, . . ."); /* Current at output pin */
    }
    . . .
    output_voltage_rise () {
      vector (ccsn_ovrf) {
        index_1 ("0.01"); /* Rail-to-rail input transition */
        index_2 ("0.001"); /* Output net capacitance */
        index_3 ("0.3, 0.5, 0.8"); /* Time */
        values ("0.27, 0.63, 0.81");
      }
      . . .
    }
    output_voltage_fall () {
      vector (ccsn_ovrf) {
        index_1 ("0.01"); /* Rail-to-rail input transition */
        index_2 ("0.001"); /* Output net capacitance */
        index_3 ("0.2, 0.4, 0.6"); /* Time */
        values ("0.81, 0.63, 0.27");
      }
      . . .
    }
    propagated_noise_low () {
      vector (ccsn_pnlh) {
      index_1 ("0.5"); /* Input glitch height */
      index_2 ("0.6"); /* Input glitch width */
      index_3 ("0.05"); /* Output net capacitance */
      index_4 ("0.3, 0.4, 0.5, 0.7"); /* Time */
      values ("0.19, 0.23, 0.19, 0.11");
      }
    propagated_noise_high () {
      . . .
    }
  }
 }
}
```

现在我们来介绍下 CCS 噪声模型的属性。属性 ccsn_first_stage 表明这个模型是属于与非门单元的第一级 CCB。如前所述，与非门只有 1 个 CCB。属性 is_needed 几乎永远都为真，除了非功能性单元，比如负载单元和天线单元。属性 stage_type 的值 both，表示该 CCB 级同时具有上拉和下拉结构。属性 miller_cap_rise 和 miller_cap_fall 分别表示上升和下降输出转换时间的密勒电容[⊖]。

1. 直流电流

dc_current 表表示了输入和输出引脚电压的不同组合的直流电流。Index_1 指定了输入电压，index_2 指定了输出电压。二维表的 values 指定了 CCB 输出的直流电流。输入电压和输出电流都使用库中指定的单位（通常是 V 和 mA）。例如，与非门的输入 IN1 到输出 OUT 的 CCS 噪声模型，当输入电压是 -0.9V，输出电压是 0V，则输出的直流电流是 0.42mA。

2. 输出电压

属性 output_voltage_rise 和 output_voltage_fall 分别包括了 CCB 输出端上升和下降的时序信息。这些属性是 CCB 输出节点的多维表。这些多维表由多个表组成，为不同的输入转换时间和输出线电容指定了上升和下降输出电压。每个表的 index_1 指定了轨到轨的输入转换时间，index_2 指定了输出线电容，index_3 指定了输出电压跨过指定的阈值点的时间（本例中是 0.9V Vdd 电压的 30%、70% 和 90%）。在每个多维表中，电压跨越点（Voltage Crossing Point）是固定的，CCB 输出节点跨过这个电压的时间在 index_3 中指定。

3. 传播噪声

propagated_noise_high 和 propagated_noise_low 模型指定的多维表，提供了穿过 CCB 的噪声传播信息。这些模型表征了串扰毛刺（或噪声）从 CCB 的输入到输出的传播。表征时在输入端使用了对称三角波。propagated_noise 的多维表由多个表组成，指定了在 CCB 输出的毛刺波形。这些多维表包括：

1）输入毛刺大小量级（index_1）；

2）输入毛刺宽度（index_2）；

3）CCB 输出线电容（index_3）；

4）时间（index_4）。

CCB 输出电压（或者通过 CCB 传播的噪声）用表中的值指定。

4. 两级单元的噪声模型

像单级单元一样，两级单元比如"与门单元"或者"或门单元"，通常被描述为时序弧的一部分。因为这些单元包含 2 个独立的 CCB，分别为 ccsn_first_stage 和 ccsn_last_stage 指定噪声模型。例如，对于两输入与门单元，CCS 噪声模型包含单独的第一级模型和最后一级模型，如下所示：

```
pin (OUT) {
 . . .
  timing () {
   related_pin : "IN1";
   . . .
   ccsn_first_stage() {
     /* IN1 to internal node between stages */
```

⊖ 密勒电容指的是反相阶段的等效输入电容，由于输入端和输出端之间电容放大作用，所增长出的电容。

```
      . . .
    }
    ccsn_last_stage() { /* Internal node to output */
      . . .
    }
    . . .
  }
  timing () {
    related_pin : "IN2";
    . . .
    ccsn_first_stage() {
      /* IN2 to internal node between stages */
      . . .
    }
    ccsn_last_stage() {
      /* Internal node to output */
      /* Same as from IN1 */
      . . .
    }
    . . .
  }
  . . .
}
```

在 ccsn_last_stage 中为 IN2 指定的模型，和 ccsn_last_stage 中为 IN1 指定的模型是一样的。

5. 多级单元和时序单元的噪声模型

复杂的组合逻辑单元以及时序单元的 CCS 噪声模型通常被描述为引脚规范（Pin Specification）的一部分。这和单级或两级单元是不同的，如与非门、或非门、与门、或门。单级或两级单元的噪声模型通常是以引脚对（Pin-pair）为基础，指定为时序弧的一部分。复杂的多级单元和时序单元通常是用 ccsn_first_stage 模型来描述所有的输入引脚，用 ccsn_last_stage 模型来描述所有的输出引脚。这类单元的 CCS 噪声模型不是时序弧的一部分，但是通常指定在引脚上。

如果在输入和输出之间的内部路径有两级及以上 CCB，那噪声模型也可以表示为引脚对（Pin-pair）时序弧的一部分。通常来说，1 个多级单元的描述，可以一部分噪声模型用引脚对时序弧指定，另一部分用引脚描述指定。

下面例子中的 CCS 噪声模型就是部分用引脚描述指定，部分用时序弧指定。

```
pin (CDN) {
  . . .
}
pin (CP) {
```

```
     . . .
     ccsn_first_stage() {
       . . .
     }
   }
   pin (D) {
     . . .
     ccsn_first_stage() {
       . . .
     }
   }
   pin (Q) {
     . . .
      timing() {
       related_pin : "CDN";
       . . .
       ccsn_first_stage() {
         . . .
       }
       ccsn_last_stage() {
         . . .
       }
     }
   }
   pin (QN) {
     . . .
     ccsn_last_stage() {
       . . .
     }
   }
```

注意，上面触发器的一些 CCS 模型是用引脚规范来定义的。使用引脚规范的 CCS 模型在输入引脚上指定为 ccsn_first_stage，在输出引脚 QN 上指定为 ccsn_last_stage。另外，CDN 到 Q 的两级 CCS 噪声模型被描述为时序弧的一部分。这个例子展示了，1 个单元的 CCS 模型可以既包含部分引脚规范，也包含部分时序弧。

3.7.4 其他噪声模型

除了上面提到的 CCS 噪声模型，一些单元库提供了其他模型来表征噪声。有些模型在 CCS 噪声模型出现前用来表征噪声。如果 CCS 噪声模型存在，就不需要这些额外的模型。为了更全面地了解，我们下面介绍一些早期的噪声模型。

直流余量模型（Models for DC Margin）：直流余量指的是在单元的输入端可以允许的最大的直流变化量，这个变化量使单元处于稳定状态，也就是说，不会引起输出端的毛刺。比如，对低电平输入，直流余量指的是输入引脚上不会引起输出任何电平转换的最大直流电压值。

抗噪声模型（Models for Noise Immunity）：抗噪声模型指的是在输入引脚可以允许的毛

刺量级。该模型通常用二维表来描述，表的 2 个索引是毛刺宽度和输出电容。表中的值就是输入引脚可以允许的毛刺量级。这意味着，任何毛刺只要小于指定的量级和宽度，就不会通过该单元传播。抗噪声模型的不同衍生模型如下所示：

1）noise_immunity_high

2）noise_immunity_low

3）noise_immunity_above_high（超过）

4）noise_immunity_below_low（低于）

3.8 功耗建模

单元库包含了单元功耗相关的信息。这包括了动态功耗（Active Power）和待机功耗（Standby Power）或者漏电功耗（Leakage Power）。顾名思义，动态功耗就是芯片活跃时的功耗，待机功耗就是在待机模式下产生的功耗，主要是漏电造成的。

3.8.1 动态功耗

动态功耗和单元输入输出引脚上的活动相关。单元的动态功耗是由输出负载的充电和内部开关（Internal Switching）组成的。这两者分别指的是输出开关功耗（Output Switching Power）和内部开关功耗（Internal Switching Power）。

输出开关功耗和单元的类型无关，只和输出电容负载、开关的频率，以及单元的供电电压相关。内部开关功耗和单元类型相关，所以内部开关功耗是包括在单元库中的。下面将描述库中内部开关功耗的规范。

内部开关功耗是指单元库中的内部功耗（Internal Power）。这种功率消耗是当单元的输入或输出有活动时，发生在单元内部的。对于 1 个组合逻辑单元，输入引脚的转换可以引起输出的翻转（Switch），进而导致内部的开关功耗（Switching Power）。比如，1 个反相器，当输入翻转（在输入端有上升或下降的转换）就会消耗功率。库文件中的内部功耗如下所示：

```
pin (Z1) {
 . . .
 power_down_function : "!VDD + VSS";
 related_power_pin : VDD;
 related_ground_pin : VSS;
 internal_power () {
  related_pin : "A";
  power (template_2x2) {
   index_1 ("0.1, 0.4"); /* Input transition */
   index_2 ("0.05, 0.1"); /* Output capacitance */
   values ( /*   0.05   0.1 */ \
    /* 0.1 */  "0.045, 0.050", \
```

```
      /* 0.4 */    "0.055, 0.056");
     }
   }
}
```

上面的例子展示了从单元输入引脚 A 到输出引脚 Z1 的功率消耗。例子中的 2×2 表的索引是引脚 A 的输入转换时间和引脚 Z1 的输出电容。注意，虽然表包括了输出电容，但是表中的值只表示内部开关功耗，并不包括输出电容的功耗。这些值代表了单元对应于每个开关转换时间（上升或下降）的内部能量消耗。功耗的单位是从库文件中其他单位推导出来的。（通常电压的单位是 V，电容的单位是 pF，这对应的能量单位是 pJ）。所以，库文件中的内部功耗实际上是每个电压转换对应的能量消耗。

上面例子中除了功耗表，还描述了电源引脚（Power Pin）、接地引脚（Ground Pin），以及电源中断的功能，该功能指定了关断单元电源的条件。这些功能允许芯片有多个供电电源，并且在不同场景下关断不同的电源。下面的例子介绍了每个单元的电源引脚规范。

```
cell (NAND2) {
 . . .
 pg_pin (VDD) {
  pg_type : primary_power;
  voltage_name : COREVDD1;
  . . .
 }
  pg_pin (VSS) {
   pg_type : primary_ground;
   voltage_name : COREGND1;
   . . .
  }
}
```

电源规范的语法允许对上升和下降（指输出端状态）电源分别构造。就像时序弧一样，电源规范也可以是状态相关的（State-dependent）。比如，1 个异或门状态相关的功率损耗可以指定为各种输入状态相关的。

对于组合逻辑单元，开关功耗是以输入-输出引脚对（Pin Pair）为基础指定的。但是对 1 个时序单元，比如触发器，它具有互补性的输出 Q 和 QN，CLK→Q 的转换也会导致 CLK→QN 的转换。因此，该库文件可以用三维表指定内部开关功耗，如下所示。下面例子中的三维是指 CLK 上的转换时间，Q 和 QN 上各自的输出电容。

```
pin (Q) {
 . . .
 internal_power() {
 related_pin : "CLK";
 equal_or_opposite_output : "QN";
 rise_power(energy_template_3x2x2) {
  index_1 ("0.02, 0.2, 1.0"); /* Clock transition */
```

```
    index_2 ("0.005, 0.2"); /* Output Q capacitance */
    index_3 ("0.005, 0.2"); /* Output QN capacitance */
    values ( /*  0.005    0.2 */ /*   0.005       0.2 */ \
     /* 0.02 */ "0.060, 0.070",   "0.061,   0.068", \
     /* 0.2 */  "0.061, 0.071",   "0.063,   0.069", \
     /* 1.0 */  "0.062, 0.080",   "0.068,   0.075");
    }
  fall_power(energy_template_3x2x2) {
   index_1 ("0.02, 0.2, 1.0");
      index_2 ("0.005, 0.2");
      index_3 ("0.005, 0.2");
      values ( \
        "0.070, 0.080", "0.071, 0.078", \
        "0.071, 0.081", "0.073, 0.079", \
        "0.066, 0.082", "0.068, 0.085");
      }
    }
```

即使是输出或者内部状态没有转换，开关功率也可能被消耗。1 个常见的例子是在触发器时钟引脚上翻转（Toggle）的时钟。这个触发器在每次时钟翻转的时候都消耗功率，通常是由于触发器内部的反相器在翻转。即使是触发器的输出端没有切换，也会由于时钟引脚的翻转产生功耗。所以对于时序单元，输入引脚的功耗指的是单元内部的功耗，也就是当输出没有变化时的功耗。下面的例子说明了输入引脚功耗规范。

```
cell (DFF) {
  . . .
  pin (CLK) {
    . . .
    rise_power () {
     power (template_3x1) {
       index_1 ("0.1, 0.25, 0.4"); /* Input transition */
       values ( /*   0.1     0.25     0.4 */ \
                   "0.045, 0.050,  0.090");
      }
     }
    fall_power () {
     power (template_3x1) {
       index_1 ("0.1, 0.25, 0.4");
       values ( \
         "0.045, 0.050, 0.090");
      }
     }
   } . . .
}
```

这个例子说明了在时钟引脚翻转时的功耗规范。这表示了当输出没有变化时，由时钟翻转所带来的功耗。

时钟引脚的功耗是否被重复计算了

注意，触发器依然包括了 CLK→Q 转换所带来的功耗。所以，很重要的一点是，CLK→Q 功耗表的值并没有包括当输出 Q 不产生变化时 CLK 内部的功耗。

上面的说明指的是工具使用功耗表的一致性，并且确保由于时钟输入造成的内部功耗并没有在功耗计算中被重复计算。

3.8.2　漏电功耗

大部分单元被设计成只有当输出或者状态改变时才会产生功耗。当单元接通电源但没有活动时产生的任何功耗都是由于非零的漏电流（Non-zero Leakage Current）。这些漏电流可能是由 MOS 器件的亚阈值电流（Subthreshold Current）引起的，或者是栅极氧化物（Gate Oxide）的隧穿电流（Tunneling Current）引起的。在早期的 CMOS 工艺技术中，漏电功耗可以忽略不计，也不是芯片设计中需要主要考虑的问题。但是，随着工艺尺寸的缩小，漏电功耗变得越来越显著，和动态功耗相比不再是可以忽略的了。

如上所述，漏电功耗主要由两种现象构成：MOS 器件的亚阈值电流和栅极氧化物隧穿效应。通过使用高阈值电压（High Vt）单元⊖，可以减少亚阈值电流；但是这里要权衡高阈值电压单元的速度损失。高阈值电压单元拥有更小的漏电流，但是速度也更慢。类似地，低阈值电压单元拥有更大的漏电流但是也有更快的速度。通过更换高（或者低）阈值电压单元，栅极氧化物隧穿电流变化不明显。所以，使用高阈值电压单元是一种可行的控制漏电流的方法。和选择高低阈值电压单元类似，选择单元驱动能力也是在漏电流和速度之间做平衡。更高的驱动能力有更高的漏电流但是提供更高的速度。关于功耗管理的取舍在 10.6 节中有更详细的描述。

MOS 器件的亚阈值漏电流和温度有很强的非线性关系。在大多数工艺条件下，随着器件结温（Junction Temperature）从 25℃升高到 125℃，亚阈值漏电流可以增长 10 ~ 20 倍。栅极氧化物隧穿电流相对来说是不随温度或者器件的阈值电压变化而变化的。栅极氧化物隧穿电流在 100nm 工艺及以上是可忽略的，而在低温 65nm 或者更先进的工艺时，它成为漏电流的重要贡献者。例如，在室温下的 65nm 或更先进工艺下，栅极氧化物隧穿电流可能等同于亚阈值漏电流。在高温时，亚阈值漏电流占据漏电流的主导地位。

在库函数中指定了每个单元的漏电流。例如，一个反相器单元可能包含下面的描述：

cell_leakage_power : 1.366;

这是单元的漏电功耗，漏电功耗的单位在库的头文件中有指定，通常是纳瓦（Nanowatt）。通常情况下，漏电功耗依赖于单元的状态，而状态可以用 when 条件来指定。

⊖　高阈值电压单元指的是单元比该工艺技术下的标准单元具有更高的阈值电压。

例如，一个 INV1 单元可以有如下描述：

cell_leakage_power : 0.70;
leakage_power() {
  when : "!I";
  value : 1.17;
}

leakage_power() {
  when : "I";
  value : 0.23;
}

I 是 INV1 单元的输入引脚。需要注意的是，描述包含 1 个默认值（在 when 条件之外），这个默认值通常是通过 when 条件指定的漏电流值的平均值。

3.9 单元库中的其他属性

除了时序信息，库文件中的单元描述指定了面积、功能以及时序弧的 SDF 条件。这些信息在本章有简要描述，更详细的信息请参考 Liberty 手册。

3.9.1 面积规范

面积规范提供了单元或者单元组的面积。

area : 2.35;

上面的例子指定了单元的面积是 2.35 个面积单位。这可以是该单元占据的真实的硅上面积，也可以是面积的相对测量值。

3.9.2 功能规范

功能规范中指定了引脚（或者引脚组）的功能。

pin (Z) {
  function: "IN1 & IN2";
  ...
}

上面的例子指定了两输入与门单元的 Z 引脚的功能。

3.9.3 SDF 条件

SDF 条件属性支持标准延迟格式（Standard Delay Format，SDF）文件的生成，以及反标（Backannotation）时的条件匹配。就像时序分析时，when 关键词指定了状态相关模型的条件，相应的状态相关时序分析的 SDF 标注条件由关键词 sdf_cond 指定。

下面的例子可以说明：

```
timing() {
 related_pin : "A1";
 when : "!A2";
 sdf_cond : "A2 == 1'b0";
 timing_sense : positive_unate;
 cell_rise(delay_template_7x7) {
  ...
 }
}
```

3.10　特征化和工作条件

一个单元库会指定产生该库的特征化（Characterization）条件和工作条件（Operating Condition）。比如，库文件的头部可能包含以下信息：

```
nom_process : 1;
nom_temperature : 0;
nom_voltage : 1.1;
voltage_map(COREVDD1, 1.1);
voltage_map(COREGND1, 0.0);
operating_conditions("BCCOM"){
 process : 1;
 temperature : 0;
 voltage : 1.1;
 tree_type : "balanced_tree";
}
```

标称环境条件（通过 nom_process、nom_temperature 和 nom_voltage 来指定）指定了库在特征化时的工艺、电压和温度。工作条件指定了该库中的单元在何种条件下可以使用。如果特征化条件和工作条件不符，通过计算得到的时序值就需要进行减免（Derate）；这通过库文件中指定的减免系数（k-factor，k 系数）来实现。

通过减免来得到与库特征化时条件不一致的其他条件下的时序值，会在时序计算时引入误差。这种减免的方法只有实在无法特征化库时才考虑使用。

什么是工艺变量

和温度、电压这些物理量不同，工艺不是一个可以计量的变量。它可以是缓慢（Slow）、典型（Typical）或者快速（Fast）工艺之一，它的存在是为了数字化表征或验证。所以，工艺值为 1.0（或者其他值）代表什么？答案如下：

库文件的特征化是非常耗时的，对各种工艺角进行特征化可能需要数周的时间。这个工艺变量的设置允许在特定工艺角下特征化的库文件，可以在不同的工艺角下计算时序。工艺的 k 系数可以从特征化的工艺到目标工艺进行延迟减免。像之前提到的，减免系数会在时序计算中引入误差。跨工艺的减免尤其不准确，所以很少使用。总结一下，指定不同的工艺值（比如 1.0 或者其他）的唯一功能是为了允许跨工艺条件的减免，但是很少使用，如果真的有人用过。

3. 10. 1   用 k 系数来减免

如上所述，当工作条件和特征条件不一致时，减免系数（也就是 k 系数）是用来得到延迟的。这个 k 系数是近似系数。下面的例子就是库文件中的 k 系数。

```
/* k-factors */
k_process_cell_fall                 : 1;
k_process_cell_leakage_power        : 0;
k_process_cell_rise                 : 1;
k_process_fall_transition           : 1;
k_process_hold_fall                 : 1;
k_process_hold_rise                 : 1;
k_process_internal_power            : 0;
k_process_min_pulse_width_high      : 1;
k_process_min_pulse_width_low       : 1;
k_process_pin_cap                   : 0;
k_process_recovery_fall             : 1;
k_process_recovery_rise             : 1;
k_process_rise_transition           : 1;
k_process_setup_fall                : 1;
k_process_setup_rise                : 1;

k_process_wire_cap                  : 0;
k_process_wire_res                  : 0;
k_temp_cell_fall                    : 0.0012;
k_temp_cell_rise                    : 0.0012;
k_temp_fall_transition              : 0;
k_temp_hold_fall                    : 0.0012;
k_temp_hold_rise                    : 0.0012;
k_temp_min_pulse_width_high         : 0.0012;
k_temp_min_pulse_width_low          : 0.0012;
k_temp_min_period                   : 0.0012;
k_temp_rise_propagation             : 0.0012;
k_temp_fall_propagation             : 0.0012;
k_temp_recovery_fall                : 0.0012;
k_temp_recovery_rise                : 0.0012;
k_temp_rise_transition              : 0;
k_temp_setup_fall                   : 0.0012;
k_temp_setup_rise                   : 0.0012;
k_volt_cell_fall                    : -0.42;
k_volt_cell_rise                    : -0.42;
k_volt_fall_transition              : 0;
k_volt_hold_fall                    : -0.42;
k_volt_hold_rise                    : -0.42;
k_volt_min_pulse_width_high         : -0.42;
k_volt_min_pulse_width_low          : -0.42;
```

```
k_volt_min_period                   : -0.42;
k_volt_rise_propagation             : -0.42;
k_volt_fall_propagation             : -0.42;
k_volt_recovery_fall                : -0.42;
k_volt_recovery_rise                : -0.42;
k_volt_rise_transition              : 0;
k_volt_setup_fall                   : -0.42;
k_volt_setup_rise                   : -0.42;
```

在计算延迟时，当工作条件的工艺、电压以及温度和库文件中标称的条件不一致时，这些系数是用来得到时序的。注意 k_volt 系数是负值，表明延迟随着供电电压增加而减少，k_temp 系数是正值，表明通常延迟随着温度增加而增加（除非单元产生了温度反转效应，2.10 节有描述）。这个 k 系数使用如下：

```
Result with derating = Original_value *
   ( 1 + k_process * DELTA_Process
       + k_volt * DELTA_Volt
       + k_temp * DELTA_Temp)
```

比如，假设库文件在 1.08V、125℃ 和 slow 工艺下特征化。如果要在 1.14V 和 100℃ 情况下得到延迟，slow 工艺下，单元的上升延迟如下所示：

```
Derated_delay = Library_delay *
   ( 1 + k_volt_cell_rise * 0.06
       - k_temp_cell_rise * 25)
```

假设使用上面列出的 k 系数，上面的等式可以转换为：

```
Derated_delay = Library_delay * (1 - 0.42 * 0.06 - 0.0012 * 25)
              = Library_delay * 0.9448
```

在减免条件下，延迟约为原有延迟的 94.48%。

3.10.2　库单位

1 个单元描述中的值都使用库的单位。这些单位用 Liberty 命令集在库文件中声明。下面的例子表明了电压、时间、电容和电阻的单位是如何声明的。

```
library("my_cell_library") {
 voltage_unit : "1V";
 time_unit : "1ns";
 capacitive_load_unit (1.000000, pf);
 current_unit : 1mA;
 pulling_resistance_unit : "1kohm";
 . . .
}
```

在本书中，我们假设所有的库时间单位是 ns，电压单位是 V，每次转换的内部功耗单位是 pJ，漏电功耗是 nW，电容单位是 pF，电阻单位是 kΩ，面积单位是 μm^2，那些为了帮助理解明确指定的单位除外。

第 4 章　互连寄生参数

本章概述了各种处理和表示互连寄生参数的技术，这些技术用来验证设计的时序。在数字设计中，一条线段（Wire）把标准单元或块（Block）的引脚连接起来，被称为线（Net）。一条线（Net）通常只有一个驱动，但是它可以驱动多个扇出单元或块（Block）。在物理实现（Physical Implementation）之后，这条线（Net）可能经过芯片上的多层金属。不同的金属层可能有不同的电阻和电容值。对于等效电气表示，一条线通常分解为不同的片段（Segment），每个片段用等效寄生参数来表示。我们把互连走线（Interconnect Trace）当成片段的同义词，也就是说，它是线在特定金属层的一部分。

4.1　互连线电阻、电感和电容

在设计实现中，互连电阻来自处于各层金属和过孔（Via）中的互连走线（Interconnect Trace）。图 4-1 中的例子展示了线穿过各种金属层和过孔。所以，互连电阻可以被认为是单元输出引脚和扇出单元输入引脚之间的电阻。

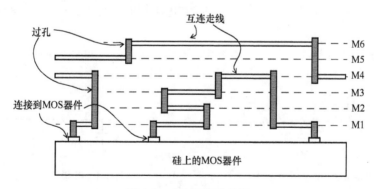

图 4-1　在金属层上的线

互连电容也来自于金属走线，是由接地电容（Grounded Capacitance）和相邻信号线间的电容构成的。

电感是由电流环路带来的。通常情况下，电感的影响在芯片内可以忽略不计，仅在封装和板级分析时考虑。在芯片级设计中，电流环路窄且短，这意味着电流回路是经过电源或者地信号，而电源和地信号走线距离很近。在大多数情况下，时序分析不考虑片上电感。任何对片上电感分析的进一步描述都超出了本书的范围。接下来我们将分析互连电阻和互连电容的表示方法。

互连走线任一部分的电阻和电容（RC）被理想地表示为 1 个分布式 RC 树（Distributed RC Tree），如图 4-2 所示。在该图中，RC 树的总电阻和电容分别是 R_t 和 C_t，分别等于 $R_p *$ L 和 $C_p * L$，其中 R_p 和 C_p 是该段走线单位长度的互连电阻和电容，L 是走线长度。R_p 和 C_p 的值通常是从各种配置后提取的寄生参数中获得，且由 ASIC 代工厂提供。

$$R_t = R_p * L$$
$$C_t = C_p * L$$

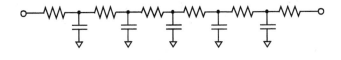

a) 长度L的走线

b) 分布式RC树

图 4-2 互连走线

RC 互连可以用各种简单模型来表示。下面将介绍几种简单模型。

1. T 模型

在 T 模型中，总的电容 C_t 建模为连接在电阻树（Resistive Tree）的中间。总的电阻 R_t 被分为了两部分（每部分都是 $R_t/2$），C_t 连接在电阻树的中心点，如图 4-3 所示。

2. Pi 模型

在图 4-4 所示的 Pi 模型中，总的电容 C_t 分成了两部分（每部分都是 $C_t/2$），且连接到了电阻的两端。

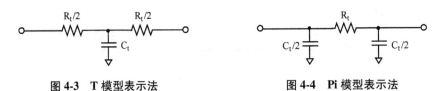

图 4-3 T 模型表示法   图 4-4 Pi 模型表示法

更精确的表示分布式 RC 树是通过把 R_t 和 C_t 分割成多个部分。如果分为 N 个部分，则每个中间部分的电阻和电容值分别为 R_t/N 和 C_t/N。两端部分可以用 T 模型或者 Pi 模型的概念来建模。图 4-5 展示了用 T 模型建模两端的 N 个部分 RC 树，图 4-6 展示了用 Pi 模型建模两端的 N 个部分 RC 树。

通过概述 RC 互连的建模，我们描述了寄生互连是如何使用的，在预布局（Pre-Layout）阶段通过估算，在布局后（Post-Layout）通过详细的提取。下一章描述预布局阶段寄生互连的建模。

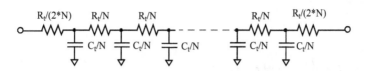

图 4-5　用 T 模型建模两端 N 部分 RC 树

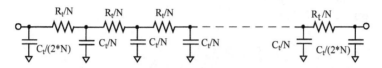

图 4-6　用 Pi 模型建模两端的 N 个部分 RC 树

4.2　线负载模型

在布图规划（Floorplan）或布局（Layout）之前，线负载模型可以用来估计电容、电阻和互连线的面积开销。可以用线负载模型（Wireload Model）基于扇出的数量估计线的长度。线负载模型依赖于块（Block）的面积，不同面积的设计可以采用不同的线负载模型。线负载模型也可以把预估的线长映射为电阻、电容以及由于走线产生的面积开销。

块（block）内的平均线长和块的大小密切相关，块尺寸增加，平均线长相应增加。图 4-7表示对于不同的面积（芯片或者块的尺寸），通常用不同的线负载模型来决定寄生参数。所以，图中描述了较小尺寸的块有较小的电容。

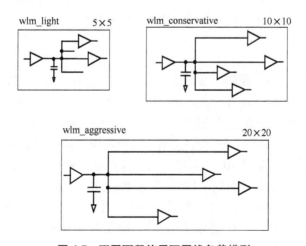

图 4-7　不同面积使用不同线负载模型

下面是一个线负载模型的例子。

```
wire_load ("wlm_conservative") {
  resistance : 5.0;
  capacitance : 1.1;
  area : 0.05;
  slope : 0.5;
  fanout_length (1, 2.6);
  fanout_length (2, 2.9);
  fanout_length (3, 3.2);
  fanout_length (4, 3.6);
  fanout_length (5, 4.1);
}
```

Resistance 是指每单位长度互连线的电阻，capacitance 是指每单位长度互连线的电容，area 是指每单位长度互连线的面积开销。Slop 是在数据点超出扇出长度表（Fan-out Length Table）时所使用的外推斜率。

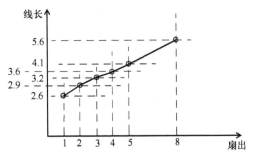

图 4-8　扇出 vs 线上

线负载模型说明了线长是如何作为扇出的函数被描述的。上面的例子在图 4-8 中有描述。对于任何没有明确在表中列出的扇出值，通过线性外推法用指定斜率计算得到互连长度。比如，8 扇出的互连长度如图 4-8 所示

Length = 4.1 + (8 - 5) * 0.5 = 5.6 units
Capacitance = *Length* * cap_coeff(1.1) = 6.16 units
Resistance = *Length* * res_coeff(5.0) = 28.0 units
互连线的面积开销 = *Length* * area_coeff(0.05) = 0.28 area units

长度、电容、电阻以及面积的单位是在库文件中指定的。

4.2.1　互连树

一旦预估了电阻和电容，我们可以说预布局阶段互连线的 R_{wire} 和 C_{wire} 就确定了，下一个问题就是互连线的结构。互连线 RC 结构相对于驱动单元是如何分布的？这很重要，因为从 1 个驱动引脚到负载引脚的互连延迟依赖于互连线的结构。通常来说，互连延迟依赖于路径上的互连电阻和互连电容。因此，线的假想拓扑结构不同，延迟就不同。

在预布局阶段的估计，互连 RC 树可以用以下 3 种方式来表示（如图 4-9 所示）。注意，总互连长度在 3 种情况下都是一样的。（所以预估电阻和电容也是一致的）。

1）最佳情况树（Best-Case Tree）：在最佳情况树中，假设终点（负载）引脚在物理位置上和驱动是紧邻的。所以，到终点引脚是没有线电阻的。所有其他扇出引脚的线电容和引脚电容，依然作为驱动引脚的负载起作用。

2）平衡树（Balanced tree）：在这种情况下，假设每个终点引脚都分别处在互连线的一部分上。每条到终点的线路都有等分的线电阻和线电容。

3）最差情况树（Worst-Case Tree）：在这种情况下，假设所有的终点引脚都聚集在线的最远端。所以每个终点引脚都看到了总的线电阻和总的线电容。

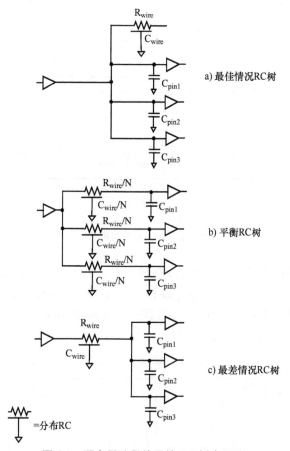

图 4-9   预布局阶段使用的 RC 树表示法

4.2.2 指定线负载模型

线负载模型用以下命令指定：

set_wire_load_model "wlm_cons" **-library** "lib_stdcell"
此命令表示使用单元库 *lib_stdcell* 中的线负载模型 *wlm_cons*

当线穿过层次边界（Hierarchical Boundary）时，可以基于不同的线负载模式（Wireload Mode），在每个层次边界使用不同的线负载模型。这些线负载模式有如下三种。

1）top；

2）enclosed；

3）segmented。

线负载模式可以用命令 set_wire_load_mode 来指定，如下所示：

set_wire_load_mode enclosed

在 top 线负载模式下，所有在这个层次的线继承顶层的线负载模型，也就是说，所有在低层次指定的线负载模型都会被忽略。所以，顶层线负载模型有最高优先级。如图 4-10 中所示的例子，在 B1 块中指定的线负载模型 wlm_cons 比在 B2、B3 和 B4 块中指定的线负载模型优先级高。

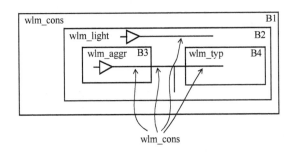

图 4-10　top 线负载模式

在 enclosed 线负载模式下，如果块完全包含了线，那该块的线负载模型将应用到整条线上。如图 4-11 中所示的例子，线 NETQ 完整包含在 B2 块中，所以 B2 块的线负载模型 wlm_light 将应用到整条线上。其他完整包含在 B3 块的线将应用 wlm_aggr 线负载模型，完整包含在 B5 块的线将应用 wlm_typ 线负载模型。

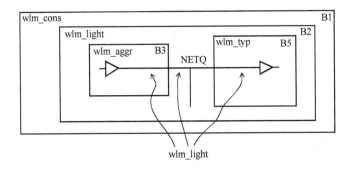

图 4-11　enclosed 线负载模式

在 segmented 线负载模式下，线的每个片段将应用包含这个片段的块的线负载模型。线的每部分都使用该级别的恰当的线负载模型。在图 4-12 所示的例子中，线 NETQ 在 3 个块中都有片段。该线在 B3 块中的片段使用 wlm_aggr 线负载模型，该线在 B4 块中的片段使用 wlm_typ 线负载模型，该线在 B2 块中的片段使用 wlm_light 线负载模型。

通常线负载模型的选择是基于块的芯片面积。但是模型的选择可以由客户自行判断来更改。比如，可以为面积为 0～400 的块选择 wlm_aggr 线负载模型，为面积为 400～1000 的块选择 wlm_typ 线负载模型，为面积为 1000 或更高的块选择 wlm_cons 线负载模型。线负载模

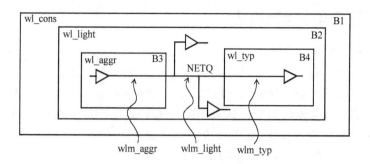

图 4-12　segmented 线负载模式

型通常定义在单元库，但是用户也可以自定义线负载模型。1 个默认的线负载模型可以选择
定义在单元库中，如下所示：

default_wire_load: "wlm_light";

1 个线负载模型选择组（Wireload Selection Group），是基于面积来选择线负载模型的，
定义在单元库中。例子如下：

wire_load_selection (WireAreaSelGrp){
　wire_load_from_area(0, 50000, "wlm_light");
　wire_load_from_area(50000, 100000, "wlm_cons");
　wire_load_from_area(100000, 200000, "wlm_typ");
　wire_load_from_area(200000, 500000, "wlm_aggr");
}

1 个单元库可以包含多个这样的选择组（Selection Group）。在 STA 中具体使用哪个选择
组，可以用以下命令来指定：

set_wire_load_selection_group WireAreaSelGrp

本节描述了在物理实现之前，也就是在预布局阶段，预估寄生参数的建模。下节将介绍
从布局中提取的寄生参数的表示方法。

4.3　提取的寄生参数的表示方法

从布局（Layout）中提取寄生参数，可以用以下 3 种格式来描述：

1）详细标准寄生参数格式（Detailed Standard Parasitic Format，DSPF）；

2）精简标准寄生参数格式（Reduced Standard Parasitic Format，RSPF）；

3）标准寄生参数交换格式（Standard Parasitic Exchange Format，SPEF）。

一些工具还提供了专用的二进制方法来表示寄生参数，比如 SBPF（Synopsys Binary par-
asitic format，新思二进制寄生参数格式）；这帮助减小文件体积，加快工具读取寄生参数的
速度。下面简要介绍上面提到的 3 种格式。

4.3.1 详细标准寄生参数格式

在 DSPF 中，详细的寄生参数用 SPICE格式表示。SPICE Comment 声明用来表明单元的类型、单元引脚及其电容。电阻和电容值用标准的 SPICE 语法，单元的实例也包括在这种格式里。该格式的优点是，DSPF 文件可以作为 SPICE 仿真器本身的输入。但是，该格式的缺点是 DSPF 语法包含太多细节，结果冗长，这导致 1 个典型块的 DSPF 文件会非常大。所以，该格式在实践中很少被使用，除非是计算 1 组较少的线。

这里有个 DSPF 文件的例子，描述了从主输入 IN 到缓冲器 BUF 的输入引脚 A 的连线，以及另一条线从 BUF 的输出引脚 OUT 到主输出引脚 OUT。

```
.SUBCKT TEST_EXAMPLE OUT IN
* Net Section
*|GROUND_NET VSS
*|NET IN 4.9E-02PF
*|P (IN I 0.0 0.0 4.1)
*|I (BUF1:A BUF A I 0.0 0.7 4.3)
C1 IN VSS 2.3E-02PF
C2 BUF1:A VSS 2.6E-02PF
R1 IN BUF1:A 4.8E00
*|NET OUT 4.47E-02PF
*|S (OUT:1 8.3 0.7)
*|P (OUT O 0.0 8.3 0.0)
*|I (BUF1:OUT BUF1 OUT O 0.0 4.9 0.7)
C3 BUF1:OUT VSS 3.5E-02PF
C4 OUT:1 VSS 4.9E-03PF
C5 OUT VSS 4.8E-03PF
R2 BUF1:OUT OUT:1 12.1E00
R3 OUT:1 OUT 8.3E00
*Instance Section
X1 BUF1:A BUF1:OUT BUF
.ENDS
```

DSPF 中的非标准 SPICE 声明是以 "＊｜" 为开头的注释，有以下格式：

```
*|I(InstancePinName InstanceName PinName PinType PinCap X Y)
*|P(PinName PinType PinCap X Y)
*|NET NetName NetCap
*|S(SubNodeName X Y)
*|GROUND_NET NetName
```

4.3.2 精简标准寄生参数格式

在 RSPF 中，寄生参数用精简格式表示。精简格式包括电压源和 1 个可控的电流源。RSPF 也是 SPICE 文件，因为它可以被读入类 SPICE 的仿真器中。RSPF 要求详细的寄生参数被精简后映射到精简格式。所以这就是 RSPF 的一个缺点，因为寄生参数提取过程的重点

 可以被电路仿真软件（比如 SPICE）读取的格式。可通过参考文献［NAG75］或者任何关于模拟集成电路设计或者仿真方面的书，来获取更详细的信息。

通常集中在提取的精度，而不是 RSPF 的紧凑格式带来的减少量。RSPF 的另一个局限是该格式不能表示双向的信号流动。

下面是一个 RSPF 文件的例子。初始的设计和等效的表示如图 4-13 所示。

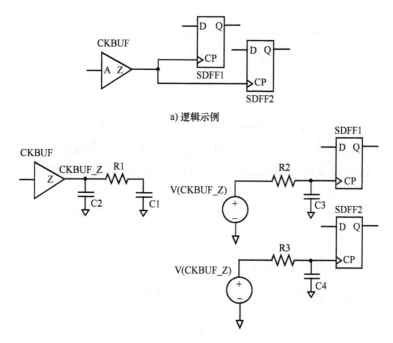

a) 逻辑示例

b) RSPF 表示法

图 4-13　RSPF 表示法示例

```
* Design Name : TEST1
* Date : 7 September 2002
* Time : 02:00:00
* Resistance Units : 1 ohms
* Capacitance Units : 1 pico farads
*| RSPF 1.0
*| DELIMITER "_"
.SUBCKT TEST1 OUT IN
*| GROUND_NET VSS
*|NET CP 0.075PF
*|DRIVER CKBUF_Z CKBUF Z
*|S (CKBUF_Z_OUTP 0.0 0.0)
R1 CKBUF_Z CKBUF_Z_OUTP 8.85
C1 CKBUF_Z_OUTP VSS 0.05PF
C2 CKBUF_Z VSS 0.025PF
*|LOAD SDFF1_CP SDFF1 CP
*|S (SDFF1_CP_INP 0.0 0.0)
E1 SDFF1_CP_INP VSS CKBUF_Z VSS 1.0
R2 SDFF1_CP_INP SDFF1_CP 52.0
C3 SDFF1_CP VSS 0.1PF
```

```
*|LOAD SDFF2_CP SDFF2 CP
*|S (SDFF2_CP_INP 0.0 0.0)
E2 SDFF2_CP_INP VSS CKBUF_Z VSS 1.0
R3 SDFF2_CP_INP SDFF2_CP 43.5
C4 SDFF2_CP VSS 0.1PF
*Instance Section
X1 SDFF1_Q SDFF1_QN SDFF1_D SDFF1_CP SDFF1_CD VDD VSS SDFF
X2 SDFF2_Q SDFF2_QN SDFF2_D SDFF2_CP SDFF2_CD VDD VSS SDFF
X3 CKBUF_Z CKBUF_A VDD VSS CKBUF
.ENDS
.END
```

该文件有以下特性：

1）引脚到引脚的互连延迟建模为：每个扇出单元输入都有 1 个 0.1pF 的电容（在上面的例子中是 C3 和 C4）以及 1 个电阻（R2 和 R3）。选取电阻值使 RC 延迟对应于引脚到引脚的互连延迟。驱动单元输出上的 PI 型片段负载建模了经过该单元的正确单元延迟。

2）在门输入端的 RC 元件由理想电压源（E1 和 E2）驱动，该电压和驱动门的输出端电压相等。

4.3.3　标准寄生参数交换格式

SPEF 是一种表示详细寄生参数的紧凑格式。在下面的例子中，1 条线具有 2 个扇出。

```
*D_NET NET_27 0.77181
*CONN
*I *8:Q O *L 0 *D CELL1
*I *10:I I *L 12.3
*CAP
1 *9:0 0.00372945
2 *9:1 0.0206066
3 *9:2 0.035503
4 *9:3 0.0186259
5 *9:4 0.0117878
6 *9:5 0.0189788
7 *9:6 0.0194256
8 *9:7 0.0122347
9 *9:8 0.00972101
10 *9:9 0.298681
11 *9:10 0.305738
12 *9:11 0.0167775
*RES
1 *9:0 *9:1 0.0327394
2 *9:1 *9:2 0.116926
3 *9:2 *9:3 0.119265
4 *9:4 *9:5 0.0122066
5 *9:5 *9:6 0.0122066
6 *9:6 *9:7 0.0122066
7 *9:8 *9:9 0.142205
8 *9:9 *9:10 3.85904
9 *9:10 *9:11 0.142205
```

```
10 *9:12 *9:2 1.33151
11 *9:13 *9:6 1.33151
12 *9:1 *9:9 1.33151
13 *9:5 *9:10 1.33151
14 *9:12 *8:Q 0
15 *9:13 *10:I 0
*END
```

寄生参数 R 和 C 的单位在 SPEF 文件的开头就指定了。更详细的关于 SPEF 的描述见附录 C。由于该种表示方法的简洁性和完备性，SPEF 是在设计中最常用到的格式。

4.4　耦合电容的表示方法

上一节说明了将线电容表示为接地（Grounded）电容的情况。因为在纳米工艺技术中绝大部分的电容是侧壁电容（Sidewall Capacitance），正确地表示这些电容的方式是信号和信号之间的耦合电容。

在 DSPF 中，表示耦合电容是在初始的 DSPF 标准上增加（Add-On），所以它不是唯一的。耦合电容在两组耦合线之间是重复的。这意味着 DSPF 不能直接读入 SPICE，因为两组耦合线的耦合电容是重复的。一些工具在生成 DSPF 时通过包括两组耦合线一半的耦合电容来解决这一矛盾。

RSPF 是一种精简的表达方式，所以不适合表示耦合电容。

SPEF 标准用统一且清晰的方式来处理耦合电容，所以当需要考虑串扰时序时，SPEF 就成为了合理的选择。另外，SPEF 在文件大小方面是一种紧凑的格式，无论有没有耦合电容都可用来表示寄生参数。

如附录 C 中描述的，一种控制文件大小的机制就是在文件的开头创建名称目录。很多寄生参数提取工具都在 SPEF 文件的开头指定了线的名称目录（映射线名称和编号），以此来避免重复冗长的线名字。这一方法能显著减少文件体积。在附录 C 中，可以看到名称目录的例子。

4.5　层次化设计方法

大型复杂设计在物理实现的过程中，为了寄生参数提取和时序验证，通常需要层次化设计。在这些情况下，1 个块（Block）的寄生参数可以在块这个级别提取，并在更高层级使用。

在时序验证时，从布局中提取寄生参数的块（Block）可以和布局没有完成的块一起使用。在这种情况下，布局完成的块会从布局中提取寄生参数，而预布局的块会用线负载模型预估寄生参数。

在层次化流程中，顶层布局完成了，但是块（Block）依然用黑箱（Black Box）表示（预布局阶段），低级别的块可以使用基于线负载模型的寄生参数预估，与此同时顶层可以从布局中提取寄生参数。一旦块的布局完成了，顶层和块的布局提取寄生参数就可以组合在一起。

布局中的块复用（Block Replicated）

如果布局中 1 个块被多次复用，其中 1 个实例化实体的寄生参数提取可以用在所有实例化实体上。这要求该块的布局在各种实例化的方面都是完全一致的。比如，从块内的走线来看，它的布局环境是完全相同的。这意味着块级别的走线不会和任何块外的走线发生电容耦合。要达到这一要求，常见的方法是顶层不允许在该块上走线，该线在块的边界附近有适当的间距和屏蔽（Shielding）。

4.6 减少关键线的寄生参数

本节简要介绍了一些减少关键线（Critical Nets）上寄生参数影响的常见技术。

1. 减少互连电阻

对于关键线，保持低转换率（或者转换时间）很重要，这需要减少互连电阻。通常，有两种方法来减少电阻：

1）宽走线（Wide Trace）：让走线比最小宽度（Minimum Width）更宽能减少互连电阻，且不会带来寄生电容的显著增加。所以，整体的 RC 互连延迟以及转换时间就都减小了。

2）在高层（宽）金属走线：高层金属通常有更低的电阻率，可以用来走关键线。低互连电阻减少互连延迟以及终点引脚的转换时间。

2. 增加走线间距

增加走线之间的间距可以减少走线的耦合电容（以及总电容）。大的耦合电容会增加串扰，而避免串扰是长距离相邻走线要面临的重要问题。

3. 关联走线的寄生参数

在很多情况下，1 组走线需要时序匹配，比如，高速 DDR 接口的 1B 通道内的数据信号。因为 1B 通道内的所有信号都有同样的寄生参数是非常重要的，所有的信号都要在同一层金属走线。比如，当金属层 M2 和 M3 有同样的平均偏差和统计偏差，但偏差是独立的，所以这两层金属的寄生参数偏差是相互无关的。所以，如果关键信号的时序一致很重要，那走线在每层金属上都要完全一致。

第 5 章　延迟计算

本章概述了预布局（Pre-Layout）和布局（Post-Layout）后的，以单元为基础的设计是如何进行延迟计算的。前几章重点介绍了互连线建模和库函数。单元和互连线的建模技术被用来得到设计的时序。

5.1　概述

5.1.1　延迟计算的基础

一个典型的设计包括了各种组合逻辑以及时序单元。我们用图 5-1 所示的逻辑片段为例来介绍延迟计算的概念。

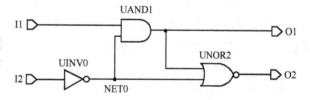

图 5-1　逻辑块实例原理图

每个单元的库描述中为每个输入引脚[一]指定了引脚电容值。所以，设计中的每条线都有电容负载，是由该条线每个扇出的引脚电容负载之和，加上互连线的贡献构成的。出于简化的目的，在本章我们就不考虑互连线的贡献了，该内容将在之后的小节讨论。不考虑互连线寄生参数，图 5-1 中的内部线 NET0 的线电容，是由 UAND1 和 UNOR2 的输入引脚电容构成的。输出端 O1 具有 UNOR2 单元的引脚电容，加上该逻辑块输出上的任何电容性负载。输入 I1 和 I2 具有 UAND1 和 UINV0 单元的相应的引脚电容。通过这种抽象理解，图 5-1 中的逻辑设计可以被描述为图 5-2 所示的等效表达。

正如在第 3 章中描述的，库单元包括了用于各种时序弧的 NLDM。这种非线性模型用索引为输入转换时间和输出电容的二维表来表示。逻辑单元的输出转换时间也可以用二维表来描述，该表的索引是输入转换时间和线上的总输出电容。所以，如果在逻辑块（Logic Block）的输入指定了输入转换时间（或者转换率），就可以从库单元描述中得到输出转换时间与经过 UINV0 单元和 UAND1 单元（对于输入 I1）的时序弧的延迟。对扇出单元使用同样的方法，就能得到经过单元 UAND1（从 NET0 到 O1）和单元 UNOR2 时序弧的转换时间和延迟。对于多输入单元（比如 UAND1），不同的输入引脚可以带来不同的输出转换时间值。为扇出线选择哪个转换时间，取决于转换率合并的选项，这将在 5.4 节中讨论。用上面

[一]　标准单元库中通常不为单元输出指定引脚电容。

描述的方法，任何经过逻辑单元的延迟，都可以基于输入引脚的转换时间和输出引脚上的电容来得到。

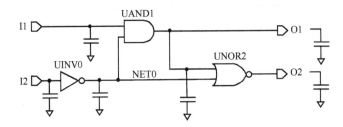

图 5-2 逻辑块描述电容的表示法

5.1.2 带有互连线的延迟计算

1. 预布局时序

正如在第 4 章中描述的，在预布局阶段时序验证时，互连寄生参数是用线负载模型预估的。在很多情况下，在线负载模型中电阻的贡献被设为 0。在这种情况下，线负载的贡献是纯电容性的，之前小节中描述过的延迟计算方法可以应用到设计中所有时序弧的延迟计算。

假如线负载模型包括了互连线电阻的影响，将用 NLDM 模型和总的线电容一起计算经过单元的延迟。因为互连线是电阻性的，从驱动单元的输出到扇出单元的输入就有额外的延迟。互连延迟的计算方法将在 5.3 节中介绍。

2. 布局后时序

金属走线的寄生参数将映射为驱动和终点单元间的 RC 网络。以图 5-1 中的例子为例，线的互连电阻如图 5-3 所示。图 5-1 中的 1 条内部线如 NET0 映射为图 5-3 中的多个子节点。所以，反相器 UINV0 的输出负载是由 RC 结构构成的。因为 NLDM 表的索引是输入转换时间和输出电容，在输出引脚存在电阻性负载意味着 NLDM 表不可以直接使用。下一节将介绍如何在有电阻性互连线的情况下使用 NLDM 表。

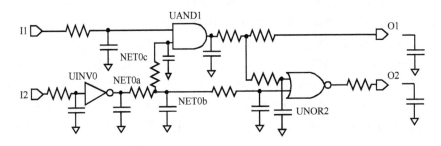

图 5-3 逻辑块描述电阻性线的表示法

5.2 使用有效电容的单元延迟

正如之前描述的，如果单元输出负载包括了互连线电阻，NLDM 是不可以直接使用的。相应地，要采用一种"有效"电容法来处理电阻的影响。

有效电容法试图创建 1 个单独的电容作为等效的负载，该负载可以让具有该负载的设计和初始设计在单元输出上具有相似的时序。这个等效的单独电容被称为有效电容（Effective Capacitance）。

图 5-4a 所示的 1 个单元在扇出有 RC 互连。这个 RC 互连由图 5-4b 所示的等效 RC PI-网络表示。有效电容的概念就是要得到 1 个等效的输出电容 Ceff（如图 5-4c 所示），该电容和具有 RC 负载的初始设计有相同的经过单元的延迟。通常来说，单元具有 RC 负载的输出波形和具有单独电容负载的输出波形是很不同的。

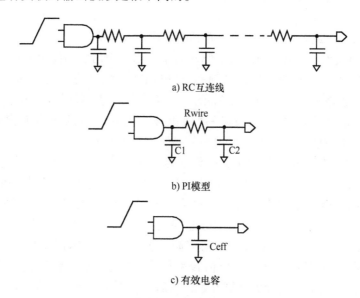

a) RC互连线

b) PI模型

c) 有效电容

图 5-4 带有有效电阻的 RC 互连线

图 5-5 展示了单元输出具有总电容，有效电容的代表波形，以及具有真实 RC 互连的波形。选取合适的有效电容 Ceff 使得图 5-4c 中的单元输出延迟（在转换时间中间点测得）和图 5-4a 中的延迟一致，如图 5-5 所示。

使用 PI 等效模型表示时，有效电容可以表示为

Ceff = C1 + k * C2, 0 <= k <= 1

式中，C1 是近端电容，C2 是远端电容，见图 5-4b。k 值在 0~1 之间。在互连电阻可以忽略的情况下，有效电容和总电容近似相等。这可以用图 5-4b 中 R 设置为 0 来直接解释。类似地，如果互连电阻相当大，有效电容几乎相当于近端电容 C1（见图 5-4b）。这可以用 R 增大到极限变为无穷大（相当于电路开路）来解释。

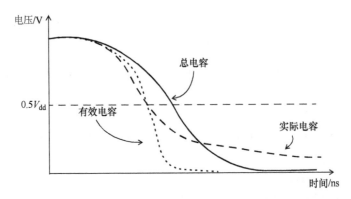

图 5-5 具有不同负载的单元在输出处的不同波形

有效电容是以下各项的函数：

1）驱动单元；

2）负载的特征，或者说从驱动单元看到的负载输入阻抗。

对于给定的互连线，1 个具有弱输出驱动的单元比强输出驱动的单元看到更大的有效电容。所以，有效电容最小值是 C1（对于高互连电阻或者强驱动单元），最大值就是总电容（当互连电阻可以忽略不计或者弱驱动单元）。注意，终点引脚转换时间晚于驱动单元的输出。近端电容充电快于远端电容，这一现象也被称为互连线的电阻屏蔽效应（Resistive Shielding Effect）。因为只有一部分远端电容能被驱动单元看到。

不像在库文件中直接查表 NLDM 来计算延迟，延迟计算工具通过多次迭代的方式来得到有效电容。从算法上讲，第一步是得到从单元输出看到的真实 RC 负载的驱动点阻抗。真实 RC 负载的驱动点阻抗是用以下任何一种方法来计算的，比如二阶 AWE（Second Order AWE，Asymptotic Waveform Evaluation，渐进波形估计法）或者 Arnoldi 算法⊖（Arnoldi Algorithms）。当使用真实 RC 负载（基于驱动点阻抗）时，单元输出上的电荷转移（Charge Transfer）和使用有效电容作为负载的电荷转移相等。注意，电荷转移直到转换时间的中间点才相等。整个过程从有效电容的估算开始，然后迭代更新估算。在大多数实际情况中，有效电容值可以在几次迭代后收敛。

所以，有效电容近似法是计算经过单元延迟的好模型。但是，通过有效电容得到的输出转换率和单元输出的真实波形是不一致的。在单元输出的波形，特别是波形的后半部分，是不能用有效电容近似法来表示的。注意，在典型的情况下，我们在意的波形并不是在单元的输出处，而是在互连线的终点处，也就是扇出单元的输入引脚。

有很多种办法来计算延迟和互连线终点处的波形。在很多实现（Implementation）中，有效电容法也需要为驱动单元计算出 1 个等效戴维南电压源。戴维南源由具有串联电阻 Rd 的电压源构成，如图 5-6 所示。这些串联电阻 Rd 表示了单元输出级的下拉（上拉）电阻。

⊖ 详情见参考文献［ARN51］。

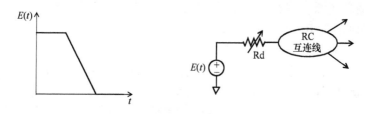

图 5-6 驱动单元的戴维南源模型

本节描述了使用有效电容来计算通过带有 RC 互连线的驱动单元的延迟。有效电容及算法也提供了等效戴维南电压源模型，通过该模型可以得到通过 RC 互连线的时序。下面描述了获取经过互连线时序的过程。

5.3 互连线延迟

正如在第 4 章中描述的，线的互连寄生参数通常通过 RC 电路来表示。RC 互连可以是预布局或者布局后。布局后的寄生互连参数可以包括相邻线间的耦合电容，基本延迟计算会把所有电容（包括耦合电容）当作接地电容对待。图 5-7 所示的例子展示了 1 条线以及它的驱动单元和扇出单元所具有的寄生参数。

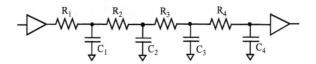

图 5-7 1 条线的寄生参数

用有效电容法，分别得到通过驱动单元的延迟和通过互连线的延迟。有效电容法提供了通过驱动单元的延迟，以及单元输出端的等效戴维南源。通过互连线的延迟就是用该戴维南源分别计算的。互连部分有 1 个输入和与终点引脚一样多的输出。在互连线的输入使用等效戴维南电压源，到各个终点引脚的延迟就可以通过计算得到，见图 5-8。

对预布局分析来说，RC 互连结构是由 RC 树类型决定的，而 RC 互连结构又决定了线延迟。3 种类型的 RC 互连树表示方法已经在 4.2 节中详细介绍过了。选择哪种互连树通常已经在库种定义过了。通常，最坏情况（Worst case）慢速库会选择最坏情况树，因为该类型的树会提供最大的互连延迟。类似的，最佳情况树结构通常会被最佳情况快速工艺角（Best-case Fast Corner）选中，该类型树不包括任何从源引脚到终点引脚的电阻。因此，最佳情况树的互连延迟为零。典型情况树和最差情况树的互连延迟处理方式和布局后的 RC 互连处理方式是一样的。

1. Elmore 延迟模型

Elmore 延迟适用于 RC 树。什么是 RC 树？RC 树满足下面 3 个条件：

1）有唯一输入（源）节点；

2）没有电阻回路（Resistive Loop）；

3）所有的电容都位于节点和电源地之间。

Elmore 延迟可以认为是找到经过每部分的延迟，也就是 R 与下游电容的乘积，然后把从源头到终点的延迟求和。

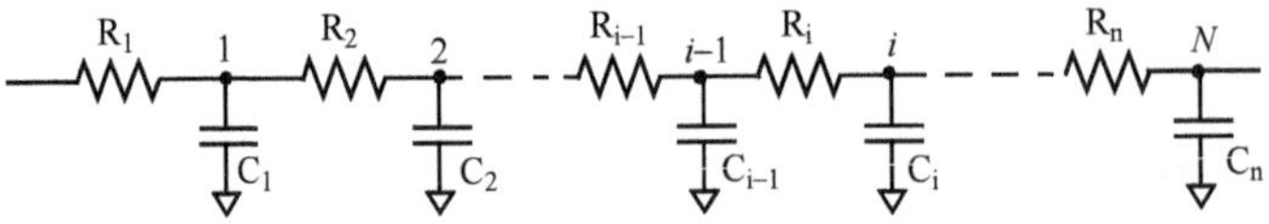

图 5-8　Elmore 延迟模型

到各个中间节点的延迟可以表示如下：

$T_{d1} = C_1 * R_1;$

$T_{d2} = C_1 * R_1 + C_2 * (R_1 + R_2);$

．．．

$T_{dn} = \Sigma(i=1,N) C_i (\Sigma(j=1,i) R_j);$ # Elmore 延迟公式

Elmore 延迟在数学上相当于考虑脉冲响应（Impulse Response）$^\ominus$的一阶矩（Frist Moment）。现在我们把 Elmore 延迟模型应用到 1 个简化的表示法上：1 条具有 R_{wire} 和 C_{wire} 寄生参数的线段，加上负载电容 C_{load} 来建模线段远端的引脚电容。等效 RC 网络可以简化成 PI 网络模型或者 T 模型，参见图 4-4 和图 4-3。任一种模型都有如下线延迟（基于 Elmore 延迟方程）：

$R_{wire} * (C_{wire} / 2 + C_{load})$

这是因为 C_{load} 看到了充电路径上的全部线段的电阻，而在 T 模型表示法中，C_{wire} 电容只看到了 $R_{wire}/2$；在 PI 模型表示法中，$C_{wire}/2$ 看到了充电路径上全部的 R_{wire}。上面的方法也可以扩展到更复杂的互连结构上。

下面的例子对 1 条使用线负载模型和平衡 RC 树（以及最差情况 RC 树）的线使用 Elmore 延迟计算方法。

使用平衡树模型，线的电阻和电容在线的分支上（假设扇出是 N）平均分开。对于 1 个分支，具有引脚负载 Cpin，使用平衡树计算得到的延迟是

net delay = $(R_{wire} / N) * (C_{wire} / (2 * N) + C_{pin})$

使用最差情况 RC 树模型，每个终点都要考虑整条线的电阻和电容。这里 C_{pin} 是所有扇出的总引脚电容。

Net delay = $R_{wire} * (C_{wire} / 2 + C_{pins})$

图 5-9 所示为一个设计实例。

如果我们使用最差情况树模型来计算线 N1 的延迟，我们得到：

$\ominus$　详情见参考文献［RUB83］。

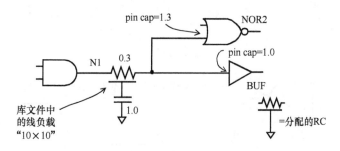

图 5-9 使用 Elmore 模型的最差情况树的线延迟

```
Net delay = R_wire * (C_wire /2 + C_pins)
          = 0.3 * (0.5 + 2.3) = 0.84
```

如果我们使用平衡树模型，我们得到线 N1 的 2 个分支的延迟：

```
Net delay to NOR2 input pin = (0.3/2) * (0.5/2 + 1.3)
            = 0.2325

Net delay to BUF input pin= (0.3/2) * (0.5/2 + 1.0)
            = 0.1875
```

2. 高阶互连线延迟估计

正如上面描述的，Elmore 延迟是脉冲响应（Impulse Response）[一]的一阶矩（Frist Moment）。AWE（Asymptotic Waveform Evaluation，渐进波形估计法），Arnoldi 算法或者其他算法匹配响应的更高阶矩。通过考虑更高阶矩估计法，可以计算得到更高精度的互连线延迟。

3. 整个芯片延迟计算

到现在为止，本章介绍了单元和单元输出互连线上的延迟计算。所以，对于给定的单元输入上的转换时间，可以计算得到通过单元和该单元输出互连线上的延迟。互连线上远端（终点）上的转换时间又是下一级的输入，这一过程在整个芯片上不断重复。整个设计的每个时序弧的延迟就都可以通过计算得到了。

5.4 转换率融合

如果多个转换率到达了同一个点会发生什么？比如多输入的单元，或者多驱动的线？这样的点被称为转换率融合点（Slew Merge Point）。哪一个转换率会被选中，从这个融合点继续传播？思考图 5-10 所示的 2 输入单元。

由引脚 A 上信号改变引起的引脚 Z 上的转换率，到达的较早但是上升的缓慢（慢转换率）；由引脚 B 上信号改变引起的引脚 Z 上的转换率，到达的较晚但是上升的迅速（快转换

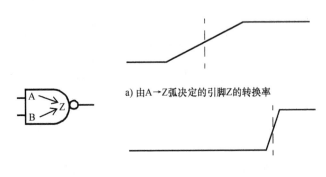

a) 由A→Z弧决定的引脚Z的转换率

b) 由B→Z弧决定的引脚Z的转换率

图 5-10　在融合点的转换率

率)。在转换率融合点,比如引脚 Z,该选哪个转换率来传播?传播哪一个都可能是正确的,这取决于进行的是哪种时序分析(最大还是最小),下面将进一步介绍。

在进行最大时序路径分析时有两种可能性:

1)最差转换率传播(Worst Slew Propagation):这种模式选择融合点处最差转换率来传播。也就是图 5-10a 中的转换率。对于经过引脚 A→Z 的时序路径,这个选择是准确的,但这对于经过 B→Z 的时序路径,这个选择就悲观了。

2)最差到达时间传播(Worst Arrival Propagation):这种模式选择融合点处最差的到达时间来传播。这对应着图 5-10b 中的转换率。选择这个转换率对经过 B→Z 的时序路径是准确的,但对于经过 A→Z 的时序路径,这个选择就乐观了。

类似地,进行最小时序分析时也有两种可能性:

1)最佳转换率传播(Best Slew Propagation):这种模式选择融合点处最佳转换率来传播。也就是图 5-10b 中的转换率。对于经过引脚 B→Z 的时序路径,这个选择是准确的,但这对于经过 A→Z 的任何时序路径来说都小了。对于经过 A→Z 的路径,路径延迟比实际值小,所以对于最小路径分析来说是悲观的。

2)最佳到达时间传播(Best Arrival Propagation):这种模式选择融合点处最佳到达时间来传播。这对应着图 5-10a 中的转换率。选择这个转换率对经过引脚 A→Z 的时序路径是准确的,但对于经过引脚 B→Z 的任何时序路径来说都大了。对于经过 B→Z 的路径,路径延迟比实际值大,所以对于最小路径分析来说是乐观的。

工程师可能通过生成 SDF 的方式,在静态时序分析环境之外进行延迟计算。在这种情况下,延迟计算工具通常会使用最差转换率传播。得到的 SDF 只适合最大路径分析,对于最小路径分析可能就太乐观了。

大部分静态时序分析工具会使用最差和最佳转换率传播作为默认方式,因为这是保守的分析方式。但是,当分析一条指定的路径时,可以使用准确的转换率传播方式。准确的转换率传播可能要求在时序分析工具中开启 1 个选项。所以,了解静态时序分析工具使用了哪种转换率传播方式是很重要的,也要明白什么情况下是过于悲观的。

5.5 不同的转换率阈值

通常，在表征（Characterization）单元时，库文件会指定转换率（转换时间）的阈值。问题是，当1个单元具有一组转换率阈值（Slew Threshold），驱动另一些具有不同转换率阈值设定的单元，会发生什么？思考图5-11所示的例子，1个单元用20~80的转换率阈值表征，驱动着2个扇出单元；1个是10~90转换率阈值，另1个是30~70转换率阈值且转换率减免系数（Slew Derate）为0.5。

在单元库中，单元U1的转换率设置如下：

slew_lower_threshold_pct_rise : 20.00
slew_upper_threshold_pct_rise : 80.00

slew_derate_from_library : 1.00
input_threshold_pct_fall : 50.00
output_threshold_pct_fall : 50.00
input_threshold_pct_rise : 50.00
output_threshold_pct_rise : 50.00
slew_lower_threshold_pct_fall : 20.00
slew_upper_threshold_pct_fall : 80.00

另1个单元库中的单元U2的转换率设置如下：

slew_lower_threshold_pct_rise : 10.00
slew_upper_threshold_pct_rise : 90.00

slew_derate_from_library : 1.00
slew_lower_threshold_pct_fall : 10.00
slew_upper_threshold_pct_fall : 90.00

另1个单元库中的单元U3的转换率设置如下：

slew_lower_threshold_pct_rise : 30.00
slew_upper_threshold_pct_rise : 70.00

slew_derate_from_library : 0.5
slew_lower_threshold_pct_fall : 30.00
slew_upper_threshold_pct_fall : 70.00

上面只列出了U2和U3转换率相关的设定，没有列出延迟相关的设定，如输入和输出的阈值是50%就没有列出。延迟计算工具根据连接在线上的单元的转换率阈值来计算转换时间。图5-11显示了U1/Z上的转换率是如何与该点上的转换波形相对应的。在U1/Z的等效戴维南源是用来得到扇出单元输入端上的转换波形。基于U2/A和U3/A的波形和其转换率阈值，延迟计算工具算出了U2/A和U3/A处的转换率。注意，U2/A的转换率是基于10~90的百分比设置计算得到，而U3/A的转换率是基于30~70的百分比设置计算，然后用库文件指定的slew_derate 0.5减免（Derated）后才得到的。这个例子说明了扇出单元输入上的转换率是如何计算的，是基于转换波形和扇出单元的转换率阈值设定。

在设计预布局阶段，可能没有考虑到互连电阻，可以用以下方式来计算具有不同阈值的线的转换率。例如，10~90 百分比转换率和 20~80 百分比转换率的关系如下：

slew2080 / (0.8 - 0.2) = slew1090 /(0.9 - 0.1)

所以，10~90 百分比测量点下，阈值 500ps 转换率相当于 20~80 百分比测量点下阈值为（500ps×0.6）/0.8＝375ps。类似的，20~80 百分比测量点下阈值 600ps 相当于 10~90 百分比测量点下阈值（600ps×0.8）/0.6＝800ps。

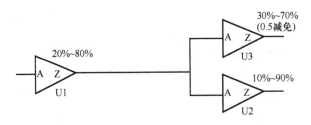

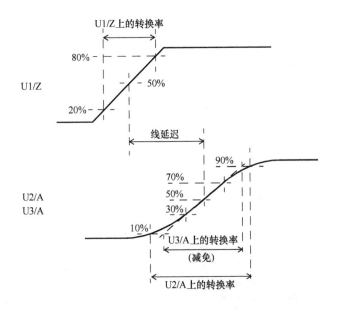

图 5-11 不同的转换率跳变点

5.6 不同的电压域

一个典型的设计可能为芯片上不同的部分使用不同的供电电压。在这种情况下，在不同电压域的接口上要使用电平转换单元（Level Shifting Cells）。1 个电平转换单元可以在输入端使用 1 个电压域，并在另一个电压域提供输出。举例来说，1 个标准单元的输入可以是 1.2V，而在输出可以是降压的电源供电，比如 0.9V，如图 5-12所示的例子。

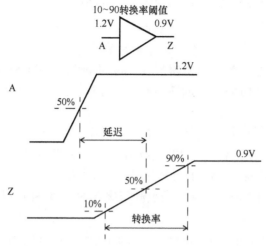

图 5-12　输入和输出电压不同的单元

　　注意延迟是通过电压 50% 的阈值点来计算的。对接口单元来说，这个阈值点对于不同引脚是具有不同电压的。

5.7　路径延迟计算

　　一旦有了所有时序弧的延迟，经过设计中所有单元的时序就可以用时序图（Timing Graph）来表示。通过组合逻辑单元的时序可以用从输入到输出的时序弧表示。类似的，互连时序可以用相应的从源头到每个终点（Sink）分别的时序弧来表示。一旦整个设计用相应的时序弧来反标，计算路径延迟就变成了把整条路径上所有线和单元的时序弧相加。

5.7.1　组合逻辑路径计算

　　思考图 5-13 所示的 3 个反相器串联的情况。考虑从线 N0 到 N3 的路径，我们要考虑上升沿和下降沿的路径。假设在线 N0 有个上升沿。

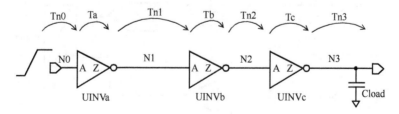

图 5-13　组合逻辑路径的时序

第 1 个反相器的输入端的转换时间（或者转换率）可能被给定了，如果没有被给定，那么就假设为 0（对应为理想情况）。在输入 UINVa/A 的转换时间是由之前小节中指定的互连延迟模型得到。同样的延迟模型也用来得到线 N0 的延迟 Tn0。

输出 UINVa/Z 的有效电容是基于 UINVa 输出的 RC 负载得到的。输入 UINVa/A 的转换时间和输出 UINVa/Z 的等效有效负载被用来得到单元输出下降延迟。

在引脚 UINVa/Z 的等效戴维南源模型（Equivalent Thevenin Source Model）被用来通过互连延迟模型来确定引脚 UINVb/A 的转换时间。互连延迟模型也别用来计算线 N1 上的延迟 Tn1。

一旦输入 UINVb/A 的转换时间是已知的，计算经过 UINVb 延迟的过程是类似的。UINVb/Z 的 RC 互连值和 UINVc/A 的引脚电容被用来计算线 N2 的有效负载。UINVb/A 的转换时间被用来计算经过反相器 UINVb 的上升延迟，以此类推。

最后一级的负载是由任何明确指定的负载值决定的，如果没有指定，那么将只有线 N3 的线负载。

上面的分析都假设了在线 N0 的上升沿。类似的分析也可以假定线 N0 的下降沿再进行。所以，在这个简单的例子里，有两条时序路径具有以下延迟：

$$T_{fall} = Tn0_{rise} + Ta_{fall} + Tn1_{fall} + Tb_{rise} + Tn2_{rise} + Tc_{fall} + Tn3_{fall}$$

$$T_{rise} = Tn0_{fall} + Ta_{rise} + Tn1_{rise} + Tb_{fall} + Tn2_{fall} + Tc_{rise} + Tn3_{rise}$$

通常，通过互连线的上升和下降延迟是不一样，因为驱动单元输出的戴维南源模型（Thevenin Source Model）不一样。

5.7.2 到触发器的路径

1. 输入到触发器路径

考虑从输入 SDT 到触发器 UFF1 的时序路径，如图 5-14 所示。

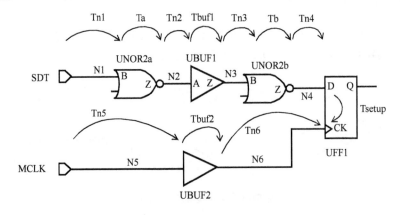

图 5-14 到触发器的路径

我们需要考虑上升和下降沿路径。当输入 SDT 是上升沿，数据路径延迟如下：

$Tn1_{rise} + Ta_{fall} + Tn2_{fall} + Tbuf1_{fall} + Tn3_{fall} + Tb_{rise} + Tn4_{rise}$

类似地，当输入 SDT 是下降沿，数据路径延迟如下：

$Tn1_{fall} + Ta_{rise} + Tn2_{rise} + Tbuf1_{rise} + Tn3_{rise} + Tb_{fall} + Tn4_{fall}$

输入 MCLK 的上升沿捕获时钟路径延迟如下：

$Tn5_{rise} + Tbuf2_{rise} + Tn6_{rise}$

2. 触发器到触发器路径

2 个触发器之间的数据路径和对应时钟路径如图 5-15 所示。

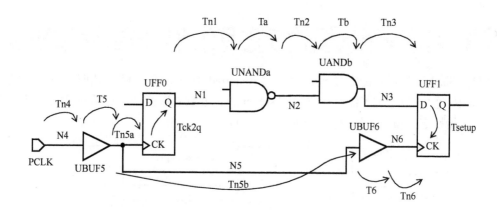

图 5-15　触发器到触发器

UFF0/Q 上升沿的数据路径延迟：

$Tck2q_{rise} + Tn1_{rise} + Ta_{fall} + Tn2_{fall} + Tb_{fall} + Tn3_{fall}$

输入 PCLK 上升沿的发射（Launch）时钟路径延迟：

$Tn4_{rise} + T5_{rise} + Tn5a_{rise}$

输入 PCLK 上升沿的捕获时钟路径延迟：

$Tn4_{rise} + T5_{rise} + Tn5b_{rise} + T6_{rise} + Tn6_{rise}$

注意考虑单元的单调性（Unateness），因为经过单元的沿方向可能改变。

5.7.3　多路径

在任意 2 个点间，可能有很多条路径。最长路径就是用时最长的路径，也被称为最差路径（Worst Path），晚路径（Late Path），或者最大路径（Max Path）。最短路径就是用时最短的路径，也被称为最佳路径（Best Path），早路径（Early Path），或者最小路径（Min Path）。

注意图 5-16 中的逻辑，以及穿过时序弧的延迟。2 个触发器间最长的路径是通过单元 UBUF1、UNOR2，以及 UNAND3。2 个触发器间最短路径是通过单元 UNAND3。

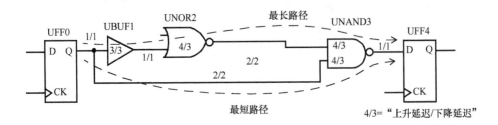

图 5-16   最长和最短路径

5.8   裕量计算

裕量（Slack）是信号的需要到达时间（Required Time）和实际到达时间之间的差值。在图 5-17 中，要求信号为了满足建立时间（Setup），必须在时间 7ns 时保持稳定。但是信号在 1ns 就开始稳定。所以，裕量是（7ns−1ns）= 6ns。

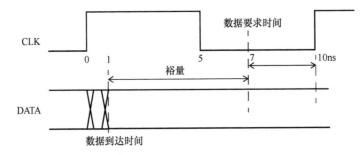

图 5-17   裕量

假设数据需要到达时间是从捕获触发器的建立时间得到的：

```
Slack = Required_time - Arrival_time
Required_time = Tperiod - Tsetup(capture_flip_flop)
              = 10 - 3 = 7ns
Arrival_time = 1ns
Slack = 7 - 1 = 6ns
```

类似的，如果 2 个信号之间对偏移（Skew）的要求为 100ps，而测量的偏移为 60ps，那偏移的裕量就为（100ps−60ps）= 40ps。

第6章 串扰和噪声

本章介绍了纳米工艺下 ASIC 的信号完整性。在深亚微米工艺中，串扰在设计的信号完整性方面起到了重要作用。串扰噪声指的是 2 个或多个信号之间活动的非故意耦合。相关的噪声和串扰分析技术，也就是毛刺分析和串扰分析，让静态时序分析包括了这些影响，这将在本章有具体描述。这些技术可以让 ASIC 运行得更具鲁棒性。

6.1 概述

噪声指的是不希望有的，或者非故意的干扰芯片正确运行的影响。在纳米技术中，噪声可以影响器件的功能和时序。

为什么会有噪声和信号完整性问题？

下面的几个原因解释了为什么噪声在深亚微米工艺中有着重要影响。

1）越来越多的金属层：例如，0.25μm 或者 0.3μm 工艺有 4 层或者 5 层金属，而在 65nm 或者 45nm 工艺中，金属层数增长到 10 层或者更多。图 4-1 描述了多层金属互连线。

2）金属长宽比中垂直方向占主导：这意味着线段既细且高，这和早期工艺尺寸中的又宽又薄的线有很大不同。所以，很大一部分电容来源于侧壁耦合电容，也就是相邻线之间形成的电容。

3）更小的尺寸带来更高的走线密度：所以，在更近的物理距离内放入了更多的金属走线。

4）大量互相影响的器件和互连线：所以，更多的有源标准单元和信号走线被封装在同样的硅面积里，这也导致更多的交互。

5）更高的频率导致更快的波形：快速的边沿速率（Edge Rates）导致更多的电流尖峰（Current Spikes），也会导致相邻走线和单元更强的耦合影响。

6）更低的供电电压：供电电压的减少给噪声留下了更小的余量。

在本章，我们重点学习串扰噪声的影响。串扰噪声指的是 2 个或多个信号活动间非故意的耦合。串扰噪声是由裸片（Die）上相邻的信号之间的电容性耦合造成的。这会导致信号线上的电平翻转，进而对耦合的信号带来意外的影响。受影响的信号被称为受害者（Victim），产生影响的信号被称为侵害者（Aggressor）。注意，两条耦合的线可以互相影响，通常 1 条线既可以是受害者，也可以是侵害者。

图 6-1 所示的例子中，几条走线耦合在一起。图中描述了耦合互连线的分布式 RC 提取，

多个驱动单元以及扇出单元。在这个例子中，线 N1 和 N2 有它们之间的耦合电容 Cc1+Cc4，线 N2 和 N3 有它们之间的耦合电容 Cc2+Cc5。

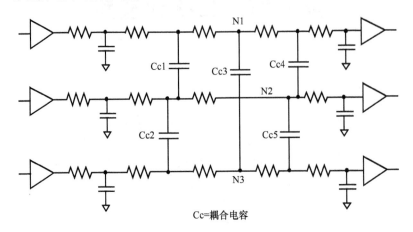

Cc=耦合电容

图 6-1 耦合互连线的例子

概括地讲，串扰造成的噪声影响有两种。第 1 种是毛刺（Glitch）⊖，指的是相邻侵害者电平翻转的耦合效应在稳定的受害者线上的噪声；第 2 种是时序变化（串扰增量延迟），是由侵害者的电平翻转和受害者的电平翻转耦合造成的。这两种串扰噪声将在接下来两节描述。

6.2.1 基础

一条稳定的信号线，可能会由于侵害者电平翻转通过耦合电容带来的电荷转移，产生了毛刺（正向或者负向）。图 6-2 展示了由上升侵害线的串扰诱发的正向毛刺。这两条线之间的耦合电容被描述成 1 个集总（Lumped）电容 Cc 而不是分布式（Distributed）耦合电容，这是为了简化下面的说明且不失掉它的一般性。在提取后网表的典型表示法中，耦合电容可以分布在多个片段中，正如之前 6.1 节中所述。

在这个例子中，与非门单元 UNAND0 电平翻转，给它的输出线（标记为侵害线）充电。一些电荷通过耦合电容 Cc 转移到了受害线，这导致了正向毛刺。转移电荷的数量与侵害线和受害线之间的耦合电容 Cc 直接相关。转移到受害线的接地电容上的电荷导致了该线上的毛刺。受害线会重回稳定值（本例中是 0，或者叫低电平），因为转移的电荷会通过驱动单

⊖ 一些分析工具把毛刺（Glitch）称为噪声（Noise）。类似地，一些工具用串扰（Crosstalk）指代串扰对延迟的影响。

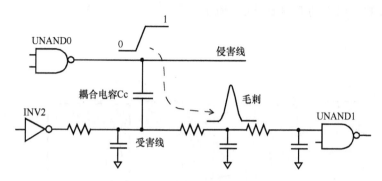

图 6-2 由 1 条侵害线造成的毛刺

元 INV2 的下拉（Pull-down）结构消散掉。

产生的毛刺的大小量级取决于多种因素。其中的一些因素是

1）侵害线和受害线之间的耦合电容：耦合电容越大，毛刺的量级越大。

2）侵害线的转换率：侵害线转换率越快，毛刺的量级越大。通常，更快的转换率是因为驱动侵害线的单元有更高的输出驱动能力。

3）受害线的接地电容：受害线有更小的接地电容，毛刺有更大的量级。

4）受害线驱动能力：驱动受害线单元的输出驱动能力越小，毛刺就有更大的量级。

总的来说，虽然受害线会重回稳定值，但是毛刺依然可以影响电路的功能，原因如下所示：

1）毛刺的量级可能大到足够被扇出单元当作不同的逻辑值（比如，受害者是逻辑 0，可能在扇出单元被当成了逻辑 1）。这一点对时序单元（触发器，锁存器），或者内存特别关键，在时钟或者异步置位/复位（Set/Reset）上的毛刺可能对整个设计的功能来说是一场灾难。类似地，在锁存器输入端数据信号上的毛刺可能造成错误的数据被锁存，如果当数据被读取时发生毛刺，后果也是灾难性的。

2）即使受害线没有驱动时序单元，一个足够大的毛刺也可能通过该受害线的扇出传播出去，到达时序单元的输入，对整个设计造成灾难性的后果。

6.2.2 毛刺的类型

1. 上升和下降毛刺

在之前小节中的讨论介绍了在一条处于稳定低电平状态的受害线上的正向（Positive）或者说上升毛刺（Rise Glitch）。类似的情况是，稳定高电平信号上的负向（Negative）毛刺。下降的侵害线在稳定高电平信号上引起的下降毛刺（Rise Glitch）。

2. 过冲（Overshoot）和下冲（Undershoot）毛刺

当一个上升侵害者耦合到一个稳定高电压的受害线，会发生什么？仍然会有毛刺把受害线的电平推高到超过它的稳定高电平值。这样的毛刺就叫过冲毛刺。类似地，一个下降侵害者耦合到一个稳定低电压的受害线，会在受害线上造成下冲毛刺。

所有 4 种由串扰带来的毛刺如图 6-3 所示。

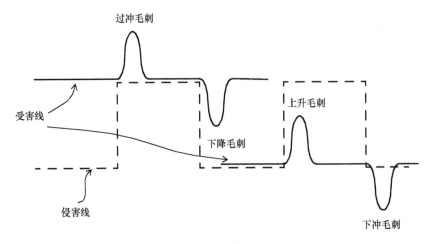

图 6-3　毛刺的类型

　　如之前小节中描述的，毛刺是由耦合电容，侵害者转换率，以及受害线的驱动能力所决定的。毛刺的估算是基于侵害者电平翻转注入的电流总量，受害线的 RC 互连线，以及受害线驱动单元的输出阻抗。详细的毛刺计算是基于库模型，计算需要的相关噪声模型属于标准单元库模型，在第 3 章中有介绍。在 3.7 节中的输出 dc_current 模型是关于单元的输出阻抗。

6.2.3　毛刺的阈值和传播

　　如何确定线上的毛刺是否可以通过扇出单元传播？如之前小节中讨论的，侵害者电平翻转耦合产生的毛刺是否可以通过扇出单元传播，取决于扇出单元和毛刺的属性，比如毛刺高度和毛刺宽度。这一分析可以基于直流（DC）或者交流（AC）噪声阈值。直流噪声分析只检查噪声量级，它是保守的；而交流噪声分析检查其他属性，比如毛刺宽度和扇出单元的输出负载。下面将介绍在直流和交流毛刺分析中使用的各种阈值度量。

　　1. 直流阈值（DC Threshold）

　　直流噪声余量（DC Noise Margin）是针对毛刺量级的检查，是检查单元输入上直流噪声大小的极限，进而保证正确的逻辑功能。比如，只要反相器单元的输入保持在单元 VIL 的最大值之下，则输出就是高电平（也就是指电平高于 VOH 的最小值）。类似地，只要反相器单元的输入保持在 VIH 最小值之上，则输出就是低电平（也就是电平低于 VOL 的最大值）。这些限制是基于直流传输特性（DC Transfer Character）⊖得到的，并被写入了单元库中。

　　VOH 是输出电压的范围，被认为是逻辑 1 或者高电平。VIL 是输入电压的范围，被认为

　　⊖　详见参考文献［DAL08］。

是逻辑 0 或者低电平。VIH 是输入电压的范围，被认为是逻辑 1。VOL 是输出电压的范围，被认为是逻辑 0。图 6-4 所示的例子展示了反相器单元的输入-输出直流传输特性。

VILmax 和 VIHmin 也被称为直流余量极限（DC Margin Limit）。基于 VIH 和 VIL 的直流余量就是稳态的噪声极限。这些极限可以被当作判定毛刺是否会通过扇出单元传播的过滤器。直流余量极限适用于单元的每个输入引脚。通常，直流余量极限会分为 rise_glitch（输入低电平）和 fall_glitch（输入高电平）。直流余量的

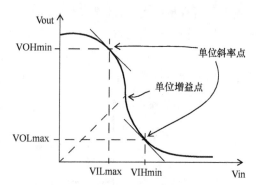

图 6-4　反相器单元的直流传输特性

模型可以指定为单元库描述的一部分。低于直流余量极限的毛刺（比如，上升毛刺低于扇出引脚的 VILmax）不会通过扇出传播，无论毛刺的宽度有多宽。所以，保守的毛刺分析检查峰值电压电平（所有毛刺）要满足扇出单元的 VIL 和 VIH 电平。尽管存在毛刺，只要所有线都满足扇出单元的 VIL 和 VIH 电平，就可以确定毛刺不会对设计的功能产生影响（因为毛刺不会引起输出的改变）。

图 6-5 所示为一个直流余量极限的例子。对于设计中所有的线，直流噪声余量也可以固定为相同的极限。可以设置最大的可容忍噪声（或者毛刺）量级，噪声超过这个量级就能通过单元传播到输出引脚。通常这种检查保证毛刺电平小于 VILmax 且大于 VIHmin。电平高度通常表示为供电电压的百分比。所以，如果直流噪声余量设为 30%，这表明任何高度大于电压摆幅 30% 的毛刺都被认为是潜在的可能通过单元传播的毛刺，都可能潜在地影响设计的功能。

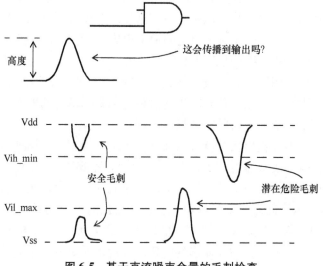

图 6-5　基于直流噪声余量的毛刺检查

不是所有量级大于直流噪声余量的毛刺都能改变单元的输出。毛刺的宽度也是决定毛刺是否可以传播到输出的重要因素。单元输入上的窄毛刺通常不会对单元输出带来任何影响。但是，直流噪声余量只考虑最差情况的常量值，并不考虑信号噪声的宽度。如图 6-6 所示，图中表明的噪声抑制水平（Noise Rejection Level）是对单元噪声容忍度非常保守的估计。

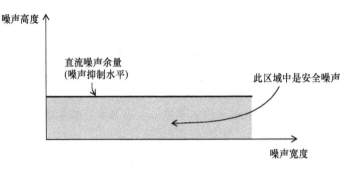

图 6-6　直流噪声抑制水平

2. 交流阈值（AC Threshold）

正如之前小节中描述的，噪声分析的直流余量极限是很保守的，因为它是在最坏情况下分析设计。直流余量极限保证了即使毛刺的宽度非常宽，它也不会影响设计的正确运行。

在大多数情况下，设计不会通过保守的直流噪声分析极限。所以，无法避免地需要在验证毛刺影响时考虑到毛刺宽度和单元的输出负载。通常情况下，如果毛刺很窄，或者如果扇出单元有很大的输出电容，毛刺就不会影响正常的功能运行。毛刺宽度和输出电容的影响都可以用扇出单元的惯性（Inertia）来解释。通常情况下，单级单元会阻止任何比通过该单元的延迟窄得多的输入毛刺。这是因为窄毛刺会在扇出单元做出反应之前就消失了。所以，一个非常窄的毛刺不会对单元造成任何影响。因为输出负载会增大通过单元的延迟，增大输出负载可以减少毛刺在输入上的影响，但是它也有副作用，增大了单元的延迟。

交流噪声抑制如图 6-7 所示（对于给定的输出电容）。深色阴影部分代表"好的"或者"可接受的"毛刺，因为这些毛刺要么是太窄，要么是太短，或者两者都是，所以对单元的功能行为没有影响。浅色阴影部分代表"坏的"或者"不可接受"的毛刺，因为这些毛刺要么是太宽，要么是太高，所以在单元输入的这种毛刺影响单元的输出。在毛刺非常宽的极限情况下，毛刺的阈值对应着直流噪声余量，如图 6-7 所示。

对于给定的单元，增加输出负载就会增加噪声余量，因为这会增加惯性延迟和可以穿过单元的毛刺的宽度。这一现象通过下面的例子来说明。图 6-8a 展示了一个没有负载的反相器单元，它在输入端有 1 个正向毛刺。输入毛刺比单元的直流余量高，所以造成了反相器输出的毛刺。图 6-8b 展示了同样的反相器单元，但在输出有一定负载。同样的输入端毛刺造成了输出端小得多的毛刺。如果反相器单元的输出负载大很多，如图 6-8c 所示，则反相器输出端不会有任何毛刺。所以，增加输出端的负载会使单元更容易抵御从输入到输出的噪声传播。

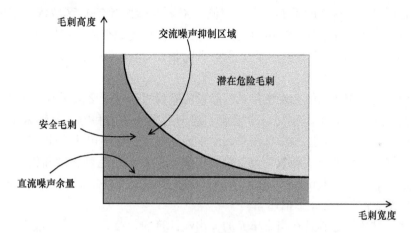

图 6-7 交流噪声抑制水平

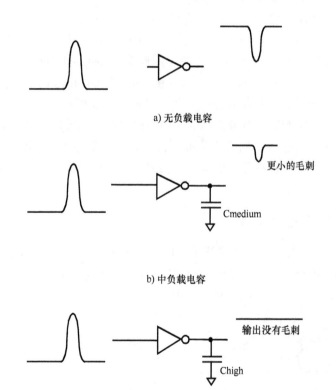

a) 无负载电容

b) 中负载电容

c) 高负载电容

*3 种情况中输入毛刺大小相同

图 6-8 输出负载决定了传播毛刺的大小

如上所述，低于交流阈值（在图 6-7 中的交流噪声抑制区域）的毛刺可以被忽略，或者认为扇出单元可以抵御这样的毛刺。交流阈值（或者叫噪声免疫）区域依赖于输出负载和毛刺宽度。正如第 3 章描述的，噪声免疫模型包括上面描述的交流噪声抑制效应。在 3.7 节中描述的 propagated_noise 模型包括了交流噪声阈值的影响，还对通过单元的传播进行了建模。

如果毛刺超过了交流阈值会发生什么？假设毛刺量级超过了交流阈值，那在输入端的这个毛刺就会在单元的输出端产生另一个毛刺。输出毛刺的高度和宽度是输入毛刺宽度和高度，以及输出负载的函数。这些信息在单元库中表征过了，库中包括了计算输出毛刺量级和宽度的详细表格或者函数，该函数是关于输入引脚毛刺量级、毛刺宽度和输出引脚负载的。毛刺的传播是由 propagated_noise 模型控制的，该模型在库文件中有描述。propagated_noise（低和高）模型在第 3 章有详细描述。

基于上面的描述，毛刺是在扇出单元的输出端计算的，接着会在扇出线上有同样的检查（以及毛刺传播到扇出），以此类推。

当我们在上面的讨论中使用通用术语毛刺（Glitch），应该注意到该术语分别对应着之前章节中描述的上升毛刺（Rise Glitch）（由早期模型 propagated_noise_high 或者 noise_immunity_high 建模），下降毛刺（Fall Glitch）（由早期模型 propagated_noise_low 或者 noise_immunity_low 建模），过冲毛刺（Overshoot Glitch）（由 noise_immunity_above_high 建模），以及下冲毛刺（Undershoot Glitch）（由 noise_immunity_below_low 建模）。

综上所述，单元不同的输入有着不同的毛刺阈值限制，该阈值是毛刺宽度和输出电容的函数。这些限制对输入高电平（低转换时间毛刺）和输入低电平（高转换时间毛刺）来说是不同的。噪声分析不仅检查峰值，也检查毛刺宽度，而且分析毛刺是否可以被忽略，或者是否会传播到扇出。

6.2.4 多侵害者的噪声累积

图 6-9 描述了由单一侵害者电平转换带来的耦合效应，造成了受害线上的串扰毛刺。通常来说，一条受害线可能会电容耦合到多条线。当多条线同时电平翻转，由于有多个侵害者，受害线上的串扰耦合噪声效应是共同作用的结果。

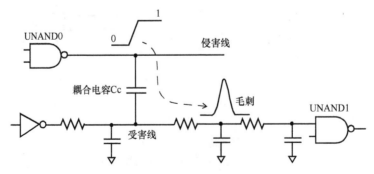

图 6-9 单一侵害者造成的毛刺

大多数多侵害者耦合效应分析会把各个侵害者的毛刺效应相加，计算在受害者上的累积效应。这种方法可能太保守了，但是它确实指明了受害线上的最差毛刺。一个替代的方法是 RMS（Root Mean Squared，均方根）方法。当使用 RMS 方法时，是通过计算每个侵害者造成毛刺的均方根来计算受害者上的毛刺量级的。

6.2.5 侵害者的时序相关性

要计算由多个侵害者引起的串扰噪声，分析必须包括侵害线的时序相关性，并且判断多个侵害者是否可以同时电平翻转。STA 从侵害线的时序窗口获得此信息。在时序分析中，可以得到线的最快（Earliest）和最慢（Latest）翻转时间。这些时间表示了在 1 个时钟周期（Clock Cycle）内该线可以电平翻转的时间窗口（Timing Window）。这些翻转窗口（上升和下降）提供判断侵害线是否可以同时翻转的必要信息。

基于多个侵害者是否可以同时翻转，每个侵害者造成的毛刺在受害线上被组合在一起。第 1 步，毛刺分析分别为每个潜在的侵害者计算 4 种类型的毛刺（上升、下降、下冲、过冲）。接着，把各个不同的侵害者造成的毛刺组合在一起。多个侵害者可以为每种不同类型的毛刺分别组合。例如，假设一条受害线 V 和侵害线 A1、A2、A3 以及 A4 耦合。在分析过程中，可能是 A1，A2 和 A4 贡献了上升和过冲毛刺，而只有 A2 和 A3 贡献了下冲和下降毛刺。

考虑另一个例子，当侵害线翻转时，4 条侵害线都造成了上升毛刺。图 6-10 展示了每条侵害线的时间窗口和造成毛刺的量级。基于时间窗口，毛刺分析确定了造成最大毛刺的侵害者电平翻转的最坏可能组合。在这个例子中，翻转窗口区域被分为 4 个区域，每个区域都代表可能的侵害者翻转。每个侵害者贡献的毛刺也在图 6-10 中有描述。区域 1 有 A1 和 A2 的翻转，会造成毛刺量级为（0.11+0.10）= 0.21。区域 2 有 A1，A2 和 A3 的翻转，会造成毛刺量级为（0.11+0.10+0.09）= 0.30。区域 3 有 A1 和 A3 的翻转，会造成毛刺量级为（0.11+0.09）=

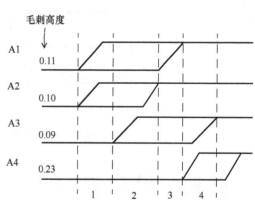

图 6-10　多侵害者的翻转窗口和毛刺量级

0.20。区域 4 有 A3 和 A4 的翻转，会造成毛刺量级为（0.09+0.23）= 0.32。

所以，区域 4 有最差的可能出现的毛刺量级 0.32。注意如果分析没有使用时间窗口，就会计算出复合的毛刺量级为（0.11+0.10+0.09+0.23）= 0.53，这就过于悲观了。

6.2.6 侵害者的功能相关性

对于多侵害者的情况，在分析中通过考虑线可能翻转的翻转窗口来使用时间窗口，可以减少悲观程度。另外，还有一个因素需要考虑，就是不同信号间的功能相关性（Functional

Correlation)。例如，扫描（Scan）[⊖]控制信号只在扫描模式（Scan Mode）下翻转，在设计的功能模式（Functional Mode）或者任务模式（Mission Mode）下保持稳定。所以，扫描控制信号在功能模式下不可能造成毛刺。扫描控制信号只可能在扫描模式下成为侵害者。在一些情况下，测试时钟和功能时钟是互斥的，测试时钟只会在功能时钟关闭的测试状态下才处于有效状态。在这些设计中，被测试时钟控制的逻辑和被功能时钟控制的逻辑只会形成不相干的两组侵害者。在这种情况下，被测试时钟控制的侵害者，不可能和被功能时钟控制的侵害者组合在一起，作为最差情况噪声进行计算。另一个功能相关性的例子是两个侵害者是互补的（逻辑相反）。对于这种情况，信号和它的互补信号不可能向同一方向翻转，也就不能进行串扰噪声计算。

图 6-11 中的例子，线 N1 和其他线 N2、N3 以及 N4 耦合。在功能相关性上，需要考虑线的功能。假设线 N4 是电平恒定（比如，一条模式设定线）的，所以就不可能是线 N1 的侵害者，即使它们之间有耦合。假设线 N2 是调试总线（Debug Bus）的一部分，但是在功能模式下它是稳态。所以，线 N2 就不可能是线 N1 的侵害者。假设线 N3 具有功能数据，只有线 N3 可能成为线 N1 的潜在侵害者。

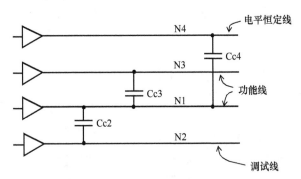

图 6-11　3 条耦合线但只有 1 个侵害者

6.3　串扰延迟分析

6.3.1　基础

在纳米设计中，一条典型线的电容提取是受多个相邻导体影响的。其中一些是接地电容，另一些是信号线的部分走线带来的电容。接地电容和信号间电容见图 6-1。在基础延迟计算时（不考虑串扰），所有这些电容都被认为是总的线电容的一部分。当相邻线电平稳定时（或者不翻转），信号间电容被认为是接地电容。当相邻信号线电平翻转时，充电电流通过耦合电容影响线的时序。一条线的等效电容可以变大或者变小，这要取决于侵害线的电平

⊖　DFT 测试模式。

翻转方向。这在下面的例子中有进一步解释。

图 6-12 表明线 N1 有对相邻线（标记为侵害者）的耦合电容 Cc 和对地电容 Cg。这个例子假设线 N1 在输出端有上升电平转换，并根据侵害线是否在同一时间翻转来考虑不同的场景。

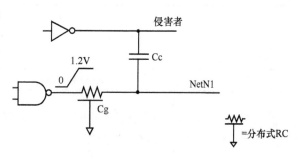

图 6-12　串扰影响的例子

驱动单元需要的电容电荷在不同的场景下会有所不同，具体如下所示。

1）侵害线稳定。在这种场景下，线 N1 的驱动单元为电容 Cg 和 Cc 充电到电压 Vdd 提供电荷。所以通过该线的驱动单元提供的总电荷就是（Cg+Cc）* Vdd。不考虑侵害线带来的串扰，基础延迟计算在这个场景下得到延迟。表 6-1 表明该场景下，在线 N1 翻转前后 Cg 和 Cc 的电荷量。

表 6-1　基础延迟计算-没有串扰

电　　容		N1 线上升转换前	N1 线上升转换后
接地电容 Cg		V（Cg）= 0	V（Cg）= Vdd
耦合电容 Cc	侵害线稳定低点	V（Cc）= 0	V（Cc）= Vdd
	侵害线稳定高点	V（Cc）= -Vdd	V（Cc）= 0

2）侵害者向同一方向翻转。在这种场景下，驱动单元受到了侵害者向同一方向翻转的帮助。如果侵害者是在同时转换且转换率相同（完全一致的转换时间），驱动单元提供的总电荷就只有（Cg * Vdd）。如果侵害线的转换率比 N1 的快，那实际需要驱动单元提供的电荷会比（Cg * Vdd）更小，因为侵害线也可以给 Cg 提供充电电流。当侵害者向同一方向翻转时，需要驱动单元提供的电荷就比对应的表 6-1 中描述的稳定侵害者场景要小。所以，侵害者向同一方向翻转，会造成线 N1 翻转的延迟变小。延迟减小的部分被标记为负串扰延迟（Negative Crosstalk Delay），详见表 6-2。这一场景通常在最小路径分析时考虑。

表 6-2　侵害者同一方向翻转-负串扰

电　　容	N1 线和侵害线上升转换前	N1 线和侵害线上升转换后
接地电容 Cg	V（Cg）= 0	V（Cg）= Vdd
耦合电容 Cc	V（Cc）= 0	V（Cc）= 0

3）侵害者向相反方向翻转。在这种场景下，耦合电容从电压-Vdd 充电到 Vdd。所以，在电平转换前后，耦合电容电荷变化为（2 * Cc * Vdd）。额外需要的电荷是由线 N1 的驱动单元和侵害线共同提供的。这种场景导致线 N1 翻转延迟变大；延迟增加的部分被标记为正串扰延迟（Positive Crosstalk Delay），详见表 6-3。这一场景通常在最大路径分析时考虑。

表 6-3　侵害者反方向翻转-正串扰

电　容	N1 线和侵害线上升转换前 （N1 线低电平；侵害线高电平）	N1 线和侵害线上升转换后 （N1 线高电平；侵害线低电平）
接地电容 Cg	V(Cg) = 0	V(Cg) = Vdd
耦合电容 Cc	V(Cc) = −Vdd	V(Cc) = Vdd

上面的例子说明了在不同情况下电容 Cc 是如何充电的，以及电平翻转线（标记为 N1）延迟是如何受影响的。上面的例子仅考虑了线 N1 的上升转换，但是下降转换的分析是类似的。

6.3.2　正向串扰和负向串扰

基础延迟计算（没有任何串扰）假设驱动单元可以为总电容的轨到轨（Rail-to-rail）[⊖]电平转换提供所有必须的电荷，其中总电容 Ctotal（=Cground+Cc）。正如之前小节中描述的，当耦合线（侵害者）和受害线的翻转方向相反时，耦合电容 Cc 所需的电荷是增多的。向相反方向翻转的侵害者增加了受害线从驱动单元需要的电荷量，增加了驱动单元延迟以及受害线的互连延迟。

类似的，当耦合线（侵害者）和受害线的翻转方向相同时，电容 Cc 在受害者和侵害者电平转换前后电荷是不变的。这减少了从受害线的驱动单元所需的电荷。也减少了驱动单元延迟以及受害线的互连延迟。

综上所述，受害者和侵害者的同时翻转影响受害者转换时间。根据侵害者转换方向的不同，串扰延迟影响可以是正向的（减慢受害者转换时间），或者负向的（加快受害者转换时间）。

图 6-13 所示的例子是正向串扰延迟影响。当受害线下降转换时，侵害线同时上升。侵害线向相反方向翻转增大了受害线的延迟。正向串扰既影响驱动单元也影响互连线，二者的延迟都增加了。

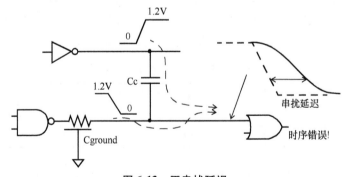

图 6-13　正串扰延迟

⊖　轨（Rail）表示电压的极限边界。轨到轨是固定表达，表示达到电压正负极限边界。不过实际上并不能，只是理想状态。——译者注

图 6-14 所示的例子是负向串扰延迟。侵害线和受害线同时电平上升。侵害线和受害线向同一方向翻转，减少了受害线的延迟。如之前所说，负向串扰影响既影响驱动单元也影响互连线，二者的延迟都减少了。

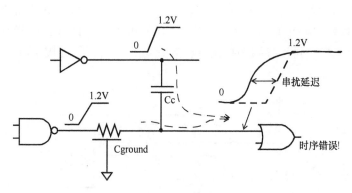

图 6-14 负串扰延迟

注意，对上升和下降延迟来说，最差正向串扰延迟和最差负向串扰延迟是分别计算的。对于带有串扰的最大上升时间，最小上升时间，最大下降时间，最小下降时间来说，最差的侵害者组合通常来讲是不一样的。这将在下面的小节进行分析。

6.3.3 多侵害者的累积

多侵害者的串扰延迟分析需要累计每个侵害者串扰带来的影响。这和 6.2 节中对串扰毛刺的分析有些相似。当多条线同时翻转，受害线上的串扰延迟影响是多条侵害者影响的混合。

大部分多侵害者耦合影响分析把每个侵害者的增量相加，计算受害者受到的累积影响。这可能过于保守了，但是这确实指明了受害者上的最差串扰延迟。

和多侵害者串扰毛刺分析类似，可以用 RMS 法来求和各个侵害者的影响，相比较直接求和每个侵害者的影响，RMS 少了一些悲观。

6.3.4 侵害者和受害者的时序相关性

串扰延迟分析的时序相关性（Timing Correlation）处理和 6.2 节中描述的串扰毛刺分析的时序相关性，在概念上讲是很相似的。只有在侵害者和受害者是同一时间翻转，串扰才可以影响受害者的时序。这是由侵害者和受害者的时间窗口决定的。正如 6.2 节中描述的，时间窗口（Timing Window）表示在 1 个时钟周期内 1 条线可以在其中翻转的最早和最晚翻转时间。如果侵害者和受害者的时间窗口有重叠，就需要计算串扰对延迟的影响。对于多侵害者的情况，多条侵害者的时间窗口也要做类似的分析。要计算不同时间区域（Timing bin）的可能影响，并且在延迟分析时要考虑具有最差串扰延迟影响的时间区域。

思考下面的例子，3 个不同的侵害线可以影响受害线的时序。侵害线（A1，A2，A3）

和受害线（V）电容性耦合，并且它们的时间窗口也和受害线重叠。图 6-15 显示了时间窗口和由各个侵害者造成的可能的串扰延迟影响。基于时间窗口，串扰延迟分析确定了造成最大串扰延迟影响的最差可能侵害者翻转组合。在这个例子中，时间窗口的重叠区域可以分为 3 个区域，每个区域说明了可能的侵害者翻转。区域 1 有 A1 和 A2 电平翻转，可以导致串扰延迟影响为（0.12+0.14）= 0.26。区域 2 有 A1 电平翻转，可以导致串扰延迟影响为 0.14。区域 3 有 A3 电平翻转，可以导致串扰延迟影响为 0.23。所以，区域 1 有最差可能串扰延迟影响 0.26。

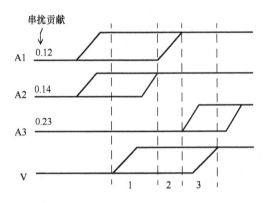

图 6-15　各个侵害者的时间窗口和串扰贡献

正如之前指明的，串扰延迟分析分别计算 4 种不同的串扰延迟。这 4 种串扰延迟是正上升延迟（Positive Rise Delay）（上升沿推迟到达），负上升延迟（Negative Rise Delay）（上升沿提前到达），正下降延迟（Positive Fall Delay）和负下降延迟（Negative Fall Delay）。通常来讲，对这 4 种情况，一条线可以有不同的侵害者组合。比如说，一条线可以和侵害者 A1、A2、A3 以及 A4 耦合。在串扰延迟分析中，可能是 A1、A2、A4 造成正上升和负下降延迟贡献，而 A2 和 A3 造成负上升和正下降延迟贡献。

6.3.5　侵害者和受害者的功能相关性

除了时间窗口以外，串扰时序计算也要考虑不同信号之间的功能相关性（Functional Correlation）。举例来说，扫描控制信号只可能在扫描模式下翻转，在设计的功能模式或者任务模式下保持稳定。所以，在功能模式下，扫描控制信号不可能是侵害者。扫描控制信号只可能在扫描模式下成为侵害者，而且在这种模式下，扫描控制信号不可能和其他功能信号组合在一起进行最差情况噪声计算。

另一个功能相关性的例子是，某些场景下两个侵害者是互补的。在这种情况下，信号和它的互补信号在串扰噪声计算时绝不可能向同一方向翻转。如果有这种功能相关性的信息，就可以通过选取真正可以同时翻转的信号作为侵害者，进而保证串扰分析结果不要太悲观。

6.4　考虑串扰延迟的时序分析

需要为每个单元和互连线计算下面的 4 种串扰延迟影响：

1）正上升延迟（Positive Rise Delay）：上升沿推迟到达；

2）负上升延迟（Negative Rise Delay）：上升沿提前到达；

3）正下降延迟（Positive Fall Delay）：下降沿推迟到达；

4）负下降延迟（Negative Fall Delay）：下降沿提前到达。

然后，在时序分析时验证最大和最小路径（建立时间和保持时间检查）时，要分析串扰延迟的影响。对于发射触发器和捕获触发器，时钟路径的处理是不同的。对于建立时间和保持时间检查，数据路径和时钟路径分析的具体细节，将在下一小节描述。

6.4.1　建立时间分析

带有串扰分析的 STA 通过验证数据路径和时钟路径的最差情况串扰延迟来保证设计的时序。思考图 6-16 中的逻辑，串扰可能发生在沿着数据路径和时钟路径的各条线上。对于建立时间检查的最坏情况是，发射时钟路径和数据路径都有正向串扰，而捕获时钟路径有负向串扰。在发射时钟路径和数据路径上的正向串扰会延迟数据到达捕获触发器的到达时间。另外，在捕获时钟路径上的负向串扰会导致时钟提早到达捕获触发器。

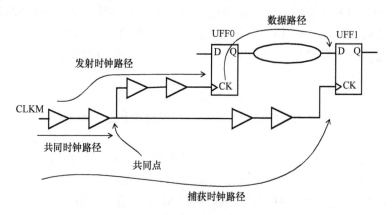

图 6-16　数据路径和时钟路径的串扰

基于以上描述，建立时间（或者最大路径）分析假设：

1）发射时钟路径看到正向串扰延迟，所以数据发射会延迟；

2）数据路径看到正向串扰延迟，所以数据需要更长时间才能到达终点；

3）捕获时钟路径看到负向串扰延迟，所以捕获触发器会提前捕获数据。

因为建立时间检查的发射和捕获时钟沿是不同的（通常间隔 1 个时钟周期），共同时钟路径（Common Clock Path）（见图 6-16）可能对发射和捕获时钟沿有不同的串扰影响。

6.4.2 保持时间分析

STA 中最差情况保持时间（或者最小路径）分析和之前小节中描述的最差情况建立时间分析是类似的。基于图 6-16 中所示的逻辑，对于保持时间检查的最坏情况是，发射时钟路径和数据路径有负向串扰，而捕获时钟路径有正向串扰。在发射时钟路径和数据路径上的负向串扰会导致数据提早到达捕获触发器。另外，在捕获时钟路径上的正向串扰会导致时钟推迟到达捕获触发器。

时钟路径共同部分上的串扰，对于保持时间和建立时间分析有个很重要的不同。对于保持时间分析，发射时钟沿和保持时钟沿通常是同一时钟沿。通过共同时钟部分的时钟沿，对于发射时钟路径和捕获时钟路径不可能有不同的串扰影响。所以，最差情况保持时间分析删除了共同时钟路径的串扰影响。

带有串扰的 STA 中最差情况保持时间（或者最小路径）分析假设：

1）发射时钟（不包括共同路径）看到负向串扰延迟，这导致数据被提早发射；

2）数据路径看到负向串扰延迟，这导致数据提早到达终点；

3）捕获时钟（不包括共同路径）看到正向串扰延迟，这导致捕获触发器推迟捕获数据。

如上所述，在保持时间分析时，时钟树共同部分上的串扰影响是不考虑的。对于发射时钟的正向串扰影响和对于捕获时钟的负向串扰影响，只在计算时钟树的非共同部分时考虑。在 STA 的保持时间分析报告中，共同时钟路径对于发射时钟路径和捕获时钟路径可能表现出不同的串扰影响。但是，来自共同时钟路径的串扰影响会作为单独的行项目被去除，并被标记为共同路径悲观去除（Common Path Pessimism Removal，CPPR）。在 10.1 节中有 STA 报告中的共同路径悲观去除的实例。

正如上面小节所描述的，建立时间分析关系到时钟的两个不同的沿，这两个沿可能潜在的受不同影响。所以，在建立时间分析时，发射时钟路径和捕获时钟路径都要考虑共同路径串扰影响。

时钟信号是非常关键的，因为任何时钟树上的串扰都直接转化为时钟抖动（Clock Jitter）进而影响设计的性能。所以，需要用特殊的方法来减少时钟信号上的串扰。一种常见的避免噪声的办法就是对时钟树进行屏蔽（Shield），这在 6.6 节中有详细讨论。

6.5 计算复杂度

一个大型纳米级设计，通常都非常复杂，以至于不能在合理的周转时间内去分析每一个耦合电容。一条典型的线的寄生参数提取包括多条相邻线的耦合电容。一个大型设计通常需要对寄生参数提取，串扰延迟以及毛刺分析进行合适的设置。这些选取的设置确保在 CPU 需求可实现的前提下，提供精度可接受的分析。本节介绍了一些大型纳米级设计为实现上述目的使用到的技术。

1. 层次化设计与分析

在 4.5 节中介绍了验证大型设计的层次化设计方法。类似的方法也可以用来减少提取和分析的复杂度。

对于一个大型设计，通常情况下通过一次运行就完成寄生参数提取是不现实的。每一个层次化块的寄生参数可以分别提取。这反过来要求设计在实现时采用层次化的设计方法学。这也意味着层次化块内部的信号线和块外部的信号线之间不能有耦合电容。可以通过不在块上走线和增加块的屏蔽层来实现这一要求。另外，信号线不该在块的边界附近走线，而且任何在块边界附近的走线都应该屏蔽。这些方法避免了线和其他块之间的耦合。

2. 耦合电容的过滤

即使对于一个中型大小的块，寄生参数通常也包括大量非常小的耦合电容。这些很小的耦合电容可以在提取的过程中过滤掉，也可以在分析时过滤掉。

过滤时可以基于以下标准：

1）小电容值：非常小的耦合电容，例如，低于 1fF，可以在串扰或者噪声分析中忽略。在提取时，小的耦合电容可以被当作接地电容。

2）耦合比（Coupling Ratio）：耦合电容对受害者的影响是基于耦合电容对受害线整体电容的相对值的。侵害线的耦合比太小，比如，低于 0.001，就可以在串扰延迟或者毛刺分析中排除掉。

3）合并小侵害者：多个具有很小影响的小侵害者可以映射为一个大的虚拟侵害者。该方法可能过于悲观，但可以简化分析。可以通过更换不同分组的侵害者来缓和可能的悲观程度。可以通过统计学方法来确定具体的侵害者分组。

6.6 避免噪声的技术

此前各节描述了串扰效应的影响和分析方法。本节中，我们将描述一些在物理实现阶段用来避免噪声的技术。

1）屏蔽（Shielding）：这一方法要求屏蔽线位于关键信号的两边。屏蔽线连接到电源或者地。关键信号的屏蔽保证了关键信号没有有效的侵害者，因为在同层金属的最近的相邻线就是屏蔽走线，且处于固定的电压。虽然可能有一些其他金属层的耦合电容，但绝大部分的耦合电容是来自于同层金属的电容性耦合。因为相邻的金属层（上一层和下一层）通常和本层的走线是正交的，所以跨层的电容性耦合是很小的。所以，在同金属层放置屏蔽走线就可以确保关键线有最小的耦合电容。万一连接地轨或者电源轨的屏蔽线由于走线拥塞（Routing Congestion）不能实现，具有低翻转频率的信号线，比如在功能模式下固定的扫描控制信号线，可以走线为关键信号的最近的相邻线。这些屏蔽方法保证了没有由于相邻线电容性耦合造成的串扰。

2）线段间距（Wire Spacing）：这减少了相邻线间的耦合。

3）快速转换率：线上的快速转换率意味着该线不易受串扰影响，也就是天生对串扰影响免疫。

4）保持良好稳定的供电：这对串扰不重要，但对于减少电源供电变化带来的抖动非常重要。电源供电上的噪声可能给时钟信号带来显著的噪声。应该给电源供电增加合适的去耦合电容来减小噪声。

5）保护环（Guard Ring）：衬底上的保护环（或者双层保护环）会帮助关键模拟电路屏蔽掉数字噪声。

6）深 N 阱（Deep N-well）。这和上面一条类似，模拟部分的深 N 阱⊖有助于屏蔽数字部分耦合带来的噪声。

7）隔离一个块（Isolating a Block）：在层次化设计流程中，可以给块边界加上禁止走线环（Routing Halo）；甚至可以给块的每个 IO 加上隔离缓冲器（Isolation Buffer）。

⊖　详情见参考文献［MUK86］。

第 7 章　配置 STA 环境

本章描述了如何建立静态时序分析的环境。在分析 STA 结果时，正确的约束规范非常重要。正确地指定设计的环境，STA 才能找出设计中所有的时序问题。STA 准备工作包括，设置时钟，指定 IO 时序特性，设定伪路径和多周期路径。在进行下一章的时序验证之前，完全理解本章内容是非常重要的。

7.1　什么是 STA 环境

大部分数字设计是同步的，从上一个时钟周期计算得到的数据在有效时钟沿被锁存在触发器中。请思考图 7-1 所示的典型同步设计。假设待分析设计（Design Under Analysis，DUA）和其他同步设计交互。这意味着 DUA 收到受时钟约束的触发器的数据，并把数据输出给 DUA 之外的另一个受时钟约束的触发器。

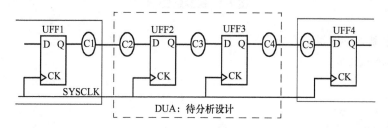

图 7-1　一个同步设计

为了对设计进行 STA，需要给触发器指定时钟，需要给所有到该设计的路径和离开该设计的路径进行时序约束。

图 7-1 中的例子假设只有 1 个时钟，且 C1、C2、C3、C4 以及 C5 代表组合逻辑块。组合逻辑块 C1 和 C5 在要分析的设计之外。

在一个典型的设计中，会存在多个时钟以及从一个时钟域到另一个时钟域的很多路径。下面的小节描述了，在这种情况下是如何指定 STA 环境的。

7.2　指定时钟

要定义一个时钟，我们需要提供以下信息：

1）时钟源：它可以是设计的一个端口，或者是设计内部单元的引脚（通常该单元是时钟生成逻辑的一部分）。

2）周期（Period）：时钟的时序周期。

3）占空比（Duty Cycle）：高电平持续时间（Positive Phase，正相位），和低电平持续时间（Negative Phase，负相位）。

4）沿时间（Edge Time）：上升沿和下降沿的时间。

图 7-2 表示了基本定义。通过定义时钟，所有的内部时序路径（所有的触发器到触发器路径）都被约束了；这意味着只要有时钟约束，就可以分析所有的内部路径。时钟约束指定了触发器到触发器的路径只能占用 1 个时钟周期。我们之后会介绍这个要求（只占用 1 个时钟周期）是如何被放松的。

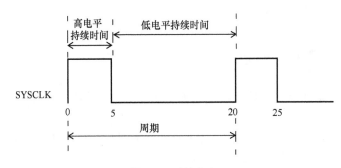

图 7-2　时钟定义

下面是一个基本的时钟约束规范[⊖]。

```
create_clock \
  -name SYSCLK \
  -period 20 \
  -waveform {0 5} \
  [get_ports⊖ SCLK]
```

时钟的名字是 SYSCLK，定义在端口 SCLK。SYSCLK 的周期指定为 20 单位，如果没有专门指定的话，默认的时间单位是 ns（通常，时间单位会在技术库中指定）。在 waveform 中第 1 个参数指定了上升沿的发生时间，第 2 个参数指定了下降沿的发生时间。

在 waveform 选项中，可以指定任意多个沿。但是所有的沿必须在同一个周期内。沿时间交替，从时间 0 之后第 1 个上升沿开始，然后是下降沿，然后是上升沿，以此类推。这意味着在沿列表中，所有的时间值必须是单调增加的。

`-waveform {time_rise time_fall time_rise time_fall ...}`

另外，指定的沿必须是偶数个。waveform 选项指定 1 个时钟周期内的波形，之后就是自

⊖　规范（Specification）和约束（Constraint）被当作同义词，都是 SDC 规范的一部分。

⊖　查看附录 SDC 关于场景中目标获取命令，比如会使用到 get_ports 和 get_clocks。

我重复。

如果没有 waveform 选项，默认值是：

-waveform {0, *period*/2}

下面就是没有 waveform 选项的时钟规范（如图 7-3 所示）。

create_clock -period 5 [**get_ports** SCAN_CLK]

在这个规范中，因为没有指定-name 选项，时钟的名字就和端口的名字一样，都是 SCAN_CLK。

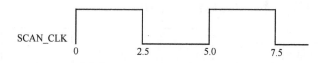

图 7-3 时钟规范示例

下面是另一个时钟规范的例子，波形的沿在周期的中间（如图 7-4 所示）。

create_clock -name BDYCLK **-period** 15 \
 -waveform {5 12} [**get_ports** GBLCLK]

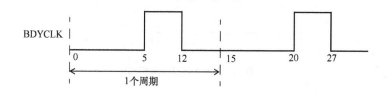

图 7-4 具有任意沿的时钟规范

时钟的名字是 BDYCLK，被定义在端口 GBLCLK。在实际操作中，让时钟的名字和端口的名字保持一致是个好主意。

下面是更多的时钟规范。

\# 见图 7-5a:

create_clock -period 10 **-waveform** {5 10} [**get_ports** FCLK]
 \# 创建一个时钟，上升沿在 5ns，下降沿在 10ns。

\# 见图 7-5b:

create_clock -period 125 \
 -waveform {100 150} [**get_ports** ARMCLK]
 \# 因为第 1 个沿必须是上升沿，所以要先在 100ns 指定上升沿，
 \# 然后在 150ns 指定下降沿。
 \# 在 25ns 的下降沿是自动推理出来的。

\# 见图 7-6a:

create_clock -period 1.0 **-waveform** {0.5 1.375} MAIN_CLK
 \# 指定了第 1 个上升沿和下一个下降沿。在 0.375ns 处的下降沿是自动推理出来的。

```
# 见图7-6b:
create_clock -period 1.2 -waveform {0.3 0.4 0.8 1.0} JTAG_CLK
# 指明一个上升沿在300ps，一个下降沿在400ps，
# 又一个上升沿在800ps，又一个下降沿在1ns，这个模式每1.2ns重复1次。

create_clock -period 1.27 \
  -waveform {0 0.635} [get_ports clk_core]
create_clock -name TEST_CLK -period 17 \
  -waveform {0 8.5} -add [get_ports {ip_io_clk[0]}]
  # 选项-add允许在一个端口定义超过一个时钟。
```

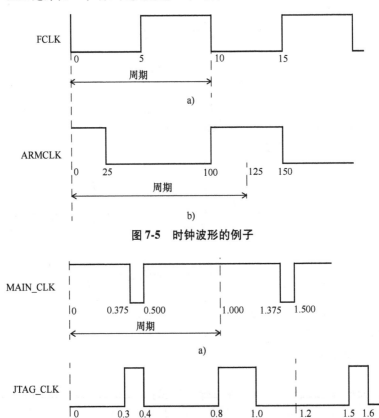

图 7-5　时钟波形的例子

图 7-6　生成时钟波形的例子

除了上面的属性以外，也可以选择性设置时钟源头的转换时间（转换率）。在某些情况下，比如某些 PLL[⊖] 的输出或者输入端口，工具不能自动计算出转换时间。在这种情况下，

⊖　Phase-locked Loop，锁相环。通常在 ASIC 中使用来生成高频率时钟。

在时钟的源头明确指定转换时间是很有用的。要通过约束 set_clock_transition 来指定。

set_clock_transition -rise 0.1 [**get_clocks** CLK_CONFIG]
set_clock_transition -fall 0.12 [**get_clocks** CLK_CONFIG]

该约束只对理想时钟起作用，当时钟树构建完成就无视这一约束了，将会使用时钟引脚上的真实转换时间。如果时钟定义在一个输入端口，使用 set_input_transition（见 7.7 节）约束来定义时钟上的转换率。

7.2.1　时钟不确定性

时钟周期的时序不确定性可以用 set_clock_uncertainty 约束来指定。不确定性可以用来对减少有效时钟周期的各种因素建模。这些因素可以是时钟抖动或者任何想在时序分析中考虑的悲观项。

set_clock_uncertainty -setup 0.2 [**get_clocks** CLK_CONFIG]
set_clock_uncertainty -hold 0.05 [**get_clocks** CLK_CONFIG]

注意，如图 7-7 所示，建立时间的时钟不确定性有效地减少了指定量的可用时钟周期。对保持时间检查，保持时间的时钟不确定性是需要满足的额外时序余量。

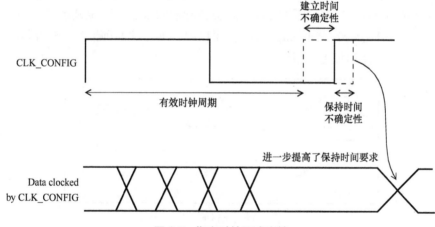

图 7-7　指定时钟不确定性

下面的命令指定了跨过指定时钟边界的路径的不确定性，叫做时钟间不确定性（Inter-clock Uncertainty）。

set_clock_uncertainty -from VIRTUAL_SYS_CLK **-to** SYS_CLK \
  -hold 0.05
set_clock_uncertainty -from VIRTUAL_SYS_CLK **-to** SYS_CLK \
  -setup 0.3
set_clock_uncertainty -from SYS_CLK **-to** CFG_CLK **-hold** 0.05
set_clock_uncertainty -from SYS_CLK **-to** CFG_CLK **-setup** 0.1

图 7-8 表明了一条穿过两个不同时钟域 SYS_CLK 和 CFG_CLK 的路径。基于以上跨时钟不确定性约束，建立时间检查的不确定性是 100ps，保持时间检查的不确定性是 50ps。

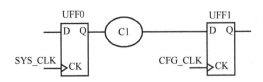

图 7-8   不同时钟间的路径

7.2.2   时钟延迟

时钟的延迟（Clock Latency）可以用命令 set_clock_latency 指定。

在*MAIN_CLK*上的上升沿时钟延迟是1.8ns:
set_clock_latency 1.8 **-rise** [**get_clocks** MAIN_CLK]
在所有时钟上的下降沿时钟延迟是2.1ns:
set_clock_latency 2.1 **-fall** [**all_clocks**]
选项*-rise, -fall*指的是触发器时钟引脚上的沿。

有两种时钟延迟：网络延迟（Network Latency）和源延迟（Source Latency）。

网络延迟是指从时钟定义点（create_clock）到触发器的时钟引脚的延迟。源延迟，也叫插入延迟（Insertion Delay），是从时钟的源头到时钟的定义点。源延迟可以是片上（On-chip）延迟，也可以是片外（Off-chip）延迟。图 7-9 说明了这两种情况。触发器时钟引脚上的总的时钟延迟是源延迟加上网络延迟。

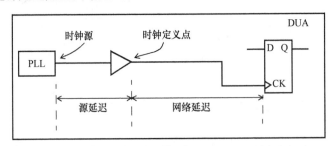

a) 片上时钟源

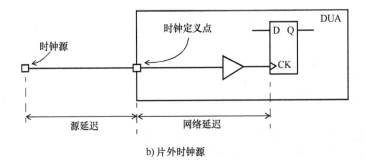

b) 片外时钟源

图 7-9   时钟延迟

下面例子里的命令可以用来指定源延迟和网络延迟。

\# 为上升，下降，最大和最小指定网络延迟为0.8ns（没有 *-source* 选项）：

set_clock_latency 0.8 [**get_clocks** CLK_CONFIG]

\# 指定源延迟：

set_clock_latency 1.9 **-source** [**get_clocks** SYS_CLK]

\# 指定最小源延迟：

set_clock_latency 0.851 **-source -min** [**get_clocks** CFG_CLK]

\# 指定最大源延迟：

set_clock_latency 1.322 **-source -max** [**get_clocks** CFG_CLK]

源延迟和网络延迟的一个很重要的区别是，一旦设计的时钟树构建完成，网络延迟是可以忽略的（假设使用了 set_propagated_clock 命令）。但是，即使时钟树构建完成了，源延迟也依然存在。网络延迟是在时钟树综合之前对时钟树延迟的估计。当时钟树综合完成，从时钟源到触发器的时钟引脚的总时钟延迟就是源延迟，加上从时钟定义点到触发器的时钟树真实延迟。

生成时钟（Generated Clock）将在下一节描述，虚拟时钟会在 7.9 节中描述

7.3 生成时钟

生成时钟是从主时钟（Master Clock）派生出来的。主时钟是用约束 create_clock 来定义的。

当设计中基于主时钟生成一个新时钟，这个新时钟就被定义成生成时钟。例如，如果有时钟的三分频电路，应该在电路的输出端定义一个生成时钟。这个定义是必需的，因为 STA 不知道时钟周期已经在分频逻辑的输出端改变了，更重要的是这个新时钟的周期是多少。图 7-10 的例子表明了主时钟 CLKP 的二分频生成时钟。

create_clock -name CLKP 10 [**get_pins** UPLL0/CLKOUT]

  \# 在 PLL 的 *CLKOUT* 引脚，创建一个主时钟 *CLKP*，周期为10ns，占空比

  \# 为50%。

create_generated_clock -name CLKPDIV2 **-source** UPLL0/CLKOUT \\

 -divide_by 2 [**get_pins** UFF0/Q]

  \# 在触发器 *UFF0* 的 *Q* 引脚，创建一个生成时钟 *CLKPDIV2*。

  \# 主时钟在 PLL 的 *CLKOUT* 引脚。生成时钟的周期是时钟 *CLKP* 的2倍，

  \# 也就是20ns。

可以在触发器的输出端定义一个主时钟而不是生成时钟么？答案是可以，这确实是可能的。但是，这里有些缺点。定义一个主时钟而不是一个生成时钟，会创建一个新的时钟域。通常这并不是问题，只不过要在设置 STA 约束时处理更多的时钟域。把一个新时钟定义成生成时钟就不会创建新的时钟域。生成时钟不需要进行额外的约束。所以，应该尝试把内部生成的时钟定义为一个生成时钟，而不是决定把它声明成一个新的主时钟。

主时钟和生成时钟的另一个重要不同是时钟源头这一概念。对于主时钟，时钟的源头在于主时钟的定义点。对于生成时钟，时钟的源头在于主时钟，而不是生成时钟。这意味着在

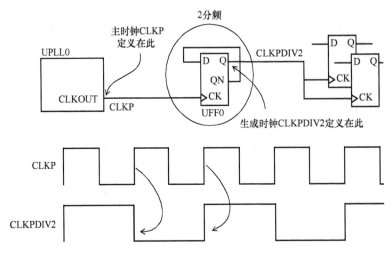

图 7-10　分频电路输出上的生成时钟

时钟路径报告中，时钟路径的起点永远都是主时钟的定义点。这就是定义生成时钟而不是定义新的主时钟的巨大优势，因为新的主时钟不会自动把源延迟计算进来。

图 7-11 所示的例子中，多路复用器（Multiplexer）在两个输入端都有时钟。在这种情况下，没必要在多路复用器的输出端定义时钟。如果选择信号是常量，多路复用器的输出端自动得到了正确传播的时钟。如果多路复用器的选择引脚没有被约束，出于 STA 的目的，两个时钟都要经过多路复用器传播。在这种情况下，STA 可能会报告 TCLK 和 TCLKDIV5 之间的路径。注意，这种路径是不可能存在的，因为选择线只能选择多路复用器的 1 个输入。在这种情况下，或许需要设置伪路径（False Path）或者指定两个时钟之间的互斥关系，进而避免报告不正确的路径。当然，这里假设在设计的其他地方没有 TCLK 和 TCLKDIV5 之间的路径。

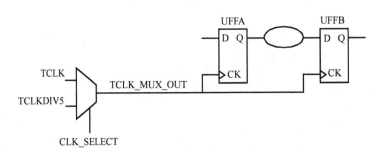

图 7-11　多路复用器在两个时钟间选择

如果多路复用器的选择信号不是静态的，在器件工作时可以改变，这将会发生什么？在这种情况下，需要对多路复用器的输入进行时钟门控检查。时钟门控检查在第 10 章中有解释；这些检查确保多路复用器输入端的时钟会按照多路复用器的选择信号安全的切换。

图 7-12 所示的例子中时钟 SYS_CLK 被一个触发器的输出端门控。因为触发器的输出端可能不是常量，处理这种情况的一个方法是在与门单元的输出端定义一个生成时钟，该时钟与输入时钟相同。

create_clock 0.1 [**get_ports** SYS_CLK]
　# 创建一个主时钟，周期100ps，占空比为50%。
create_generated_clock -name CORE_CLK -**divide_by** 1 \
　-**source** SYS_CLK [**get_pins** UAND1/Z]
　# 在与门单元的输出端创建生成时钟*CORE_CLK*，时钟波形和主时钟一致。

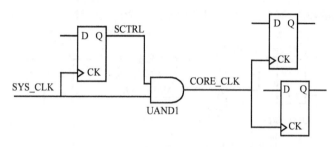

图 7-12　时钟被触发器门控

下一个例子是一个生成时钟的频率比源时钟高。图 7-13 展示了波形图。
create_clock -**period** 10 -**waveform** {0 5} [**get_ports** PCLK]
　# 创建一个主时钟*PCLK*，周期10ns，上升沿在0ns，下降沿在5ns。
create_generated_clock -name PCLKx2 \
　-**source** [**get_ports** PCLK] \
　-**multiply_by** 2 [**get_pins** UCLKMULTREG/Q]
　# 依据主时钟*PCLK*创建1个生成时钟*PCLKx2*，频率是主时钟的2倍。
　# 生成时钟定义在触发器　*UCLKMULTREG*的输出端。

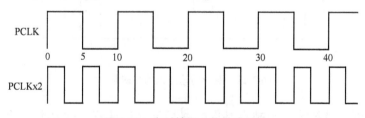

图 7-13　主时钟和 2 倍生成时钟

注意，选项-multiply_by 和-divide_by 指的是时钟的频率，即使主时钟定义了时钟周期。

7.3.1　时钟门控单元输出端上的主时钟实例

思考图 7-14 所示的时钟门控例子。两个时钟输入进一个与门单元。问题来了，在该与门单元输出端是哪个时钟？如果与门单元的输入都是时钟，那就可以安全的在与门单元的输出定义一个新的主时钟，因为很可能该单元的输出和任一输入时钟都没有相位关系。

```
create_clock -name SYS_CLK -period 4 -waveform {0 2} \
  [get_pins UFFSYS/Q]
create_clock -name CORE_CLK -period 12 -waveform {0 4} \
  [get_pins UFFCORE/Q]
create_clock -name MAIN_CLK -period 12 -waveform {0 2} \
  [get_pins UAND2/Z]
```

在与门单元的输出端创建一个主时钟而不是一个生成时钟。

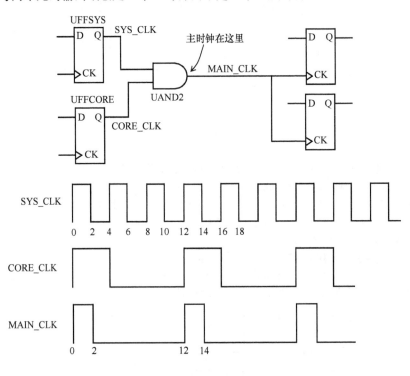

图 7-14　逻辑门输出端的主时钟

在内部引脚创建时钟的一个缺点是影响路径延迟的计算，这要求设计者手动计算源延迟。

图 7-15 展示了一个生成时钟的例子。生成了一个二分频时钟和两个有相位差（out-of-phase）的时钟。图中也展示了时钟的波形。

例子中这些时钟的定义也在下面给出。生成时钟的定义演示了如何使用-edges 选项，这是另一种定义生成时钟的方法。该选项用 1 组源主时钟的沿 {rise，fall，rise} 来构成新的生成时钟。主时钟的第 1 个上升沿就是沿 1，第 1 个下降沿就是沿 2，下一个上升沿就是沿 3，以此类推。

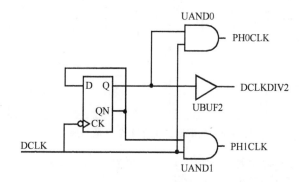

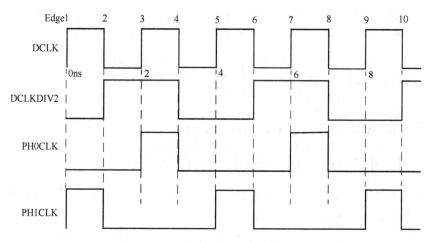

图 7-15 时钟生成

create_clock 2 [**get_ports** DCLK]
　# 时钟是 *DCLK*，周期为 2ns，上升沿在 0ns，下降沿在 1ns。
create_generated_clock -**name** DCLKDIV2 -**edges** {2 4 6} \
　-**source** DCLK [**get_pins** UBUF2/Z]
　# 生成时钟 *DCLKDIV2* 定义在缓冲器的输出端。
　# 它的波形是上升沿在源时钟的沿 2，下降沿在源时钟的沿 4，
　# 下一个上升沿在源时钟的沿 6。
create_generated_clock -**name** PH0CLK -**edges** {3 4 7} \
　-**source** DCLK [**get_pins** UAND0/Z]
　# 生成时钟 *PH0CLK* 是用源时钟的沿 3，4，7 组成。
create_generated_clock -**name** PH1CLK -**edges** {1 2 5} \
　-**source** DCLK [**get_pins** UAND1/Z]
　# 生成时钟 *PH1CLK* 定义在与门单元的输出端，是用源时钟的沿 1、2 和 5 组成。
　　如果生成时钟的第 1 个沿是下降沿呢？思考图 7-16 所示的生成时钟 G3CLK。该生成时钟可以通过指定沿 5、7 和 10 来定义，如下面的时钟约束所示。在 1ns（2 号沿）处的下降沿可以自动推算出。

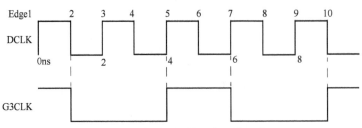

图 7-16　生成时钟的第 1 个沿是下降沿

```
create_generated_clock -name G3CLK -edges {5 7 10} \
  -source DCLK [get_pins UAND0/Z]
```

选项-edge_shift 可以和选项-edge 配合使用，使相应的沿偏移，形成新的生成波形。它指定了沿列表中每个沿偏移的量（以时间为单位）。下面是使用这些选项的例子。

```
create_clock -period 10 -waveform {0 5} [get_ports MIICLK]
create_generated_clock -name MIICLKDIV2 -source MIICLK \
  -edges {1 3 5} [get_pins UMIICLKREG/Q]
  # 创建一个二分频时钟。
create_generated_clock -name MIIDIV2 -source MIICLK \
  -edges {1 1 5} -edge_shift {0 5 0} [get_pins UMIIDIV/Q]
  # 创建一个二分频时钟，但是占空比和源时钟的50%不同。
```

沿列表中的沿排列必须是非降序（Non-decreasing）排列，但是同一沿可以使用两次，进而实现时钟脉冲独立于源时钟的占空比。上面例子中的-edge_shift 选项指明将源时钟的沿 1 移动 0ns 得到第 1 个沿，将源时钟的沿 1 移动 5ns 得到第 2 个沿，将源时钟的沿 5 移动 0ns 得到第 3 个沿。图 7-17 展示了波形。

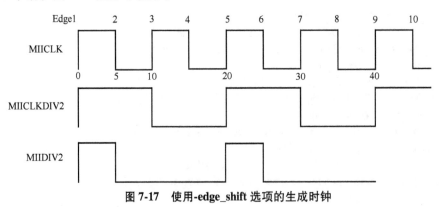

图 7-17　使用-edge_shift 选项的生成时钟

7.3.2　使用 invert 选项生成时钟

下面是另一个生成时钟的例子；该例子使用了-invert 选项。

```
create_clock -period 10 [get_ports CLK]
create_generated_clock -name NCLKDIV2 -divide_by 2 -invert \
  -source CLK [get_pins UINVQ/Z]
```

这个-invert 选项在所有其他生成时钟选项生效后，使生成时钟反相。图 7-18 展示了生成这样反相时钟的原理图。

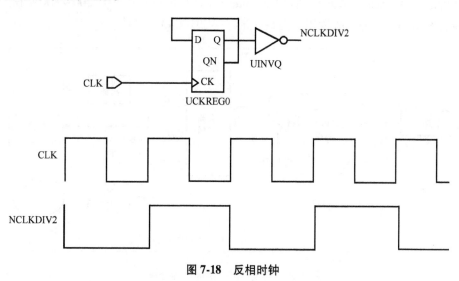

图 7-18 反相时钟

7.3.3 生成时钟的时钟延迟

可以为生成时钟指定时钟延迟。指定在生成时钟上的源延迟，指定了从主时钟定义点到生成时钟定义点的延迟。所以，被一个生成时钟驱动的触发器时钟引脚上的总时钟延迟，是主时钟源延迟，生成时钟源延迟和生成时钟网络延迟之和。如图 7-19 所示。

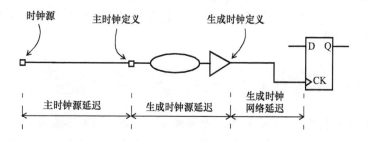

图 7-19 生成时钟的延迟

一个生成时钟可以把另一个生成时钟当作它的源，也就是说，存在有生成时钟的生成时钟，以此类推。但是，一个生成时钟只能有一个主时钟。更多生成时钟的例子在之后的小节中有描述。

7.3.4 典型的时钟生成场景

图 7-20 展示了一种场景，在典型 ASIC 中时钟分配是如何进行的。晶振（Oscillator）位于芯片外部，生成一个低频率（典型值为 10~50MHz）时钟，该时钟被芯片上的 PLL 当作参考时钟生成了一个高频率低抖动（Low-jitter）的时钟（典型值为 200~800MHz）。这个 PLL 时钟输入到一个时钟分频逻辑，然后生成了 ASIC 需要的时钟。

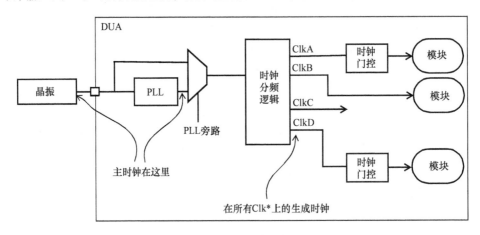

图 7-20　典型 ASIC 中的时钟分配

在时钟分配的一些分支上，可能存在时钟门控（Clock Gate），它被用来关闭设计中不活跃部分的时钟，以在需要时节省功耗。PLL 也可以在输出端连接一个多路复用器，以便在需要时绕过 PLL。

在参考时钟进入芯片的输入引脚处，为参考时钟定义了一个主时钟，第 2 个主时钟定义在 PLL 的输出端。PLL 输出端的时钟和参考时钟没有相位关系。所以，输出时钟不应该是参考时钟的生成时钟。更常见的情况下，所有时钟分频器逻辑产生的时钟都被指定为是 PLL 输出端主时钟的生成时钟。

7.4　约束输入路径

本节将描述输入路径的约束。这里需要强调一个重点，STA 不能检查没有约束的路径上的任何时序。所以，任何路径都应该被约束，才能被分析。在之后几章里会介绍一些例子，其中一些逻辑可能我们并不关心，那就可以不约束相关的输入。例如，我们可能不在意那些严格控制信号的输入时序，所以可以决定没必要进行本节中描述的那些检查。但是，本节假设我们想要约束输入路径。

图 7-21 展示了 DUA 的一条输入路径。触发器 UFF0 在设计的外部，为设计内部的触发器 UFF1 提供数据。数据通过输入端口 INP1 连接。

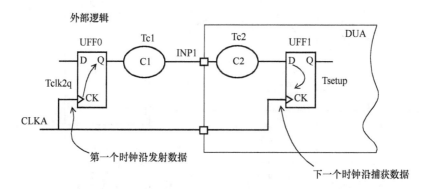

图 7-21　输入端口时序路径

时钟 CLKA 的定义指明了时钟周期，也就是在两个触发器 UFF0 和 UFF1 之间总的可用时间。外部逻辑所用时间为 Tclk2q（发射触发器 UFF0 的 CK 到 Q 的延迟），加上 Tc1（通过外部组合逻辑的延迟）。所以，延迟约束在输入引脚 INP1 定义了外部延迟 Tclk2q 加上 TC1。在这个例子里，指定的延迟是相对于时钟 CLKA 的。

下面是输入延迟约束。

set Tclk2q　0.9
set Tc1　　　0.6
set_input_delay -**clock** CLKA -**max** [**expr** Tclk2q + Tc1] \
　[**get_ports** INP1]

该约束指定了在输入 INP1 的外部延迟是 1.5ns，该延迟是相对于时钟 CLKA 的。假设 CLKA 的时钟周期是 2ns，引脚 INP1 的逻辑在设计内部传播只有 500ps（=2ns−1.5ns）可用了。该输入延迟规范映射到输入约束上就意味着，Tc2 加上 UFF1 的 Tsetup 必须小于 500ps，这样触发器 UFF1 才可以可靠的捕获到触发器 UFF0 发射出来的数据。注意，上面的外部延迟指定的是最大值。

让我们思考一种情况，我们必须同时考虑最大和最小延迟，如图 7-22 所示。下面是这个例子的约束。

create_clock -**period** 15 -**waveform** {5 12} [**get_ports** CLKP]
set_input_delay -**clock** CLKP -**max** 6.7 [**get_ports** INPA]
set_input_delay -**clock** CLKP -**min** 3.0 [**get_ports** INPA]

INPA 的最大最小延迟是从 CLKP 到 INPA 的延迟计算得到的。最大和最小延迟分别对应着最长和最短路径。通常情况下也对应着最坏情况慢速（最大时序工艺角）和最佳情况快速（最小时序工艺角）。所以，最大延迟对应着最大时序工艺角下的最长路径，最小延迟对应着最小时序工艺角下的最短路径。在我们的例子里，Tck2q 的最大和最小延迟值分别是 1.1ns 和 0.8ns。组合逻辑路径延迟 Tc1 的最大延迟 5.6ns 和最小延迟 2.2ns。在 INPA 上的波形表明了数据到达设计输入并且期望保持稳定的时间窗口。从 CLKP 到 INPA 的最大延迟是（1.1ns+5.6ns）= 6.7ns。最小延迟是（0.8ns+2.2ns）= 3ns。这些指定的延迟是对应时钟

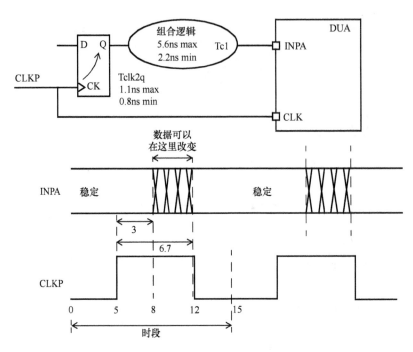

图 7-22　在输入端口的最大和最小延迟

有效沿的。考虑到外部输入延迟，设计内部的可用建立时间最小是在慢速工艺角的（15ns-6.7ns）= 8.3ns，快速工艺角的（15ns-3.0ns）= 12ns。所以，8.3ns 是在 DUA 内部可靠捕获数据的可用时间。

下面还有一些输入约束的例子。

set_input_delay -clock clk_core 0.5 [**get_ports** bist_mode]
set_input_delay -clock clk_core 0.5 [**get_ports** sad_state]

因为没有指定-max 和-min 选项，500ps 的值会应用到最大和最小延迟上。这个外部输入延迟是对应时钟 clk_core 的上升沿指定的。（如果输入延迟是对应时钟下降沿指定的，就必须使用-clock_fall 选项）

7.5　约束输出路径

本节用下面 3 个例子讲解了输入路径的约束。

1. 例子 1

图 7-23 所示的例子是经过 DUA 的输出端口的路径。Tc1 和 Tc2 是经过组合逻辑的延迟。

时钟 CLKQ 的周期定义了从触发器 UFF0 到触发器 UFF1 的总可用时间。外部逻辑的总延迟是 Tc2 加上 Tsetup。这个总的延迟，Tc2+Tsetup，必须指定为输出延迟约束的一部分。注意，输出延迟是对应捕获时钟指定的。数据必须及时到达外部触发器 UFF1，以满足建立

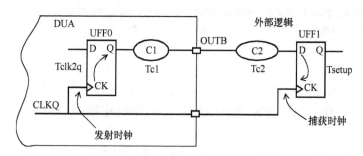

图 7-23 例子 1 的输出端口时序路径

时间的要求。

```
set Tc2     3.9
set Tsetup  1.1
set_output_delay -clock CLKQ -max [expr Tc2 + Tsetup] \
  [get_ports OUTB]
```

这指定了对应时钟沿的最大外部延迟是 Tc2 加上 Tsetup，应该相当于延迟 5ns。最小延迟也可以用类似方法指定。

2. 例子 2

图 7-24 中的例子有最大和最小延迟。最大路径延迟是 7.4ns（即最大 Tc2 加上 Tsetup，为 7+0.4）。最小路径延迟是 -0.2ns（即最小 Tc2 减去 Thold，为 0-0.2）。所以输出约束如下：

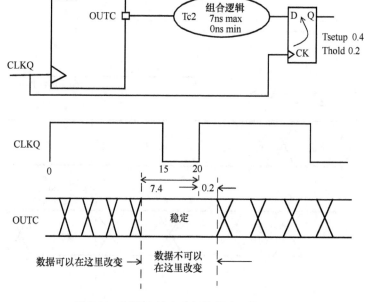

图 7-24 例子 2 输出路径的最大和最小延迟

```
create_clock -period 20 -waveform {0 15} [get_ports CLKQ]
set_output_delay -clock CLKQ -min -0.2 [get_ports OUTC]
set_output_delay -clock CLKQ -max 7.4 [get_ports OUTC]
```

图 7-24 所示的波形表明 OUTC 何时必须保持稳定，确保可以被外部触发器可靠的捕获。该图描述了数据必须在要求的稳定区间之前就在输出端口准备好，而且要在稳定区间结束前保持稳定。这映射了 DUA 内部逻辑到输出端口 OUTC 的时序要求。

3. 例子 3

这里是另一个说明输入输出约束的例子。这个模块有两个输入，DATAIN 和 MCLK，1 个输出 DATAOUT。图 7-25 所示为预期的波形。

```
create_clock -period 100 -waveform {5 55} [get_ports MCLK]
set_input_delay 25 -max -clock MCLK [get_ports DATAIN]
set_input_delay 5 -min -clock MCLK [get_ports DATAIN]

set_output_delay 20 -max -clock MCLK [get_ports DATAOUT]
set_output_delay -5 -min -clock MCLK [get_ports DATAOUT]
```

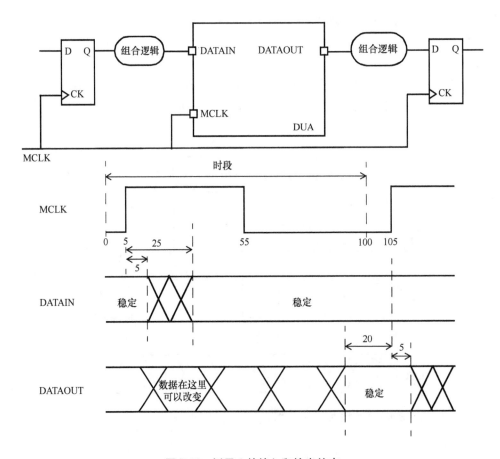

图 7-25　例子 3 的输入和输出约束

7.6　时序路径组

设计中的时序路径可以被当作路径的集合。每条路径都有一个起点和一个终点。图 7-26 所示为一些示例路径。

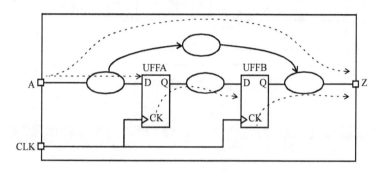

图 7-26　时序路径

在 STA 时，路径是依据有效的起点和有效的终点来记录的。有效的起点包括：输入端口，同步器件的时钟引脚，比如触发器和存储器。有效的终点是输出端口，同步器件的数据输入引脚。所以，一条有效的时序路径可以是：

1）从输入端口到输出端口；

2）从输入端口到触发器或存储器的输入；

3）从触发器或存储器的时钟引脚到触发器或存储器的输入；

4）从触发器的时钟引脚到输出；

5）从存储器的时钟引脚到输出端口，诸如此类。

图 7-26 中的有效路径是

1）输入端口 A 到 UFFA/D；

2）输入端口 A 到输出端口 Z；

3）UFFA/CK 到 UFFB/D；

4）UFFB/CK 到输出端口 Z。

时序路径可以根据路径终点相关的时钟被分为不同的路径组（Path Group）。所以，每个时钟都有一组和它相关的路径。也会有默认路径组，它包括了所有非时钟（异步）路径。

在图 7-27 所示的例子中，路径组是

1）CLKA 组：输入端口 A 到 UFFA/D；

2）CLKB 组：UFFA/CK 到 UFFB/D；

3）默认组：输入端口 A 到输出端口 Z，UFFB/CK 到输出端口 Z。

静态时序分析和报告通常是在每个路径组分别进行的。

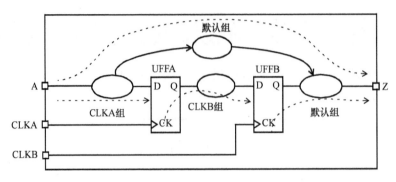

图 7-27　路径组

7.7　外部属性建模

命令 create_clock、set_input_delay 和 set_output_delay 已经足够约束芯片内的所有路径并进行时序分析了，但它们还不够得到模块 IO 引脚的精确时序。就需要下面的属性来精确建模设计的环境。对于输入，需要在输入指定转换率。该信息可以用以下命令提供：

1）set_drive [⊖]

2）set_driving_cell

3）set_input_transition

对于输出，需要指定输出看到的电容性负载。该信息可以用以下命令指定：

set_load

7.7.1　驱动能力建模

命令 set_drive 和 set_driving_cell 是用来对外部源的驱动能力建模，该外部源驱动模块的输入端口。如果没有这些约束，默认情况下，所有的输入假设拥有无限的驱动能力。这种默认情况意味着输入引脚的转换时间是 0。

命令 set_drive 在 DUA 的输入引脚明确指定了驱动电阻的值。这个电阻值越小，驱动能力越强。电阻值为 0 意味着无限的驱动能力。

set_drive 100 UCLK
  # 在输入 *UCLK* 指定驱动电阻为 100。

上升驱动和下降驱动不同：
set_drive -rise 3 [**all_inputs**]
set_drive -fall 2 [**all_inputs**]

一个输入引脚的驱动能力是用来计算在第 1 个单元上的转换时间的。指定的驱动值也被

⊖　这个命令被淘汰了，不推荐使用。

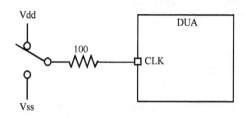

图 7-28 set_drive 约束例子的表示

用来计算存在任何 RC 互连参数情况下，从输入端口到第 1 个单元的延迟。

```
Delay_to_first_gate =
    (drive * load_on_net) + interconnect_delay
```

约束 set_driving_cell 提供了描述端口驱动能力的更保守和精确的方法。命令 set_driving_cell 可以被用来指定一个单元来驱动输入端口。

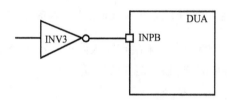

图 7-29 set_driving_cell 约束例子的表示

set_driving_cell -lib_cell INV3 \
  -library slow [**get_ports** INPB]
  # 输入*INPB*是由库文件*slow*中的*INV3*单元驱动的。

set_driving_cell -lib_cell INV2 \
  -library tech13g [**all_inputs**]
  # 指定库文件*tech13g*中的单元*INV2*驱动所有的输入。

set_driving_cell -lib_cell BUFFD4 **-library** tech90gwc \
  [**get_ports** {testmode[3]}]
  # 输入*testmode[3]*是由库文件*tech90gwc*中的单元*BUFFD4*驱动的。

像驱动约束一样，输入端口的驱动单元被用来计算在第 1 个单元上的转换时间，和计算存在任何 RC 互连参数情况下，从输入端口到第 1 个单元的延迟。

约束 set_driving_cell 需要注意的一点是，驱动单元由于电容性负载带来输入端口的增加延迟，被包括进输入的额外延迟。

作为上述方法的替代方法，约束 set_input_transition 提供了一种在输入端口指定转换率的方便的方法。也可以选择性指定参考时钟。下面是图 7-30 所示例子的约束，以及其他一些例子。

set_input_transition 0.85 [**get_ports** INPC]
在端口 *INPC* 中指定输入转换时间为 850ps。

set_input_transition 0.6 [**all_inputs**]
在所有输入端口指定转换时间为 600ps。

set_input_transition 0.25 [**get_ports** SD_DIN*]
指定所有名字匹配 *SD_DIN** 的端口转换时间为 250ps。
可以用选项 *-min* 和 *-max* 来分别指定最小和最大值。

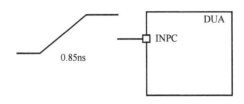

图 7-30　set_input_transition 约束例子的表示

综上所述，需要输入端口的转换率来决定输入路径上第 1 个单元的延迟。如果没有该约束，就假设理想的转换时间为 0，这很可能是无法实现的。

7.7.2　电容负载建模

约束 set_load 在输出端口设置了电容性负载，如图 7-31 所示，以此对输出端口驱动的外部负载建模。默认情况下，在端口的电容性负载为 0。该负载可以被指定为明确的电容值，或者是一个单元的输入引脚电容。

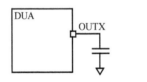 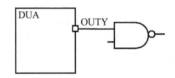

图 7-31　输出端口的电容负载

set_load 5 [**get_ports** OUTX]
 # 在输出端口 *OUTX* 指定 5pF 的负载。

set_load 25 [**all_outputs**]
在所有输出端指定 25pF 的负载电容。

set_load -pin_load 0.007 [**get_ports** {shift_write[31]}]
 # 在指定的输出端口指定 7fF 的引脚负载。
 # 可以用 *-wire_load* 选项指定端口连接的线的负载。
 # 如果没有使用 *-pin_load* 和 *-wire_load* 选项，默认是 *-pin_load*。

指定输出的负载是很重要的，因为该值影响驱动输出的单元的延迟。如果没有该约束，就假设负载为 0，这很可能是无法实现的。

约束 set_load 也可以用来指定 1 条设计内部线的负载。下面是一个例子。

set_load 0.25 [**get_nets** UCNT5/NET6]
　# 设定线电容为 0.25pF。

7.8　设计规则检查

在 STA 中两个常用的设计规则是最大转换时间（Max Transition）和最大电容（Max Capacitance）。这些规则会检查设计内所有的端口和引脚都满足指定的转换时间⊖范围和电容范围。这些范围可以用下面的命令来指定：

1）set_max_transition
2）set_max_capacitance

作为 STA 的一部分，任何违反这些设计规则的违例都会以裕量（Slack）的形式被报告出来。下面是一些例子。

set_max_transition 0.6 IOBANK
在 IOBANK 设定极限为 600ps。

set_max_capacitance 0.5 [**current_design**]
在当前设计中设定所有线的最大电容为 0.5pf。

一条线的电容是所有引脚的电容，加上任何 IO 的负载，加上该线任何互连电容的总和。图 7-32 展示了一个例子。

```
Total cap on net N1 =
 pin cap of UBUF1:pin/A +
 pin cap of UOR2:pin/B +
 load cap specified on output port OUTP +
 wire/routing cap
 = 0.05 + 0.03 + 0.07 + 0.02
 = 0.17pF

Total cap on net N2 =
 pin cap of UBUF2/A +
 wire/routing cap from input to buffer
 = 0.04 + 0.03
 = 0.07pF
```

转换时间计算是延迟计算的一部分。例如图 7-32。（假设单元 UBUF2 使用线性延迟模型）

⊖　正如之前提到过的，名词"转换率（Slew）"和"转换时间（Transition Time）"在本书中是相同的。

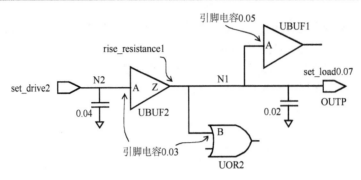

图 7-32　各条线上的电容

Transition time on pin *UBUF2/A* =
  drive of $2^{\ominus}$ * total cap on net *N2*
  = 2 * 0.07 = 0.14ns = 140ps
Transition time on output port *OUTP* =
  drive resistance of *UBUF2/Z* * total cap of net *N1* =
  1 * 0.17 = 0.17ns = 170ps

也可以为设计指定其他的设计规则检查。比如说：set_max_fanout（指定设计中所有引

脚的最大扇出值），set_max_area（约束设计）；但是这些检查是约束综合而不是 STA。

7.9　虚拟时钟

虚拟时钟（Virtual Clocks）是一个存在的时钟，但是和设计的任何引脚或者端口都不相关。它被用来在 STA 中当作参考时钟，指定相对于时钟的输入输出延迟。图 7-33 所示的例子就是虚拟时钟。DUA 从 CLK_CORE 得到它的时钟，但是驱动输入端口 ROW_IN 的时钟是 CLK_SAD。在这种情况下，如何指定输入端口 ROW_IN 的 IO 约束呢？同样的问题也发生在输出端口 STATE_O。

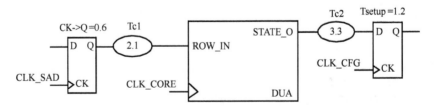

图 7-33　CLK_SAD 和 CLK_CFG 的虚拟时钟

为了处理这种情况，可以定义没有源端口或源引脚的虚拟时钟。在图 7-33 中的例子，可以为时钟 CLK_SAD 和 CLK_CFG 定义虚拟时钟。

⊖　驱动的库单位假设为 Ω。

```
create_clock -name VIRTUAL_CLK_SAD -period 10 -waveform {2 8}
create_clock -name VIRTUAL_CLK_CFG -period 8 \
  -waveform {0 4}
create_clock -period 10 [get_ports CLK_CORE]
```

定义好虚拟时钟后，就可以相对于这些虚拟时钟指定 IO 约束。

```
set_input_delay -clock VIRTUAL_CLK_SAD -max 2.7 \
  [get_ports ROW_IN]

set_output_delay -clock VIRTUAL_CLK_CFG -max 4.5 \
  [get_ports STATE_O]
```

图 7-34 说明了这些输入路径的时序关系。DUA 的输入路径被约束为 5.3ns 或者更少。

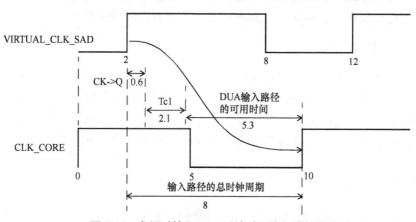

图 7-34 虚拟时钟和 core 时钟对于输入路径的波形

图 7-35 说明了这些输出路径的时序关系。DUA 的输出路径被约束为 3.5ns 或者更少。

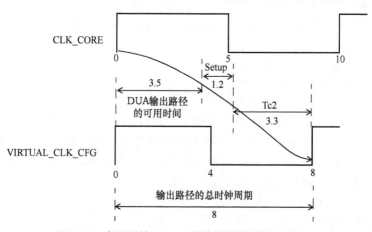

图 7-35 虚拟时钟和 core 时钟对于输出路径的波形

选项-min 在 set_input_delay 和 set_output_delay 约束中用来验证最快（或者最小）路径。

虚拟时钟的使用只是一种约束输入和输出（IO）的方法，设计者也可以选取其他的方法来约束 IO。

用于约束分析空间的 4 个常见命令是：

1）set_case_analysis：在单元输入引脚或者输入端口指定常量；

2）set_disable_timing：中断单元的时序弧；

3）set_false_path：指定路径不是真实的，表明这些路径不需要在 STA 中检查；

4）set_multicycle_path：指定路径可以有大于 1 个时钟周期。

约束 set_false_path 和 set_multicycle_path 会在第 8 章有详细的讨论。

7.10.1　指定无效信号

在设计中，在芯片的指定模式下某些信号是常量。例如，如果芯片有 DFT 逻辑，那在普通的功能模式下，芯片的 TEST 引脚就应该为 0。给 STA 指定常量通常是很有用的。这会帮助减少分析空间，不报出任何不相关的路径。例如，如果 TEST 引脚不设为常量，可能存在一些奇怪的长路径本该在功能模式下永远不存在。这些常量信号用约束 set_case_analysis 来指定。

```
set_case_analysis 0 TEST

set_case_analysis 0 [get_ports {testmode[3]}]
set_case_analysis 0 [get_ports {testmode[2]}]
set_case_analysis 0 [get_ports {testmode[1]}]
set_case_analysis 0 [get_ports {testmode[0]}]
```

如果设计有多个功能模式且只需要分析其中一个功能模式，则可以用情况分析来指定需要分析的真正模式。

```
set_case_analysis 1 func_mode[0]
set_case_analysis 0 func_mode[1]
set_case_analysis 1 func_mode[2]
```

注意情况分析可以指定在设计的任一引脚上。另一个常见的情况分析应用是，当设计可以在多个时钟下运行，可以通过多路复用器来控制选择合适的时钟。为了让 STA 分析简化并减少 CPU 运行时间，让 STA 分别在不同的时钟选择下进行是很有益的。图 7-36 所示的例子说明了在不同设定下多路复用器选择不同的时钟。

```
set_case_analysis 1 UCORE/UMUX0/CLK_SEL[0]
set_case_analysis 1 UCORE/UMUX1/CLK_SEL[1]
set_case_analysis 0 UCORE/UMUX2/CLK_SEL[2]
```

第 1 个 set_case_analysis 让 MIICLK 选择了 PLLdiv16。PLLdiv8 的时钟路径被阻断了，没有通过多路复用器传播。所以，没有时序路径是用时钟 PLLdiv8 分析（假设这个时钟没有在

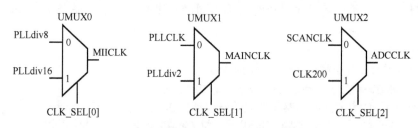

图 7-36　为时序分析选择时钟模式

多路复用器之前到达任何触发器）。类似的，最后的 set_case_analysis 让 ADCCLK 选择了 SCANCLK，CLK200 的时钟路径被阻断了。

7.10.2　中断单元内部的时序弧

每个单元都有从输入到输出的时序弧，1 条时序路径可能穿过其中一条单元内时序弧。在某些情况下，可能穿过单元的特定路径不可能发生。例如，思考一种场景，时钟和多路复用器的选择端相连，而多路复用器的输出端又是数据路径的一部分。在这种情况下，中断多路复用器的选择引脚和输出引脚可能是很有用的。图 7-37 所示为这样的例子。经过多路复用器选择端的路径不是一条有效的路径。这样的时序弧可以用 set_disable_timing 中断。

set_disable_timing -from S **-to** Z [**get_cells** UMUX0]

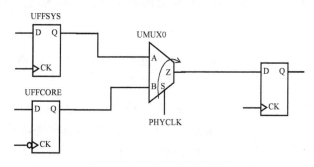

图 7-37　关闭时序弧的例子

因为这个时序弧不再存在了，需要分析的时序路径相应地减少了。另一个类似用法的例子是禁止触发器的最小时钟脉冲宽度检查。

使用 set_disable_timing 时要小心，因为它能删除所有经过指定引脚的时序路径。如果可以的话，最好使用命令 set_false_path 和 set_case_analysis。

7.11　点对点约束

可以使用命令 set_min_delay 和 set_max_delay 来约束点对点（Point-to-Point Specification）路径。这些约束可以让出发点和到达点之间的路径延迟限定在约束指定值之内。该约束将覆盖路径上的任何默认单周期时序路径约束和多周期时序路径约束。命令 set_max_delay 指定了路径的最大延迟，命令 set_min_delay 制定了路径的最小延迟。

```
set_max_delay 5.0 -to UFF0/D
   # 所有到触发器 D 引脚的路径延迟的极限是5ns。
set_max_delay 0.6 -from UFF2/Q -to UFF3/D
   # 所有这2个触发器之间的路径延迟的极限是600ps。
set_max_delay 0.45 -from UMUX0/Z -through UAND1/A -to UOR0/Z
   # 为指定路径设置最大延迟。
set_min_delay 0.15 -from {UAND0/A UXOR1/B} -to {UMUX2/SEL}
```

在上面的例子中，需要注意使用非标准的内部引脚作为起点和终点，会强制让这些点成为起始和终结点，也会把该点上的路径分割。

可以指定类似的从一个时钟到另一个时钟的点到点约束。

```
set_max_delay 1.2 -from [get_clocks SYS_CLK] \
   -to [get_clocks CFG_CLK]
   # 两个时钟域之间的所有路径的最大延迟为1200ps。
set_min_delay 0.4 -from [get_clocks SYS_CLK] \
   -to [get_clocks CFG_CLK]
   # 两个时钟域之间的所有路径的最小延迟为400ps。
```

如果 1 条路径上有多个时序约束，比如时钟周期，set_max_delay 和 set_min_delay，限制最紧的约束是永远要检查的。多个时序约束可能是先进行全局约束，然后进行局部约束造成的。

7.12　路径分割

把时序路径切割为被时序约束的较小的路径被称为路径分割。

1 条时序路径有 1 个起点和 1 个终点。路径上额外的起点和终点可以用命令 set_input_delay 和 set_output_delay 来创建。命令 set_input_delay 通常在单元的输出引脚定义 1 个起点，而 set_output_delay 通常在单元的输入引脚定义 1 个新终点。这些约束定义的新时序路径，是原有时序路径的子集。

思考图 7-38 所示的路径。一旦定义时钟 SYSCLK，被时序约束的路径是从 UFF0/CK 到 UFF1/D。如果只对报告从 UAND2/Z 到 UAND6/A 的路径感兴趣，可以使用下面的两个命令：

```
set STARTPOINT [get_pins UAND2/Z]
set ENDPOINT [get_pins UAND6/A]
set_input_delay 0 $STARTPOINT
set_output_delay 0 $ENDPOINT
```

定义上面这些约束让原有从 UFF0/CK 到 UFF1/D 的时序路径被分割，分别创造了新的内部起点和终点 UAND2/Z 和 UAND6/A。新的时序报告会明确写出这条新路径。

注意，两条额外的时序路径也自动创建了，一条是从 UFF0/CK 到 UAND2/Z，另一条是从 UAND6/A 到 UFF1/D。所以原有的时序路径被切割成了 3 个部分，每个部分都分别被时序约束。

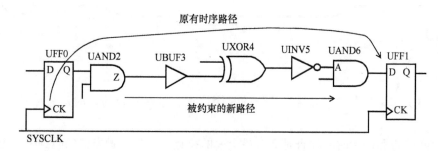

图 7-38　路径分割

命令 set_disable_timing，set_max_delay 和 set_min_delay 也会造成时序路径被分割。

第8章 时序验证

本章介绍了作为静态时序分析一部分的时序检查。这些检查的目的是穷尽验证 DUA 的时序。

建立时间检查和保持时间检查是 2 个最重要的检查。一旦在触发器的时钟引脚上定义了时钟，该触发器的建立时间检查和保持时间检查是自动推断出要满足的。时序检查通常是在多种情况下进行的，包括最差情况慢速条件和最佳情况快速条件。通常来说，对建立时间检查苛刻的是最差情况慢速条件，对保持时间检查苛刻的是最佳情况快速条件，不过保持时间检查也要在最差情况慢速条件下进行。

本章中出现的例子都假设线延迟为零；这只是为了简化情况并且不会改变本书中表达的概念。

8.1 建立时间检查

建立时间检查是验证时钟和触发器数据引脚间的时序关系，以保证满足建立时间要求。换句话说，建立时间检查保证在时钟到达触发器之前，数据在触发器的输入端已经可用。在时钟有效沿到达触发器之前，数据应该稳定一段时间，也就是触发器的建立时间。该要求确保数据被触发器可靠的捕获。图 8-1 展示了典型触发器的建立时间要求。建立时间检查验证了触发器的建立时间需求。

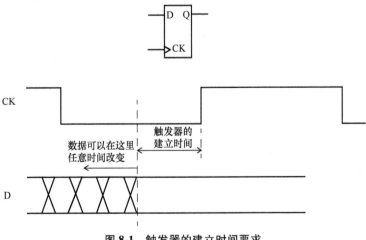

图 8-1 触发器的建立时间要求

通常来说，会有一个发射触发器——就是发射数据的触发器；还有一个捕获触发器——就是捕获数据的触发器，它的建立时间必须被满足。建立时间检查验证从发射触发器到捕获触发器的最长路径（最大路径）。到这 2 个触发器的时钟可以是一样的也可以是不同的。建立时间检查是从发射触发器时钟的第 1 个有效沿到捕获触发器时钟的下一个最近有效沿。建立时间检查确保前 1 个时钟周期发射的数据在 1 个时钟周期后准备好被捕获。

我们现在研究一个简单例子，如图 8-2 所示，发射触发器和捕获触发器有相同的时钟。时钟 CLKM 的第 1 个上升沿在时间 T_{launch} 后出现在发射触发器。被这个时钟沿发射的数据在时间 $T_{launch}+T_{ck2q}+T_{dp}$ 后出现在触发器 UFF1 的 D 引脚。时钟的第 2 个上升沿（建立时间通常是在 1 个时钟周期后检查）在时间 $T_{cycle}+T_{capture}$ 后出现在捕获触发器 UFF1 的时钟引脚。这 2 个时间之差必须大于触发器的建立时间需求，让数据可以在触发器被可靠地捕获。

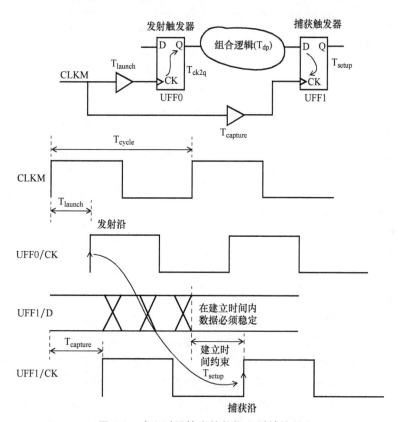

图 8-2 建立时间检查的数据和时钟信号

建立时间检查可以用数学公式表达为

$$T_{launch} + T_{ck2q} + T_{dp} < T_{capture} + T_{cycle} - T_{setup}$$

其中，T_{launch} 是发射触发器 UFF0 的时钟树延迟；T_{dp} 是组合逻辑数据路径的延迟；T_{cycle} 是时钟周期；$T_{capture}$ 是捕获触发器的时钟树延迟。

换句话说，数据到达捕获触发器 D 引脚的总时间必须小于时钟到达捕获触发器时间加上 1 个时钟周期延迟再减去建立时间。

因为建立时间检查受最大[一]约束,建立时间检查总是用最长或者最大时序路径。基于同样的原因,检查通常是在延迟最大的慢速工艺角下进行。

8.1.1 触发器到触发器的路径

下面是一个建立时间检查的路径报告。

Startpoint: UFF0 (**rising edge-triggered flip-flop clocked by CLKM**)
Endpoint: UFF1 (**rising edge-triggered flip-flop clocked by CLKM**)
Path Group: CLKM
Path Type: max

Point	Incr	Path
clock CLKM (rise edge)	**0.00**	0.00
clock network delay (ideal)	0.00	0.00
UFF0/CK (DFF)	0.00	0.00 r
UFF0/Q (DFF) <-	0.16	0.16 f
UNOR0/ZN (NR2)	0.04	0.20 r
UBUF4/Z (BUFF)	0.05	0.26 r
UFF1/D (DFF)	0.00	0.26 r
data arrival time		0.26
clock CLKM (rise edge)	**10.00**	10.00
clock network delay (ideal)	0.00	10.00
clock uncertainty	-0.30	9.70
UFF1/CK (DFF)		9.70 r
library setup time	-0.04	9.66
data required time		9.66
data required time		9.66
data arrival time		-0.26
slack (MET)		9.41

报告显示发射触发器(通过 Startpoint 指定)的实例名(Instance Name)是 UFF0,被时钟 CLKM 的上升沿触发。捕获触发器(通过 Endpoint 指定)是 UFF1,也是被时钟 CLKM 的上升沿触发。路径组(Path Group)行表明路径属于路径组 CLKM。如前一章里讨论过的,设计中所有的路径都会基于捕获触发器上的时钟被分类为不同的路径组。路径类型(Path Type)行表明在该报告中显示的延迟都是最大路径延迟,也表明了这是建立时间检查。这是因为建立时间检查是对应着通过逻辑的最大(或者最长路径)延迟。注意,保持时间检查对应着通过逻辑的最小(或者最短路径)延迟。

增加(Incr)列指定了端口或者引脚代表的单元或者线的增长延迟。路径(Path)列表明的是累计的实际到达延迟和数据需要到达延迟。下面是该例子使用的时钟约束。

[一] 在数据路径延迟上的最大值

```
create_clock -name CLKM -period 10 -waveform {0 5} \
  [get_ports CLKM]
set_clock_uncertainty -setup 0.3 [all_clocks]
set_clock_transition -rise 0.2 [all_clocks]
set_clock_transition -fall 0.15 [all_clocks]
```

发射路径需要 0.26ns 到达触发器 UFF1 的 D 引脚,这是捕获触发器输入端的到达时间。捕获沿(因为这是建立时间检查,所以是 1 个时钟周期)在 10ns。时钟被指定了 0.3ns 的不确定性,所以时钟周期减去了该不确定性余量。时钟不确定性包括了时钟源抖动造成的周期变化,以及任何需要分析的时序余量。触发器的建立时间是 0.04ns(称为库建立时间),也要从总的捕获路径中扣除,得到需要到达时间为 9.66ns。因为实际到达时间(Arrival Time)是 0.26ns,这条时序路径就有正裕量 9.41ns。注意需要到达时间和实际到达时间的差值可能显示为 9.40ns,但是在报告中实际显示值是 9.41ns。这种异常的存在是因为报告只显示小数点后两位数字,但是工具内部计算和存储的值比报告显示的值有更高的精度。

时序报告中的 clock network delay 指的是什么?为什么它被标记为 ideal(理想状态)?时序报告中的该行表明时钟树被当作理想状态,也就是时钟路径上的任何缓冲器(Buffer)被假设为延迟为 0。一旦时钟树构建完成,时钟网络会被标记为 propagated(传播状态),这会让时钟路径展现真实的延迟,这在下 1 个时序报告的例子中有展示。发射时钟上的时钟网络延迟是 0.11ns,捕获时钟上的时钟网络延迟是 0.12ns。

```
Startpoint: UFF0 (rising edge-triggered flip-flop clocked by CLKM)
Endpoint: UFF1 (rising edge-triggered flip-flop clocked by CLKM)
Path Group: CLKM
Path Type: max

Point                                    Incr         Path
-------------------------------------------------------------
clock CLKM (rise edge)                   0.00         0.00
clock network delay (propagated)         0.11         0.11
UFF0/CK (DFF )                           0.00         0.11 r
UFF0/Q (DFF ) <-                         0.14         0.26 f
UNOR0/ZN (NR2 )                          0.04         0.30 r
UBUF4/Z (BUFF )                          0.05         0.35 r
UFF1/D (DFF )                            0.00         0.35 r
data arrival time                                     0.35

clock CLKM (rise edge)                   10.00        10.00
clock network delay (propagated)         0.12         10.12
clock uncertainty                        -0.30        9.82
UFF1/CK (DFF )                                         9.82 r
library setup time                       -0.04        9.78
data required time                                    9.78
-------------------------------------------------------------
data required time                                    9.78
data arrival time                                     -0.35
-------------------------------------------------------------
slack (MET)                                           9.43
```

时序路径报告可以选择包括展开的时钟路径，也就是完整明确地显示时钟树。下面是相应的例子。

```
Startpoint: UFF0 (rising edge-triggered flip-flop clocked by CLKM)
Endpoint: UFF1 (rising edge-triggered flip-flop clocked by CLKM)
Path Group: CLKM
Path Type: max

Point                             Incr        Path
-----------------------------------------------------------
clock CLKM (rise edge)            0.00        0.00
clock source latency              0.00        0.00
CLKM (in)                         0.00        0.00 r
UCKBUF0/C (CKB  )                 0.06        0.06 r
UCKBUF1/C (CKB  )                 0.06        0.11 r
UFF0/CK (DFF )                    0.00        0.11 r
UFF0/Q (DFF ) <-                  0.14        0.26 f
UNOR0/ZN (NR2  )                  0.04        0.30 r
UBUF4/Z (BUFF  )                  0.05        0.35 r
UFF1/D (DFF )                     0.00        0.35 r
data arrival time                             0.35

clock CLKM (rise edge)           10.00       10.00
clock source latency              0.00       10.00
CLKM (in)                         0.00       10.00 r
UCKBUF0/C (CKB  )                 0.06       10.06 r
UCKBUF2/C (CKB  )                 0.07       10.12 r
UFF1/CK (DFF )                    0.00       10.12 r
clock uncertainty                -0.30        9.82
library setup time               -0.04        9.78
data required time                            9.78
-----------------------------------------------------------
data required time                            9.78
data arrival time                            -0.35
-----------------------------------------------------------
slack (MET)                                   9.43
```

注意在上面路径报告中显示的时钟缓冲器 UCKBUF0，UCKBUF1 和 UCKBUF2 提供了时钟树延迟是如何计算的详细信息。

第 1 个时钟单元 UCKBUF0 的延迟是如何计算的？正如之前几章描述的，单元延迟是基于单元输入转换时间和输出负载来计算的。所以，问题是时钟树第 1 个单元的输入端使用了什么转换时间。第 1 个时钟单元输入引脚上的转换时间（或者转换率）可以用命令 set_input _transition 明确指定。

set_input_transition -rise 0.3 [**get_ports** CLKM]
set_input_transition -fall 0.45 [**get_ports** CLKM]

在上面显示的约束 set_input_transition 中，我们指定了输入上升转换时间为 0.3ns，下降转换时间为 0.45ns。如果没有输入转换时间约束，假设时钟树源头的转换率为理想状态，这意味着上升和下降转换时间都为 0。

时序报告中的字母"r"和"f"表明这是时钟或者数据信号的上升（和下降）沿。之前的路径报告表明该路径从 UFF0/Q 的下降沿开始，在 UFF1/D 的上升沿结束。因为 UFF1/D 可以是 0 或者 1，也可能存在路径在 UFF1/D 的下降沿结束。下面就是这样的路径。

```
Startpoint: UFF0 (rising edge-triggered flip-flop clocked by CLKM)
Endpoint: UFF1 (rising edge-triggered flip-flop clocked by CLKM)
Path Group: CLKM
Path Type: max

Point                                     Incr        Path
---------------------------------------------------------------
clock CLKM (rise edge)                    0.00        0.00
clock source latency                      0.00        0.00
CLKM (in)                                 0.00        0.00 r
UCKBUF0/C (CKB  )                         0.06        0.06 r
UCKBUF1/C (CKB  )                         0.06        0.11 r
UFF0/CK (DFF )                            0.00        0.11 r
UFF0/Q (DFF ) <-                          0.14        0.26 r
UNOR0/ZN (NR2 )                           0.02        0.28 f
UBUF4/Z (BUFF  )                          0.06        0.33 f
UFF1/D (DFF )                             0.00        0.33 f
data arrival time                                     0.33

clock CLKM (rise edge)                   10.00       10.00
clock source latency                      0.00       10.00
CLKM (in)                                 0.00       10.00 r
UCKBUF0/C (CKB  )                         0.06       10.06 r
UCKBUF2/C (CKB  )                         0.07       10.12 r
UFF1/CK (DFF )                            0.00       10.12 r
clock uncertainty                        -0.30        9.82
library setup time                       -0.03        9.79
data required time                                    9.79
---------------------------------------------------------------
data required time                                    9.79
data arrival time                                    -0.33
---------------------------------------------------------------
slack (MET)                                           9.46
```

注意触发器时钟引脚上的沿（称为有效沿）保持不变。它只可能是上升或者下降有效沿，取决于这个触发器是分别由上升沿触发还是下降沿触发。

什么是时钟源延迟（Clock Source Latency）？也叫插入延迟（Insertion Delay），是时钟从它的源头传播到 DUA 中时钟定义点所需时间，如图 8-3 所示。这对应着设计外的时钟延迟。例如，如果设计是 1 个更大模块的一部分，时钟源延迟指定的是 DUA 时钟引脚之前的时钟树延迟。这个延迟可以用命令 set_clock_latency 明确指定。

set_clock_latency -source -rise 0.7 [**get_clocks** CLKM]
set_clock_latency -source -fall 0.65 [**get_clocks** CLKM]

如果没有使用该命令，则假设延迟为 0。这是在早期的时序路径报告中使用的假设。注意源延迟不影响设计内部的具有相同发射时钟和捕获时钟的路径。因为发射时钟路径和捕获时钟路径都加上了相同的延迟。但是这个延迟影响穿过 DUA 输入端和输出端的时序路径。

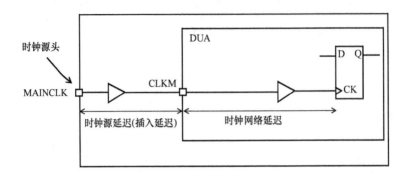

图 8-3　时钟延迟的两种类型

如果没有-source 选项，set_clock_latency 定义的是时钟网络延迟，也就是从 DUA 的时钟定义点到触发器的时钟引脚之间的延迟。时钟网络延迟是用来在时钟树构建完成前，给时钟路径延迟建模，也就是在时钟树综合前。一旦时钟树构建完成且被标记为传播状态（Propagated），这个时钟网络延迟就无效了。命令 set_clock_latency 也可以用来给从主时钟到某个生成时钟的延迟建模，如 7.3 节中描述的。当时钟生成逻辑不是设计的一部分，这个命令也可以用来给片外时钟延迟建模。

8.1.2　输入到触发器的路径

下面的例子是经过输入端口到触发器的路径报告。图 8-4 所示为是输入路径的原理图和时钟波形。

```
Startpoint: INA (input port clocked by VIRTUAL_CLKM)
Endpoint: UFF2 (rising edge-triggered flip-flop clocked by CLKM)
Path Group: CLKM
Path Type: max


Point                              Incr      Path
--------------------------------------------------------
clock VIRTUAL_CLKM (rise edge)     0.00      0.00
clock network delay (ideal)        0.00      0.00
input external delay               2.55      2.55 f
INA (in) <-                        0.00      2.55 f
UINV1/ZN (INV  )                   0.02      2.58 r
UAND0/Z (AN2  )                    0.06      2.63 r
UINV2/ZN (INV  )                   0.02      2.65 f
UFF2/D (DFF )                      0.00      2.65 f
data arrival time                            2.65

clock CLKM (rise edge)            10.00     10.00
clock source latency               0.00     10.00
```

```
CLKM (in)                                0.00      10.00 r
UCKBUF0/C (CKB  )                        0.06      10.06 r
UCKBUF2/C (CKB  )                        0.07      10.12 r
UCKBUF3/C (CKB  )                        0.06      10.18 r
UFF2/CK (DFF )                           0.00      10.18 r
clock uncertainty                       -0.30       9.88
library setup time                      -0.03       9.85
data required time                                  9.85
---------------------------------------------------------------
data required time                                  9.85
data arrival time                                  -2.65
---------------------------------------------------------------
slack (MET)                                         7.20
```

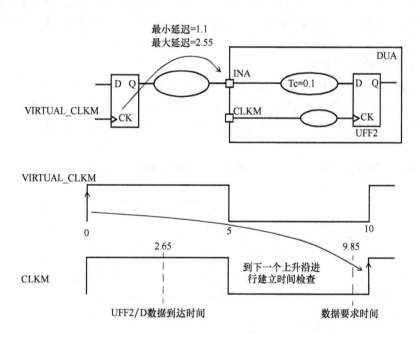

图 8-4 通过输入端口路径的建立时间检查

第 1 个需要注意的是输入端口被时钟 VIRTUAL_CLKM 约束。正如 7.9 节中讨论过的，这个时钟被认为是一个在设计之外想象的（虚拟的）触发器，驱动着设计的输入端口 INA。这个虚拟触发器的时钟就是 VIRTUAL_CLKM。另外，从这个虚拟触发器的时钟引脚到这个输入端口 INA 的最大延迟被指定为 2.55ns，在报告中显示为输入外部延迟（input external delay）。这 2 个参数是用下面的 SDC 命令来指定的。

create_clock -name VIRTUAL_CLKM **-period** 10 **-waveform** {0 5}
set_input_delay -clock VIRTUAL_CLKM \
  -max 2.55 [**get_ports** INA]

注意这个虚拟时钟 VIRTUAL_CLKM 没有任何设计内的引脚和它关联，这是因为它被认为定义在设计之外（它是虚拟的）。输入延迟约束，set_input_delay，指定了相对于虚拟时钟的延迟。

　　输入路径从端口 INA 开始；如何计算连接到端口 INA 的第 1 个单元 UNIV1 的延迟呢？1 种计算方法是指定输入端口 INA 的驱动单元。这个驱动单元是用来确定端口 INA 上的驱动能力和转换率，而转换率又被用来计算单元 UINV1 的延迟。如果输入端口 INA 上没有任何转换率约束，该端口上的转换时间就假设为理想值，对应的转换时间为 0ns。

set_driving_cell -lib_cell BUFF \
 -library lib013lwc [**get_ports** INA]

　　图 8-4 也表明了建立时间检查是如何进行的。数据必须到达 UFF2/D 的时间是 9.85ns。但是，数据在 2.65ns 就到达了，所以报告显示了在这条路径上有正 7.2ns 的裕量。

具有真实时钟的输入路径

　　输入到达时间也可以相对于真实时钟指定；它们并不需要一定相对于虚拟时钟指定。举个真实时钟的例子，时钟在设计的内部引脚上，或者在输入端口上。图 8-5 描述了 1 个例子，在端口 CIN 的输入约束是相对于输入端口 CLKP 上的时钟指定的。这个约束如下：

set_input_delay -**clock** CLKP -**max** 4.3 [**get_ports** CIN]

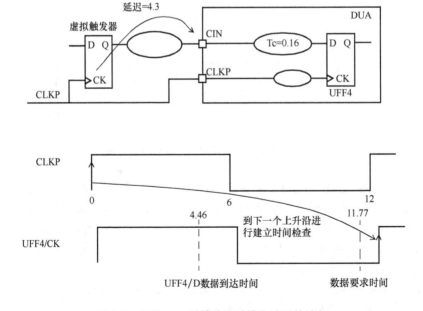

图 8-5　使用 core 时钟的经过输入端口的路径

　　下面的输入路径报告就是对应着该约束。

```
Startpoint: CIN (input port clocked by CLKP)
Endpoint: UFF4 (rising edge-triggered flip-flop clocked by CLKP)
Path Group: CLKP
Path Type: max

Point                                    Incr       Path
--------------------------------------------------------------
clock CLKP (rise edge)                   0.00       0.00
clock network delay (propagated)         0.00       0.00
input external delay                     4.30       4.30 f
CIN (in)                                 0.00       4.30 f
UBUF5/Z (BUFF  )                         0.06       4.36 f
UXOR1/Z (XOR2  )                         0.10       4.46 r
UFF4/D (DFF )                            0.00       4.46 r
data arrival time                                   4.46

clock CLKP (rise edge)                  12.00      12.00
clock source latency                     0.00      12.00
CLKP (in)                                0.00      12.00 r
UCKBUF4/C (CKB  )                        0.06      12.06 r
UCKBUF5/C (CKB  )                        0.06      12.12 r
UFF4/CK (DFF )                           0.00      12.12 r
clock uncertainty                       -0.30      11.82
library setup time                      -0.05      11.77
data required time                                 11.77
--------------------------------------------------------------
data required time                                 11.77
data arrival time                                  -4.46
--------------------------------------------------------------
slack (MET)                                         7.31
```

注意，Startpoint 行指定输入端口的参考时钟是预期中的 CLKP。

8.1.3 触发器到输出的路径

和上面描述的输入端口约束类似，输出端口可以相对于虚拟时钟约束，或者相对于设计内部时钟，或者相对于输入时钟端口，或者相对于输出时钟端口。下面的例子展示了输出引脚 ROUTE 相对于虚拟时钟的约束。输出约束如下：

```
set_output_delay -clock VIRTUAL_CLKP \
  -max 5.1 [get_ports ROUT]
set_load 0.02 [get_ports ROUT]
```

为了确定正确连接到输出端口的最后 1 个单元的延迟，应该指定这个端口的负载。上面指定的输出负载是用命令 set_load。注意端口 ROUT 可能有 DUA 内部负载贡献，而约束 set_load 提供了额外的负载，该负载就是 DUA 外部的负载贡献。如果没有约束 set_load，就假设外部负载为 0（这可能不现实，因为这个设计很可能被其他设计使用）。图 8-6 表明了到虚拟触发器的时序路径，该触发器具有虚拟时钟。

通过输出端口的路径报告如下。

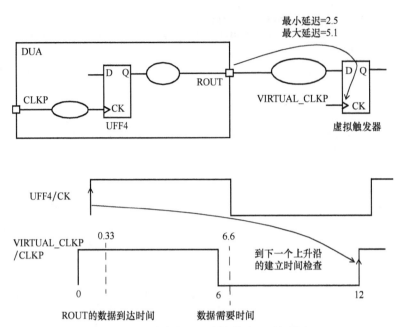

图 8-6 通过输出端口路径的建立时间检查

```
Startpoint: UFF4 (rising edge-triggered flip-flop clocked by CLKP)
  Endpoint: ROUT (output port clocked by VIRTUAL_CLKP)
  Path Group: VIRTUAL_CLKP
  Path Type: max

  Point                                   Incr        Path
  ------------------------------------------------------------
  clock CLKP (rise edge)                  0.00        0.00
  clock source latency                    0.00        0.00
  CLKP (in)                               0.00        0.00 r
  UCKBUF4/C (CKB  )                        0.06        0.06 r
  UCKBUF5/C (CKB  )                        0.06        0.12 r
  UFF4/CK (DFF )                           0.00        0.12 r
  UFF4/Q (DFF )                            0.13        0.25 r
  UBUF3/Z (BUFF  )                         0.09        0.33 r
  ROUT (out)                              0.00        0.33 r
  data arrival time                                   0.33

  clock VIRTUAL_CLKP (rise edge)         12.00       12.00
  clock network delay (ideal)             0.00       12.00
  clock uncertainty                      -0.30       11.70
  output external delay                  -5.10        6.60
  data required time                                  6.60
  ------------------------------------------------------------
  data required time                                  6.60
  data arrival time                                  -0.33
  ------------------------------------------------------------
  slack (MET)                                         6.27
```

注意，指定的输出延迟显示为输出外部延迟（output external delay），它的行为类似于虚拟触发器所需的建立时间。

8.1.4 输入到输出的路径

设计可以有从输入端口到输出端口的组合逻辑路径。这条路径可以被约束和时序分析，就像我们之前看到的输入和输出路径一样。图 8-7 所示为一个这样的例子。虚拟时钟被用来在输入和输出端口上指定约束。

下面是输入和输出延迟约束。

```
set_input_delay -clock VIRTUAL_CLKM \
  -max 3.6 [get_ports INB]
set_output_delay -clock VIRTUAL_CLKM \
  -max 5.8 [get_ports POUT]
```

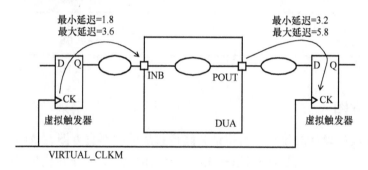

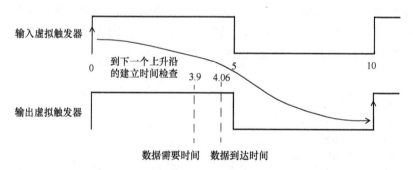

图 8-7　从输入到输出端口的组合逻辑路径

下面是经过从输入 INB 到输出 POUT 的组合逻辑的路径报告。注意如果有任何内部时钟延迟，都不会对路径报告有任何影响。

```
Startpoint: INB (input port clocked by VIRTUAL_CLKM)
Endpoint: POUT (output port clocked by VIRTUAL_CLKM)
Path Group: VIRTUAL_CLKM
Path Type: max

Point                                    Incr        Path
```

```
------------------------------------------------------------
clock VIRTUAL_CLKM (rise edge)          0.00        0.00
clock network delay (ideal)             0.00        0.00
input external delay                    3.60        3.60 f
INB (in) <-                             0.00        3.60 f
UBUF0/Z (BUFF  )                        0.05        3.65 f
UBUF1/Z (BUFF  )                        0.06        3.72 f
UINV3/ZN (INV  )                        0.34        4.06 r
POUT (out)                              0.00        4.06 r
data arrival time                                   4.06

clock VIRTUAL_CLKM (rise edge)         10.00       10.00
clock network delay (ideal)             0.00       10.00

clock uncertainty                      -0.30        9.70
output external delay                  -5.80        3.90
data required time                                  3.90
------------------------------------------------------------
data required time                                  3.90
data arrival time                                  -4.06
------------------------------------------------------------
slack (VIOLATED)                                   -0.16
```

8.1.5 频率直方图

如果要画一个典型设计的建立时间裕量和路径数量的频率直方图，该图看起来应该是图 8-8 所示的那样。这取决于设计的状态，比如是否被优化过，对于没优化过的设计这个零裕量线（Zero Slack Line）会更靠近右边，对于优化过的设计该线会更靠近左边。对于 1 个没有时序违例的设计，也就是没有路径是负裕量，那整个的曲线都会在零裕量线的右侧。

下面是文本格式的直方图，经常由静态时序分析工具产生。

```
{-INF   375    0}
{375    380    237}
{380    385    425}
{385    390    1557}
{390    395    1668}
{395    400    1559}
{400    405    1244}
{405    410    1079}
{410    415    941}
{415    420    431}
{420    425    404}
{425    430    1}
{430    +INF   0}
```

前两个索引表明裕量的范围，第 3 个索引是在这个裕量范围内路径的数量，例如，有 941 条路径的裕量在 410ps 到 415ps 这个范围之间。该直方图表明这个设计没有时序违例路径，也就是所有的路径都有正裕量，最危险的（Critical）路径具有 375~380ps 的正裕量。

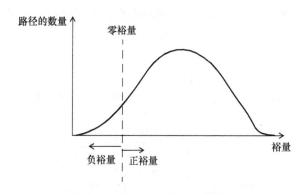

图 8-8 路径时序裕量的频率直方图

难以满足时序的设计，它的直方图的驼峰会更靠近左边，也就是说它的很多路径的裕量是接近于 0 的。通过观察频率直方图可以得到的另一信息是能否进一步优化设计让裕量为 0，也就是说，时序收敛（Close Timing）有多困难。如果违例路径的数量很小，并且负裕量的值也很小，设计就相对接近满足需要的时序。但是，如果违例路径的数量很大，并且负裕量的量级也很大，这意味着设计会需要很多精力去满足需要的时序。

8.2 保持时间检查

保持时间检查确保一个触发器输出值在变化时不会传递到一个捕获触发器，并且在捕获触发器有机会捕获它原来的值之前，不会覆盖掉它的输出值。这个检查是基于触发器的保持时间需求。触发器的保持时间约束要求，被锁存的数据在时钟有效沿到达之后应该保持一定时间的稳定。图 8-9 展示了一个典型触发器的保持时间需求。

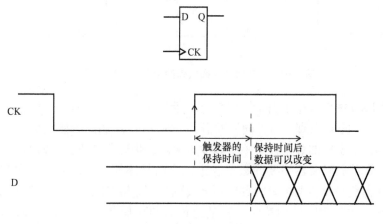

图 8-9 触发器的保持时间需求

像建立时间检查一样，保持时间检查也是在发射触发器——发射数据的触发器，和捕获触发器——捕获数据的触发器之间进行，且捕获触发器的保持时间需求必须被满足。到这 2 个触发器的时钟可以是相同的，也可以是不同的。保持时间检查是从发射触发器的 1 个时钟有效沿到捕获触发器的相同时钟沿。所以，保持时间检查是独立于时钟周期的。保持时间检查是在捕获触发器时钟的每个有效沿进行的。

现在我们看一个简单的例子，如图 8-10 所示，发射触发器和捕获触发器有相同的时钟。

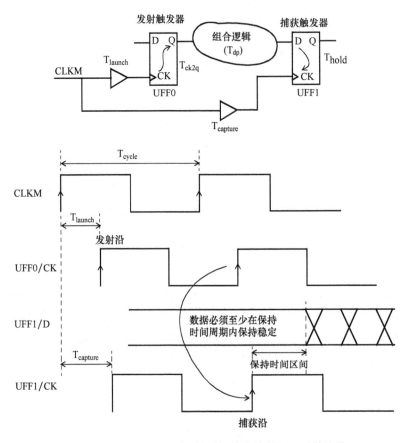

图 8-10   针对保持时间检查的数据和时钟信号

考虑时钟 CLKM 的第 2 个上升沿。时钟上升沿发射的数据经过时间 $T_{launch}+T_{ck2q}+T_{dp}$ 到达了捕获触发器 UFF1 的 D 引脚。时钟同样的沿经过时间 $T_{capture}$ 到达了捕获触发器的时钟引脚。本意是从发射触发器发出的数据在下一个时钟周期被捕获触发器捕获。如果数据在同一个时钟周期被捕获，那捕获触发器想要的数据（上一个时钟周期传来的）就被覆盖了。保持时间检查是确保在捕获触发器上想要的数据不会被覆盖。保持时间检查验证 2 个时间（捕获触发器上的数据到达时间和时钟到达时间）的差值必须比捕获触发器上的需求保持时间大，以保证触发器上的上一个数据不会被覆盖且可靠的被触发器捕获。

保持时间检查可以用数学公式表达为

$$T_{launch} + T_{ck2q} + T_{dp} > T_{capture} + T_{hold}$$

其中，T_{launch} 是发射触发器的时钟树延迟；T_{dp} 是组合逻辑数据路径的延迟；$T_{capture}$ 是捕获触发器的时钟树延迟。换句话说，被时钟沿发射的数据到达捕获触发器的 D 引脚所需的总时间，必须大于同样的时钟沿到达捕获触发器的时间加上保持时间的和。这要求时钟上升沿到达时钟引脚 UFF1/CK 后的保持时间内，UFF1/D 保持稳定。

保持时间检查给到达捕获触发器数据引脚的路径加上了下限或者说最小值约束；这就需要确定到达捕获触发器 D 引脚的最快路径。这意味着保持时间检查总是用最短路径来验证的。所以，保持时间检查通常都是在快速时序工艺角进行[⊖]。

即使整个设计只有 1 个时钟，时钟树也能导致时钟在发射和捕获触发器的到达时间有显著区别。为了保证可靠的数据捕获，捕获触发器的时钟沿必须在数据变化前到达。保持时间检查要确保（见图 8-11）：

1）下 1 个发射沿的数据绝不能被当前建立时间捕获沿捕获；

2）当前建立时间发射沿的数据绝不能被之前的捕获沿捕获。

如果发射和捕获时钟属于同一个时钟域，这两种保持时间检查实质上是相同的。但是，如果发射和捕获时钟具有不同的频率或者在不同的时钟域，上面的两种情况可能会映射为不同的约束。在这种情况下，报告出来的就是最差的保持时间检查。图 8-11 用图形说明了这两种检查。

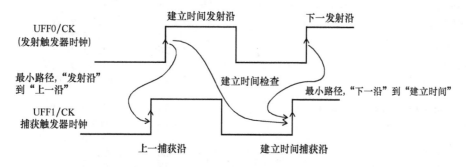

图 8-11 针对一个建立时间检查的两个保持时间检查

UFF0 是发射触发器而 UFF1 是捕获触发器。建立时间检查是在建立时间发射沿（Setup Launch Edge）和建立时间捕获沿（Setup Receiving Edge）之间进行。下一发射沿（Subsequent Launch Edge）不能过快传播数据，导致建立时间捕获沿（Setup Receiving Edge）没有时间可靠的捕获数据。另外，建立时间发射沿（Setup Launch Edge）不能过快传播数据，以至于上一捕获沿（Preceding Receiving Edge）没有机会捕获数据。最差的保持时间检查对应着上面描述的各种情况下约束最紧的保持时间检查。

⊖ 快速工艺角的保持时间检查是最困难且应当首先进行的，但在签核时，所有工艺角的保持时间检查都要进行。——译者注

更常见的时钟，比如多周期路径和多频率路径将在 8.3 节和 8.8 节中分别讨论。讨论内容会涵盖建立时间检查和保持时间检查之间的关系，尤其是保持时间检查是如何从建立时间检查的关系中派生出来的。虽然建立时间违例会导致设计的工作频率降低，而保持时间违例会彻底 "杀死" 设计[⊖]，也就是让设计在任何频率下都无法正常工作。所以，理解保持时间检查并解决任何时序违例是非常重要的。

8.2.1 触发器到触发器的路径

本小节基于图 8-2 中的例子描述了触发器到触发器的保持时间路径。下面是保持时间检查的路径报告，该例子是 8.1 节中建立时间检查的例子。

```
Startpoint: UFF0 (rising edge-triggered flip-flop clocked by CLKM)
  Endpoint: UFF1 (rising edge-triggered flip-flop clocked by CLKM)
  Path Group: CLKM
  Path Type: min

  Point                              Incr        Path
  ------------------------------------------------------------
  clock CLKM (rise edge)             0.00        0.00
  clock source latency               0.00        0.00
  CLKM (in)                          0.00        0.00 r
  UCKBUF0/C (CKB  )                  0.06        0.06 r
  UCKBUF1/C (CKB  )                  0.06        0.11 r
  UFF0/CK (DFF )                     0.00        0.11 r
  UFF0/Q (DFF ) <-                   0.14        0.26 r
  UNOR0/ZN (NR2  )                   0.02        0.28 f
  UBUF4/Z (BUFF  )                   0.06        0.33 f
  UFF1/D (DFF )                      0.00        0.33 f
  data arrival time                              0.33

  clock CLKM (rise edge)             0.00        0.00
  clock source latency               0.00        0.00
  CLKM (in)                          0.00        0.00 r
  UCKBUF0/C (CKB  )                  0.06        0.06 r
  UCKBUF2/C (CKB  )                  0.07        0.12 r
  UFF1/CK (DFF )                     0.00        0.12 r
  clock uncertainty                  0.05        0.17
  library hold time                  0.01        0.19
  data required time                             0.19
  ------------------------------------------------------------
  data required time                             0.19
  data arrival time                             -0.33
  ------------------------------------------------------------
  slack (MET)                                    0.14
```

注意，路径类型（Path Type）为最小值（min）意味着使用最短路径的单元延迟值，也就对应保持时间检查。库保持时间（Library Hold Time）指定了触发器 UFF1 的保持时间。

⊖ 建立时间违例可以通过降频做出妥协，保持时间违例没有任何办法妥协，直接 "杀死" 设计。——译者注

（如之前 3.4 节中解释的，触发器的保持时间也可以是负值）注意发射和捕获时间⊖都是在时钟 CLKM 的上升沿（触发器的有效沿）计算的。时序报告显示新数据最早允许到达 UFF1 的时间，也就是保证之前的数据可以安全被捕获的时间是 0.19ns。因为新数据到达时间是 0.33ns，报告显示正保持裕量为 0.14ns。

图 8-12 表明了时钟信号到达发射和捕获触发器的时间，以及数据到达捕获触发器允许最早时间和实际到达时间。因为数据到达时间比数据要求时间（对于保持时间就是允许最早时间）要晚，满足了保持时间要求。

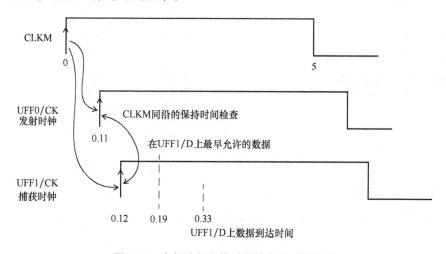

图 8-12　内部路径保持时间检查的时钟波形

保持时间裕量计算

需要注意的一个有趣的点是，建立时间和保持时间时序报告的计算方式是不同的。在建立时间报告中，计算得到到达时间和需要时间，然后用需要时间减去到达时间得到裕量。但是在保持时间报告中，当我们用需要时间减去到达时间，把负结果转化成正裕量（意味着满足了保持时间约束），也把正结果转化成负裕量（意味着没满足保持时间约束）。

8.2.2　输入到触发器的路径

下面描述的是输入端口的保持时间检查。见图 8-4 中的例子。使用虚拟时钟在输入端口上指定最小延迟。

set_input_delay -clock VIRTUAL_CLKM \
　-min 1.1 [**get_ports** INA]

下面是保持时序报告。
Startpoint: INA (**input port** clocked by VIRTUAL_CLKM)
Endpoint: UFF2 (**rising edge-triggered flip-flop** clocked by CLKM)

⊖ 译者注：原文为"Notice that both the capture and receive timing is computed at the rising edge"，capture and receive 重复了，认为应该是 launch and capture，也就是发射和捕获。——译者注

```
Path Group: CLKM
Path Type: min


Point                                Incr        Path
------------------------------------------------------------------
clock VIRTUAL_CLKM (rise edge)       0.00        0.00
clock network delay (ideal)          0.00        0.00
input external delay                 1.10        1.10  f
INA (in) <-                          0.00        1.10  f
UINV1/ZN (INV  )                     0.02        1.13  r
UAND0/Z (AN2  )                      0.06        1.18  r
UINV2/ZN (INV  )                     0.02        1.20  f
UFF2/D (DFF )                        0.00        1.20  f
data arrival time                                1.20

clock CLKM (rise edge)               0.00        0.00
clock source latency                 0.00        0.00
CLKM (in)                            0.00        0.00  r
UCKBUF0/C (CKB  )                    0.06        0.06  r
UCKBUF2/C (CKB  )                    0.07        0.12  r
UCKBUF3/C (CKB  )                    0.06        0.18  r
UFF2/CK (DFF )                       0.00        0.18  r
clock uncertainty                    0.05        0.23
library hold time                    0.01        0.25
data required time                               0.25
------------------------------------------------------------------
data required time                               0.25
data arrival time                               -1.20
------------------------------------------------------------------
slack (MET)                                      0.95
```

约束 set_input_delay 呈现为输入外部延迟（Input External Delay）。保持时间检查在时间 0 处，在 VIRTUAL_CLKM 的上升沿和 CLKM 的上升沿之间进行。数据被 UFF2 捕获且没有违反它的保持时间所需要的到达时间是 0.25ns，这意味着数据要在 0.25ns 后到达。因为数据是在 1.2ns 到达的，所以显示为正裕量 0.95ns。

8.2.3　触发器到输出的路径

下面是 1 个输出端口的保持时间检查。见图 8-6 中的例子。输出端口约束如下：

set_output_delay -clock VIRTUAL_CLKP \
　-min 2.5 [**get_ports** ROUT]

输出延迟是相对于 1 个虚拟时钟指定的。下面是保持时间报告。

```
Startpoint: UFF4 (rising edge-triggered flip-flop clocked by CLKP)
  Endpoint: ROUT (output port clocked by VIRTUAL_CLKP)
  Path Group: VIRTUAL_CLKP
  Path Type: min


Point                                Incr        Path
------------------------------------------------------------------
```

```
clock CLKP (rise edge)                  0.00        0.00
clock source latency                    0.00        0.00
CLKP (in)                               0.00        0.00 r
UCKBUF4/C (CKB  )                        0.06        0.06 r
UCKBUF5/C (CKB  )                        0.06        0.12 r
UFF4/CK (DFF )                           0.00        0.12 r
UFF4/Q (DFF )                            0.13        0.25 f
UBUF3/Z (BUFF  )                         0.08        0.33 f
ROUT (out)                              0.00        0.33 f
data arrival time                                   0.33

clock VIRTUAL_CLKP (rise edge)          0.00        0.00
clock network delay (ideal)             0.00        0.00
clock uncertainty                       0.05        0.05
output external delay                  -2.50       -2.45
data required time                                 -2.45
--------------------------------------------------------------
data required time                                 -2.45
data arrival time                                  -0.33
--------------------------------------------------------------
slack (MET)                                         2.78
```

注意 set_output_delay 呈现为输出外部延迟（Output External Delay）。

具有真实时钟的触发器到输出的路径

下面是 1 个输出端口的保持时间检查的路径报告，如图 8-13 所示。输出最小延迟是相对于 1 个真实时钟指定的。

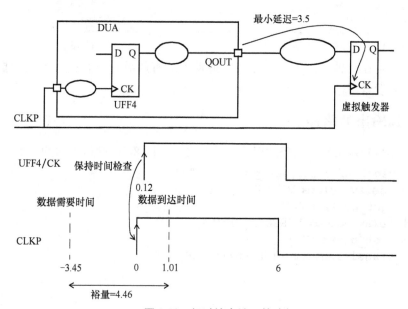

图 8-13 经过输出端口的路径

set_output_delay -clock CLKP **-min** 3.5 [**get_ports** QOUT]
set_load 0.55 [**get_ports** QOUT]

下面是保持时间报告。

```
Startpoint: UFF4 (rising edge-triggered flip-flop clocked by CLKP)
  Endpoint: QOUT (output port clocked by CLKP)
  Path Group: CLKP
  Path Type: min


  Point                                    Incr        Path
  -----------------------------------------------------------------
  clock CLKP (rise edge)                   0.00        0.00
  clock source latency                     0.00        0.00
  CLKP (in)                                0.00        0.00 r
  UCKBUF4/C (CKB  )                        0.06        0.06 r
  UCKBUF5/C (CKB  )                        0.06        0.12 r
  UFF4/CK (DFF )                           0.00        0.12 r
  UFF4/Q (DFF )                            0.14        0.26 r
  UINV4/ZN (INV  )                         0.75        1.01 f
  QOUT (out)                               0.00        1.01 f
  data arrival time                                    1.01

  clock CLKP (rise edge)                   0.00        0.00
  clock network delay (propagated)         0.00        0.00
  clock uncertainty                        0.05        0.05
  output external delay                   -3.50       -3.45
  data required time                                  -3.45
  -----------------------------------------------------------------
  data required time                                  -3.45
  data arrival time                                   -1.01
  -----------------------------------------------------------------
  slack (MET)                                          4.46
```

保持时间检查是在时钟 CLKP 的上升沿（触发器的有效沿）进行的。上面的报告表明对于保持时间，触发器到输出端口有 4.46ns 的正裕量。

8.2.4　输入到输出的路径

下面是输入端口到输出端口路径的保持时间检查，见图 8-7。端口上的约束如下：

set_load –pin_load 0.15 [**get_ports** POUT]
set_output_delay –clock VIRTUAL_CLKM \
　–min 3.2 [**get_ports** POUT]
set_input_delay –clock VIRTUAL_CLKM \
　–min 1.8 [**get_ports** INB]
set_input_transition 0.8 [**get_ports** INB]

```
Startpoint: INB (input port clocked by VIRTUAL_CLKM)
Endpoint: POUT (output port clocked by VIRTUAL_CLKM)
Path Group: VIRTUAL_CLKM
Path Type: min
```

```
Point                                 Incr        Path
-------------------------------------------------------------
clock VIRTUAL_CLKM (rise edge)        0.00        0.00
clock network delay (ideal)           0.00        0.00
input external delay                  1.80        1.80 r
INB (in) <-                           0.00        1.80 r
UBUF0/Z (BUFF  )                      0.04        1.84 r
UBUF1/Z (BUFF  )                      0.06        1.90 r
UINV3/ZN (INV  )                      0.22        2.12 f
POUT (out)                            0.00        2.12 f
data arrival time                                 2.12

clock VIRTUAL_CLKM (rise edge)        0.00        0.00
clock network delay (ideal)           0.00        0.00
clock uncertainty                     0.05        0.05
output external delay                -3.20       -3.15
data required time                                -3.15
-------------------------------------------------------------
data required time                                -3.15
data arrival time                                 -2.12
-------------------------------------------------------------
slack (MET)                                        5.27
```

输出端口上的约束是相对于虚拟时钟指定的，所以保持时间检查是在该虚拟时钟的上升沿（默认有效沿）进行的。

8.3 多周期路径

在某些情况下，2 个触发器之间的组合逻辑数据路径可能需要超过 1 个时钟周期，才能传播通过整个逻辑。在这种情况下，组合逻辑路径被声明为多周期路径（Multicycle Paths）。即使数据被捕获触发器在每个时钟沿捕获，我们也命令 STA 相关的捕获沿是在指定数量时钟周期之后发生的。

图 8-14 所示为一个例子。因为数据路径可能需要高达 3 个时钟周期，所以需要指定建立时间多周期检查为 3 个周期。多周期建立时间约束如下所示：
```
create_clock -name CLKM -period 10 [get_ports CLKM]
set_multicycle_path 3 -setup \
  -from [get_pins UFF0/Q] \
  -to [get_pins UFF1/D]
```
建立时间多周期约束指定从 UFF0/CK 到 UFF1/D 的路径可以最多花费 3 个时钟周期来完成建立时间检查。这意味着设计每 3 个周期使用从 UFF1/Q 发出的数据，而不是每个周期。

下面是指定多周期约束的建立时间路径报告。
```
Startpoint: UFF0 (rising edge-triggered flip-flop clocked by CLKM)
  Endpoint: UFF1 (rising edge-triggered flip-flop clocked by CLKM)
    Path Group: CLKM
    Path Type: max
```

```
Point                                          Incr        Path
-----------------------------------------------------------------
clock CLKM (rise edge)                         0.00        0.00
clock network delay (propagated)               0.11        0.11
UFF0/CK (DFF )                                 0.00        0.11 r
UFF0/Q (DFF ) <-                               0.14        0.26 f
UNOR0/ZN (NR2 )                                0.04        0.30 r
UBUF4/Z (BUFF )                                0.05        0.35 r
UFF1/D (DFF )                                  0.00        0.35 r
data arrival time                                          0.35

clock CLKM (rise edge)                        30.00       30.00
clock network delay (propagated)               0.12       30.12
clock uncertainty                             -0.30       29.82
UFF1/CK (DFF )                                             29.82 r
library setup time                            -0.04       29.78
data required time                                         29.78
-----------------------------------------------------------------
data required time                                         29.78
data arrival time                                         -0.35
-----------------------------------------------------------------
slack (MET)                                               29.43
```

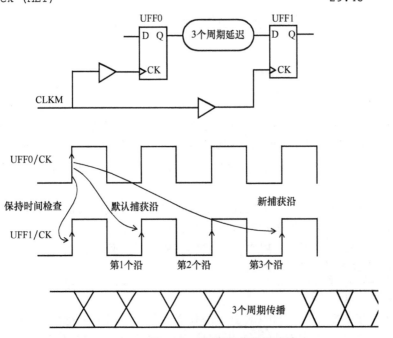

图 8-14　3 周期的多周期路径

注意，捕获触发器的时钟沿现在是在 3 个周期以后，也就是在 30ns 处。

现在，我们检查下多周期路径例子中的保持时间检查。在最常见的场景下，我们想让保持时间检查和单周期建立时间例子中一样，就是图 8-14 中的例子。这保证了数据在这 3 个时钟周期内任何时间可以自由改变。指定保持多周期为 2，以得到在单周期建立时间例子中同样的保持时间检查的行为。这是因为如果没有保持多周期约束，默认的保持时间检查是在建立时间捕获沿之前的 1 个有效沿上进行，这不是我们想要的。我们需要把默认的保持时间检查沿提前 2 个周期，所以保持多周期指定为 2。期望的行为如图 8-15 所示。经过多周期保持时间约束，数据路径的最小延迟可以小于 1 个时钟周期。

```
set_multicycle_path 2 -hold -from [get_pins UFF0/Q] \
  -to [get_pins UFF1/D]
```

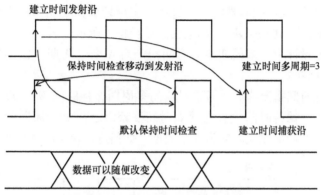

图 8-15　保持时间检查移动回发射沿

在多周期保持时间中指定的周期数字，指定了需要从默认的保持时间检查沿（建立时间捕获沿之前的 1 个有效沿）往回移动多少个时钟周期。下面是路径报告。

```
Startpoint: UFF0 (rising edge-triggered flip-flop clocked by CLKP)
  Endpoint: UFF1 (rising edge-triggered flip-flop clocked by CLKP)
  Path Group: CLKP
  Path Type: min

  Point                                    Incr       Path
  ----------------------------------------------------------------
  clock CLKP (rise edge)                   0.00       0.00
  clock source latency                     0.00       0.00
  CLKP (in)                                0.00       0.00 r
  UCKBUF4/C (CKB  )                        0.07       0.07 r
  UFF0/CK (DFF )                           0.00       0.07 r
  UFF0/Q (DFF ) <-                         0.15       0.22 f
  UXOR1/Z (XOR2  )                         0.07       0.29 f
  UFF1/D (DFF )                            0.00       0.29 f
  data arrival time                                   0.29

  clock CLKP (rise edge)                   0.00       0.00
  clock source latency                     0.00       0.00
  CLKP (in)                                0.00       0.00 r
  UCKBUF4/C (CKB  )                        0.07       0.07 r
  UCKBUF5/C (CKB  )                        0.06       0.13 r
  UFF1/CK (DFF )                           0.00       0.13 r
  clock uncertainty                        0.05       0.18
  library hold time                        0.01       0.19
```

```
data required time                                     0.19
-----------------------------------------------------------
data required time                                     0.19
data arrival time                                     -0.29
-----------------------------------------------------------
slack (MET)                                            0.11
```

因为路径的建立时间多周期为 3，它的默认保持时间检查是在捕获沿之前的有效沿。在大多数设计中，如果最大路径（或者建立时间）需要 N 个时钟周期，最小路径约束大于 $(N-1)$ 个时钟周期是不太可能实现的。通过指定多周期保持时间为 2 个周期，保持时间检查沿往回移动到发射沿（在 0ns 处），如上面的路径报告所示。

所以，在大多数设计中，多周期建立时间指定为 N 个（周期）需要配合多周期保持时间指定为 $N-1$ 个（周期）。

如果多周期建立时间指定为 N，但是对应的多周期保持时间 $N-1$ 没有被指定，会发生什么？在这种情况下，保持时间检查在建立时间捕获沿之前 1 个周期的沿上进行。图 8-16 所示为，在只约束了多周期建立时间为 3 个周期，如何进行保持时间检查。

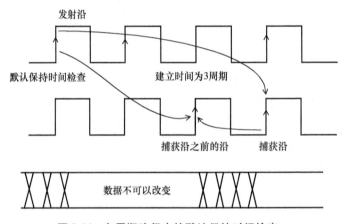

图 8-16　多周期路径中的默认保持时间检查

这强加了 1 个约束，数据只能在建立时间捕获沿之前的 1 个周期内改变，如图 8-16 所示。所以数据路径必须有最小 2 个时钟周期的最小延迟来满足这个需求。下面是这样的路径报告。

```
Startpoint: UFF0 (rising edge-triggered flip-flop clocked by CLKM)
Endpoint: UFF1 (rising edge-triggered flip-flop clocked by CLKM)
Path Group: CLKM
Path Type: min

Point                                    Incr         Path
-----------------------------------------------------------
clock CLKM (rise edge)                   0.00         0.00
clock source latency                     0.00         0.00
CLKM (in)                                0.00         0.00 r
UCKBUF0/C (CKB  )                        0.06         0.06 r
```

```
UCKBUF1/C (CKB  )                      0.06        0.11 r
UFF0/CK (DFF )                         0.00        0.11 r
UFF0/Q (DFF ) <-                       0.14        0.26 r
UNOR0/ZN (NR2  )                       0.02        0.28 f
UBUF4/Z (BUFF  )                       0.06        0.33 f
UFF1/D (DFF )                          0.00        0.33 f
data arrival time                                  0.33

clock CLKM (rise edge)                20.00       20.00
clock source latency                   0.00       20.00
CLKM (in)                              0.00       20.00 r
UCKBUF0/C (CKB  )                      0.06       20.06 r
UCKBUF2/C (CKB  )                      0.07       20.12 r
UFF1/CK (DFF )                         0.00       20.12 r
clock uncertainty                      0.05       20.17
library hold time                      0.01       20.19
data required time                                20.19
------------------------------------------------------------
data required time                                20.19
data arrival time                                 -0.33
------------------------------------------------------------
slack (VIOLATED)                                 -19.85
```

注意，路径报告中保持时间是在捕获沿之前1个时钟沿进行检查的，这导致了很大的保持时间违例。实际上，保持时间检查在组合逻辑上要求最小延迟为至少2个时钟周期。

跨时钟域

让我们思考一种情况，在2个具有相同周期的不同时钟间的多周期路径。（不同周期时钟的情况将在本节后面介绍）

例子1

```
create_clock -name CLKM \
  -period 10 -waveform {0 5} [get_ports CLKM]
create_clock -name CLKP \
  -period 10 -waveform {0 5} [get_ports CLKP]
```

建立时间多周期乘数代表了给定路径的时钟周期。这在图8-17中有说明。默认的建立时间捕获沿一直都是1个周期。建立时间多周期值2让捕获沿距离发射沿2个周期。

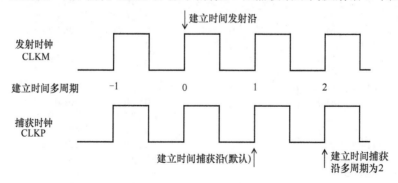

图8-17　多种建立时间多周期乘数设置的捕获时钟沿

保持时间多周期乘数代表了保持时间检查会在建立时间捕获沿之前几个时钟周期进行，不考虑发射沿的位置。这在图 8-18 中有说明。默认的保持时间检查是在建立时间捕获沿之前 1 个时钟周期。保持时间多周期约束值为 1，让保持时间检查比默认保持时间检查提前 1 个周期，也就是变为建立时间捕获沿之前 2 个周期。

set_multicycle_path 2 \
 -from [**get_pins** UFF0/CK] **-to** [**get_pins** UFF3/D]
因为没有指定–hold选项，默认的选项为–setup。
这意味着建立时间乘数为2，保持时间乘数为0。

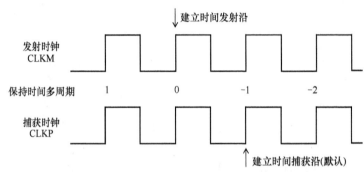

图 8-18　多种保持时间多周期乘数设置的捕获时钟沿

下面是对应多周期约束的建立时间路径报告。

```
Startpoint: UFF0 (rising edge-triggered flip-flop clocked by CLKM)
  Endpoint: UFF3 (rising edge-triggered flip-flop clocked by CLKP)
  Path Group: CLKP
  Path Type: max


  Point                              Incr         Path
  -------------------------------------------------------------

  clock CLKM (rise edge)             0.00         0.00
  clock source latency               0.00         0.00
  CLKM (in)                          0.00         0.00 r
  UCKBUF0/C (CKB  )                  0.06         0.06 r
  UCKBUF1/C (CKB  )                  0.06         0.11 r
  UFF0/CK (DFF )                     0.00         0.11 r
  UFF0/Q (DFF ) <-                   0.14         0.26 f
  UINV0/ZN (INV )                    0.03         0.28 r
  UFF3/D (DFF )                      0.00         0.28 r
  data arrival time                               0.28

  clock CLKP (rise edge)            20.00        20.00
  clock source latency               0.00        20.00
  CLKP (in)                          0.00        20.00 r
  UCKBUF4/C (CKB  )                  0.06        20.06 r
  UFF3/CK (DFF )                     0.00        20.06 r
  clock uncertainty                 -0.30        19.76
  library setup time                -0.04        19.71
  data required time                             19.71
```

```
-----------------------------------------------------------------
data required time                                    19.71
data arrival time                                     -0.28
-----------------------------------------------------------------
slack (MET)                                           19.43
```

注意，路径报告中指定的路径组一直是捕获触发器的时钟，在这个例子中，就是 CLKP。

下面是保持时间检查路径报告。保持时间乘数默认为 0，所以保持时间检查在 10ns 处进行，也就是建立时间捕获沿之前的 1 个时钟周期。

```
Startpoint: UFF0 (rising edge-triggered flip-flop clocked by CLKM)
Endpoint: UFF3 (rising edge-triggered flip-flop clocked by CLKP)
Path Group: CLKP
Path Type: min

Point                               Incr        Path
-----------------------------------------------------------------
clock CLKM (rise edge)              0.00        0.00
clock source latency                0.00        0.00
CLKM (in)                           0.00        0.00 r
UCKBUF0/C (CKB  )                   0.06        0.06 r
UCKBUF1/C (CKB  )                   0.06        0.11 r
UFF0/CK (DFF )                      0.00        0.11 r
UFF0/Q (DFF ) <-                    0.14        0.26 r
UINV0/ZN (INV  )                    0.02        0.28 f
UFF3/D (DFF )                       0.00        0.28 f
data arrival time                               0.28

clock CLKP (rise edge)              10.00       10.00
clock source latency                0.00        10.00
CLKP (in)                           0.00        10.00 r
UCKBUF4/C (CKB  )                   0.06        10.06 r
UFF3/CK (DFF )                      0.00        10.06 r
clock uncertainty                   0.05        10.11
library hold time                   0.02        10.12
data required time                              10.12
-----------------------------------------------------------------
data required time                              10.12
data arrival time                               -0.28
-----------------------------------------------------------------
slack (VIOLATED)                                -9.85
```

上面报告显示的保持时间违例可以通过指定多周期保持时间为 1 来删除。下面另一个例子将会对此进行说明。

例子 2

下面的例子是跨 2 个不同时钟的多周期路径。

```
set_multicycle_path 2 \
  -from [get_pins UFF0/CK] -to [get_pins UFF3/D] -setup
set_multicycle_path 1 \
  -from [get_pins UFF0/CK] -to [get_pins UFF3/D] -hold
# 选项-setup和-hold是明确指定的。
```

下面是多周期建立时间为 2 的建立时间路径时序报告。

```
Startpoint: UFF0 (rising edge-triggered flip-flop clocked by CLKM)
  Endpoint: UFF3 (rising edge-triggered flip-flop clocked by CLKP)
  Path Group: CLKP
  Path Type: max

  Point                               Incr           Path
  --------------------------------------------------------------
  clock CLKM (rise edge)              0.00           0.00
  clock source latency                0.00           0.00
  CLKM (in)                           0.00           0.00 r
  UCKBUF0/C (CKB   )                  0.06           0.06 r
  UCKBUF1/C (CKB   )                  0.06           0.11 r
  UFF0/CK (DFF )                      0.00           0.11 r
  UFF0/Q (DFF ) <-                    0.14           0.26 f
  UNAND0/ZN (ND2   )                 0.03           0.29 r
  UFF3/D (DFF )                        0.00           0.29 r
  data arrival time                                  0.29

  clock CLKP (rise edge)              20.00          20.00
  clock source latency                0.00           20.00
  CLKP (in)                           0.00           20.00 r
  UCKBUF4/C (CKB   )                  0.07           20.07 r
  UFF3/CK (DFF )                      0.00           20.07 r
  clock uncertainty                  -0.30          19.77
  library setup time                 -0.04          19.72
  data required time                                 19.72
  --------------------------------------------------------------
  data required time                                 19.72
  data arrival time                                 -0.29
  --------------------------------------------------------------
  slack (MET)                                        19.44
```

下面是多周期保持时间为 1 的保持时间检查时序路径报告。

```
Startpoint: UFF0 (rising edge-triggered flip-flop clocked by CLKM)
  Endpoint: UFF3 (rising edge-triggered flip-flop clocked by CLKP)
  Path Group: CLKP
  Path Type: min

  Point                               Incr           Path
  --------------------------------------------------------------
  clock CLKM (rise edge)              0.00           0.00
  clock source latency                0.00           0.00
  CLKM (in)                           0.00           0.00 r
  UCKBUF0/C (CKB   )                  0.06           0.06 r
  UCKBUF1/C (CKB   )                  0.06           0.11 r
  UFF0/CK (DFF )                      0.00           0.11 r
  UFF0/Q (DFF ) <-                    0.14           0.26 r
  UNAND0/ZN (ND2   )                 0.03           0.29 f
  UFF3/D (DFF )                        0.00           0.29 f
  data arrival time                                  0.29

  clock CLKP (rise edge)              0.00           0.00
```

```
clock source latency                      0.00        0.00
CLKP (in)                                 0.00        0.00 r
UCKBUF4/C (CKB  )                         0.07        0.07 r
UFF3/CK (DFF )                            0.00        0.07 r
clock uncertainty                         0.05        0.12
library hold time                         0.02        0.13
data required time                                    0.13
-----------------------------------------------------------------
data required time                                   0.13
data arrival time                                   -0.29
-----------------------------------------------------------------
slack (MET)                                          0.16
```

注意，本节的例子中，建立时间和保持时间检查报告都是同一时序工艺角。但是，建立时间检查通常在最差情况慢速工艺角最难满足（有最小的裕量），而保持时间检查通常在最佳情况快速工艺角最难满足（有最小的裕量）。

8.4　伪路径

在设计真正的功能运行时，可能存在一些时序路径不是真实的（或者不可能存在的）。这些路径可以通过设置伪路径（False Path）在 STA 时关闭。STA 在分析时会忽略伪路径。

伪路径的例子可以是从 1 个时钟域到另 1 个时钟域，从 1 个触发器的时钟引脚到另 1 个触发器的输入，经过 1 个单元的引脚，经过多个单元的引脚，或者是以上这些的组合。当通过 1 个单元的引脚指定伪路径，所有经过该引脚的路径都被时序分析忽略了。指定伪路径的优势是减小了分析空间，所以分析可以专注于真正的路径。这也帮助减少分析时间。但是，太多使用-through 约束去通配的伪路径会减慢分析的速度。

1 条伪路径是用 set_false_path 约束，下面是一些例子。

set_false_path -from [**get_clocks** SCAN_CLK] \
　-to [**get_clocks** CORE_CLK]
任何从*SCAN_CLK* 域到*CORE_CLK* 域的路径都是伪路径。

set_false_path -through [**get_pins** UMUX0/S]
任何穿过这个引脚的路径都是伪路径。

set_false_path \
　-through [**get_pins** SAD_CORE/RSTN]]
伪路径约束可以指定为"到"，"经过"，或者"从"模块引脚。

set_false_path -to [**get_ports** TEST_REG*]
所有路径终点为端口 *TEST_REG* 的都是伪路径。

set_false_path -through UINV/Z **-through** UAND0/Z
任何以这个顺序穿过这两个引脚的路径都是伪路径。

下面是设置伪路径的一些建议。设置 2 个时钟域之间的伪路径，使用：

```
set_false_path -from [get_clocks clockA] \
  -to [get_clocks clockB]
```

不要用：

```
set_false_path -from [get_pins {regA_*}/CP] \
  -to [get_pins {regB_*}/D]
```

第 2 种格式慢很多。

另一个建议是减少-through 选项的使用，因为它增加没有必要的运行时间复杂度。选项-through 只应该在绝对需要且没有其他办法指定伪路径时才可以使用。

从优化的角度讲，另一个建议是当意图是多周期路径的时候，不要使用伪路径。如果 1 个信号在已知或者可预期的时间采样，不管间隔多远，都应该使用多周期路径约束让路径被约束，被优化，来满足多周期约束。如果在多个周期后被采样的路径上设置伪路径，在其他逻辑上的优化可能总是会让这条路径变慢，甚至超过所需时间。

8.5 半周期路径

如果设计既有负沿触发的触发器（有效时钟沿是下降沿），又有正沿触发的触发器（有效时钟沿是上升沿），则设计中很可能存在半周期路径（Half-Cycle Path）。1 条半周期路径可能是从上升沿触发器到下降沿触发器，或者反过来。图 8-19 所示的例子，数据在触发器 UFF5 时钟的下降沿发射，在触发器 UFF3 时钟的上升沿捕获。

下面是建立时间检查路径报告。

```
Startpoint: UFF5(falling edge-triggered flip-flop clocked by CLKP)
  Endpoint: UFF3 (rising edge-triggered flip-flop clocked by CLKP)
  Path Group: CLKP
  Path Type: max

  Point                               Incr        Path
  --------------------------------------------------------------
  clock CLKP (fall edge)              6.00        6.00
  clock source latency                0.00        6.00
  CLKP (in)                           0.00        6.00 f
  UCKBUF4/C (CKB  )                   0.06        6.06 f
  UCKBUF6/C (CKB  )                   0.06        6.12 f
  UFF5/CKN (DFN  )                    0.00        6.12 f
  UFF5/Q (DFN  ) <-                   0.16        6.28 r
  UNAND0/ZN (ND2  )                   0.03        6.31 f
  UFF3/D (DFF )                       0.00        6.31 f
  data arrival time                               6.31

  clock CLKP (rise edge)             12.00       12.00
  clock source latency                0.00       12.00
  CLKP (in)                           0.00       12.00 r
  UCKBUF4/C (CKB  )                   0.07       12.07 r
  UFF3/CK (DFF )                      0.00       12.07 r
  clock uncertainty                  -0.30       11.77
  library setup time                 -0.03       11.74
```

```
data required time                               11.74
------------------------------------------------------------
data required time                               11.74
data arrival time                                -6.31
------------------------------------------------------------
slack (MET)                                       5.43
```

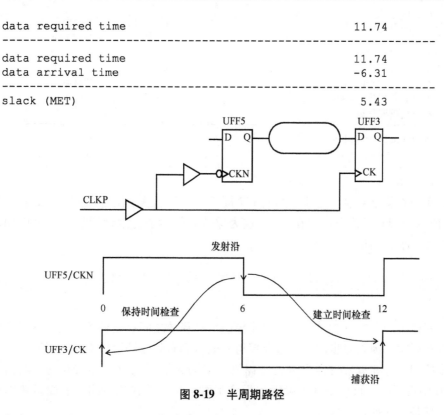

图 8-19 半周期路径

注意在 Startpoint 和 Endpoint 中的沿约束。下降沿发生在 6ns 而上升沿发生在 12ns。所以，数据只有半周期 6ns 来传播到捕获时钟。

当数据路径对建立时间检查只有半周期，但对于保持时间检查有额外的半周期。下面是保持时间路径。

```
Startpoint: UFF5(falling edge-triggered flip-flop clocked by CLKP)
  Endpoint: UFF3 (rising edge-triggered flip-flop clocked by CLKP)
  Path Group: CLKP
  Path Type: min
```

Point	Incr	Path
clock CLKP (fall edge)	**6.00**	6.00
clock source latency	0.00	6.00
CLKP (in)	0.00	6.00 f
UCKBUF4/C (CKB)	0.06	6.06 f
UCKBUF6/C (CKB)	0.06	6.12 f
UFF5/CKN (DFN)	0.00	6.12 f
UFF5/Q (DFN) <-	0.16	6.28 r
UNAND0/ZN (ND2)	0.03	6.31 f
UFF3/D (DFF)	0.00	6.31 f
data arrival time		6.31
clock CLKP (rise edge)	**0.00**	0.00

```
clock source latency                              0.00      0.00
CLKP (in)                                          0.00      0.00 r
UCKBUF4/C (CKB  )                                  0.07      0.07 r
UFF3/CK (DFF )                                     0.00      0.07 r
clock uncertainty                                  0.05      0.12
library hold time                                  0.02      0.13
data required time                                           0.13
-----------------------------------------------------------------
data required time                                           0.13
data arrival time                                           -6.31
-----------------------------------------------------------------
slack (MET)                                                  6.18
```

保持时间检查总是发生在捕获沿的前 1 个周期。因为捕获沿出现在 12ns，之前的捕获沿是在 0ns，所以保持时间检查发生在 0ns。这为保持时间检查有效地增加了半个周期，所以保持时间检查有很大的正向裕量。

8.6　移除时间检查

移除时间检查确保在有效时钟沿和异步控制信号释放之间有足够的时间。该检查保证有效时钟沿没有影响，因为异步控制信号会保持有效直到有效时钟沿后的移除时间为止。换句话说，异步控制信号在有效时钟沿之后被释放（变为无效了），因此时钟沿就没有影响了。这在图 8-20 中有说明。该检查基于触发器异步引脚上指定的移除时间。下面是从单元库中摘录的关于移除时间检查的部分。

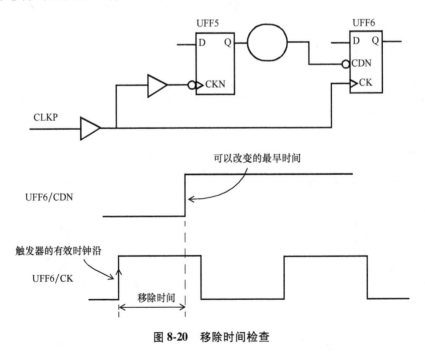

图 8-20　移除时间检查

```
pin(CDN) {
  . . .
  timing() {
    related_pin : "CK";
    timing_type : removal_rising;
    . . .
  }
}
```

类似于保持时间检查，这是 1 个最小路径检查，只不过是在触发器的异步引脚上进行。

```
Startpoint: UFF5(falling edge-triggered flip-flop clocked by CLKP)
  Endpoint: UFF6 (removal check against rising-edge clock CLKP)
  Path Group: **async_default**
  Path Type: min

  Point                              Incr       Path
  ----------------------------------------------------------------
  clock CLKP (fall edge)             6.00       6.00
  clock source latency               0.00       6.00
  CLKP (in)                          0.00       6.00 f
  UCKBUF4/C (CKB  )                  0.06       6.06 f
  UCKBUF6/C (CKB  )                  0.07       6.13 f
  UFF5/CKN (DFN  )                   0.00       6.13 f
  UFF5/Q (DFN  )                     0.15       6.28 f
  UINV8/ZN (INV  )                   0.03       6.31 r
  UFF6/CDN (DFCN  )                  0.00       6.31 r
  data arrival time                             6.31

  clock CLKP (rise edge)             0.00       0.00
  clock source latency               0.00       0.00
  CLKP (in)                          0.00       0.00 r
  UCKBUF4/C (CKB  )                  0.07       0.07 r
  UCKBUF6/C (CKB  )                  0.07       0.14 r
  UCKBUF7/C (CKB  )                  0.05       0.19 r
  UFF6/CK (DFCN  )                   0.00       0.19 r
  clock uncertainty                  0.05       0.24
  library removal time               0.19       0.43
  data required time                            0.43
  ----------------------------------------------------------------

  data required time                            0.43
  data arrival time                            -6.31
  ----------------------------------------------------------------
  slack (MET)                                   5.88
```

Endpoint 行指明这是移除时间检查。是在触发器 UFF6 的异步引脚 CDN 上进行。该触发器的移除时间显示为 "library removal time" 且值为 0.19ns。

所有的异步时间检查都被归类为路径组 "async default"。

8.7 恢复时间检查

恢复时间检查确保在异步信号变为无效和下 1 个有效时钟沿之间的最小时间。换句话说，该检查保证在异步信号变为无效后，有足够的时间恢复使得下 1 个有效时钟沿起作用。例如，考虑异步复位信号无效和触发器的时钟有效沿之间的时间。如果有效时钟沿在复位信号释放后到达得太快，触发器的状态可能就是未知的。恢复时间检查在图 8-21 中有描述。该检查基于单元库文件中触发器异步引脚上指定的恢复时间，下面是摘录的内容。

```
pin(RSN) {
  . . .
  timing() {
    related_pin : "CK";
    timing_type : recovery_rising;
    . . .
  }
}
```

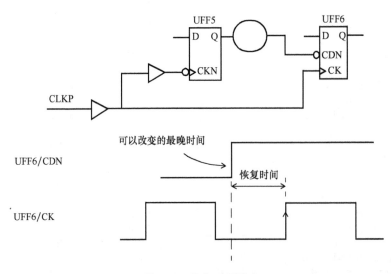

图 8-21　恢复时间检查

类似于建立时间检查，这是一个最大路径检查，只不过是在触发器的异步引脚上进行。

```
Startpoint: UFF5(falling edge-triggered flip-flop clocked by CLKP)
  Endpoint: UFF6 (recovery check against rising-edge clock CLKP)
  Path Group: **async_default**
  Path Type: max

  Point                                        Incr       Path
  --------------------------------------------------------------
```

```
clock CLKP (fall edge)                  6.00        6.00
clock source latency                    0.00        6.00
CLKP (in)                               0.00        6.00 f
UCKBUF4/C (CKB  )                       0.06        6.06 f
UCKBUF6/C (CKB  )                       0.07        6.13 f
UFF5/CKN (DFN  )                        0.00        6.13 f
UFF5/Q (DFN  )                          0.15        6.28 f
UINV8/ZN (INV  )                        0.03        6.31 r
UFF6/CDN (DFCN  )                       0.00        6.31 r
data arrival time                                   6.31

clock CLKP (rise edge)                 12.00       12.00
clock source latency                    0.00       12.00
CLKP (in)                               0.00       12.00 r
UCKBUF4/C (CKB  )                       0.07       12.07 r
UCKBUF6/C (CKB  )                       0.07       12.14 r
UCKBUF7/C (CKB  )                       0.05       12.19 r
UFF6/CK (DFCN  )                        0.00       12.19 r
clock uncertainty                      -0.30       11.89
library recovery time                   0.09       11.98
data required time                                 11.98
---------------------------------------------------------------
data required time                                 11.98
data arrival time                                  -6.31
---------------------------------------------------------------
slack (MET)                                         5.67
```

Endpoint 行指明这是恢复时间检查。触发器 UFF6 的移除时间显示为"library recovery time"且值为 0.09ns。恢复时间检查也属于路径组"async default"。

8.8　跨时钟域的时序

8.8.1　慢速时钟域到快速时钟域

让我们查看一条从慢速时钟域到快速时钟域路径的建立时间检查和保持时间检查。如图 8-22 所示。

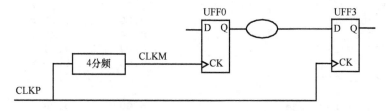

图 8-22　从慢速时钟到快速时钟的路径

下面是例子的时钟定义。

```
create_clock -name CLKM \
  -period 20 -waveform {0 10} [get_ports CLKM]
create_clock -name CLKP \
  -period 5 -waveform {0 2.5} [get_ports CLKP]
```

当发射触发器和捕获触发器的时钟频率不同，STA 首先需要确定共同基础周期（Common Base Period）。在具有上面 2 个时钟的设计上进行 STA 时，会生成如下的示例信息。更快的时钟周期被扩展，以得到共同周期。

```
Expanding clock 'CLKP' to base period of 20.00
(old period was 5.00, added 6 edges).
```

图 8-23 展示了建立时间检查。默认情况下，使用约束最紧的建立时间沿关系，在本例中就是紧挨着的下 1 个捕获沿。下面的建立时间路径报告说明了这一情况。

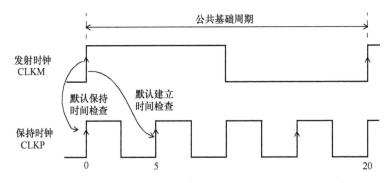

图 8-23　慢速时钟到快速时钟路径的建立时间和保持时间检查

```
Startpoint: UFF0 (rising edge-triggered flip-flop clocked by CLKM)
  Endpoint: UFF3 (rising edge-triggered flip-flop clocked by CLKP)
  Path Group: CLKP
  Path Type: max

  Point                              Incr        Path
  -------------------------------------------------------------
  clock CLKM (rise edge)             0.00        0.00
  clock source latency               0.00        0.00
  CLKM (in)                          0.00        0.00 r
  UCKBUF0/C (CKB  )                  0.06        0.06 r
  UCKBUF1/C (CKB  )                  0.06        0.11 r
  UFF0/CK (DFF )                     0.00        0.11 r
  UFF0/Q (DFF ) <-                   0.14        0.26 f
  UNAND0/ZN (ND2  )                  0.03        0.29 r
  UFF3/D (DFF )                      0.00        0.29 r
  data arrival time                              0.29

  clock CLKP (rise edge)             5.00        5.00
  clock source latency               0.00        5.00
  CLKP (in)                          0.00        5.00 r
  UCKBUF4/C (CKB  )                  0.07        5.07 r
  UFF3/CK (DFF )                     0.00        5.07 r
```

```
clock uncertainty                           -0.30        4.77
library setup time                          -0.04        4.72
data required time                                       4.72
--------------------------------------------------------------------
data required time                                       4.72
data arrival time                                       -0.29
--------------------------------------------------------------------
slack (MET)                                              4.44
```

注意发射时钟是在时间 0ns，而捕获时钟是在时间 5ns。

正如之前讨论的，保持时间检查是和建立时间检查相关的，保证被时钟沿发射的数据不会干扰前一个数据的捕获。下面是保持时间检查时序报告。

```
Startpoint: UFF0 (rising edge-triggered flip-flop clocked by CLKM)
Endpoint: UFF3 (rising edge-triggered flip-flop clocked by CLKP)
Path Group: CLKP
Path Type: min

Point                                       Incr         Path
--------------------------------------------------------------------
clock CLKM (rise edge)                      0.00         0.00
clock source latency                        0.00         0.00
CLKM (in)                                   0.00         0.00 r
UCKBUF0/C (CKB  )                           0.06         0.06 r
UCKBUF1/C (CKB  )                           0.06         0.11 r
UFF0/CK (DFF )                              0.00         0.11 r
UFF0/Q (DFF ) <-                            0.14         0.26 r
UNAND0/ZN (ND2  )                           0.03         0.29 f
UFF3/D (DFF )                               0.00         0.29 f
data arrival time                                        0.29

clock CLKP (rise edge)                      0.00         0.00
clock source latency                        0.00         0.00
CLKP (in)                                   0.00         0.00 r
UCKBUF4/C (CKB  )                           0.07         0.07 r
UFF3/CK (DFF )                              0.00         0.07 r
clock uncertainty                           0.05         0.12
library hold time                           0.02         0.13
data required time                                       0.13
--------------------------------------------------------------------
data required time                                       0.13
data arrival time                                       -0.29
--------------------------------------------------------------------
slack (MET)                                              0.16
```

在上面的例子中，我们可以看到发射数据在捕获时钟的每个第 4 个周期上可用。让我们假设我们不是想在 CLKP 的每下 1 个沿捕获数据，而是在每个第 4 个捕获沿捕获数据。该假设允许触发器之间的组合逻辑有 4 个 CLKP 的周期去传播，也就是 20ns。我们可以用下面的多周期约束来完成上面的设置。

```
set_multicycle_path 4 -setup \
  -from [get_clocks CLKM] -to [get_clocks CLKP] -end
```

选项-end 指定多周期 4 是指终点或捕获时钟的。该多周期约束把建立时间和保持时间检查改变为图 8-24 所示。下面是建立时间报告。

```
Startpoint: UFF0 (rising edge-triggered flip-flop clocked by CLKM)
Endpoint: UFF3 (rising edge-triggered flip-flop clocked by CLKP)
Path Group: CLKP
Path Type: max

Point                                      Incr         Path
------------------------------------------------------------------
clock CLKM (rise edge)                     0.00         0.00
clock source latency                       0.00         0.00
CLKM (in)                                  0.00         0.00 r
UCKBUF0/C (CKB  )                          0.06         0.06 r
UCKBUF1/C (CKB  )                          0.06         0.11 r
UFF0/CK (DFF )                             0.00         0.11 r
UFF0/Q (DFF ) <-                           0.14         0.26 f
UNAND0/ZN (ND2  )                          0.03         0.29 r
UFF3/D (DFF )                              0.00         0.29 r
data arrival time                                       0.29

clock CLKP (rise edge)                     20.00        20.00
clock source latency                       0.00         20.00
CLKP (in)                                  0.00         20.00 r
UCKBUF4/C (CKB  )                          0.07         20.07 r
UFF3/CK (DFF )                             0.00         20.07 r
clock uncertainty                          -0.30        19.77
library setup time                         -0.04        19.72
data required time                                      19.72
------------------------------------------------------------------
data required time                                      19.72
data arrival time                                      -0.29
------------------------------------------------------------------
slack (MET)                                             19.44
```

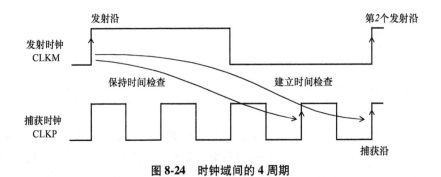

图 8-24　时钟域间的 4 周期

图 8-24 表明了保持时间检查。注意保持时间检查是从建立时间检查衍生来的，默认是在预期捕获沿之前的 1 个时钟沿。下面是保持时间报告。注意，保持时间捕获沿是在 15ns，是建立时间捕获沿的前 1 个周期。

```
Startpoint: UFF0 (rising edge-triggered flip-flop clocked by CLKM)
  Endpoint: UFF3 (rising edge-triggered flip-flop clocked by CLKP)
  Path Group: CLKP
  Path Type: min

  Point                              Incr       Path
  ----------------------------------------------------------------
  clock CLKM (rise edge)             0.00       0.00
  clock source latency               0.00       0.00
  CLKM (in)                          0.00       0.00 r
  UCKBUF0/C (CKB  )                  0.06       0.06 r
  UCKBUF1/C (CKB  )                  0.06       0.11 r
  UFF0/CK (DFF )                     0.00       0.11 r
  UFF0/Q (DFF ) <-                   0.14       0.26 r
  UNAND0/ZN (ND2 )                   0.03       0.29 f
  UFF3/D (DFF )                      0.00       0.29 f
  data arrival time                             0.29

  clock CLKP (rise edge)            15.00      15.00
  clock source latency               0.00      15.00
  CLKP (in)                          0.00      15.00 r
  UCKBUF4/C (CKB  )                  0.07      15.07 r
  UFF3/CK (DFF )                     0.00      15.07 r
  clock uncertainty                  0.05      15.12
  library hold time                  0.02      15.13
  data required time                           15.13
  ----------------------------------------------------------------
  data required time                           15.13
  data arrival time                            -0.29
  ----------------------------------------------------------------
  slack (VIOLATED)                            -14.84
```

在大部分设计中，这不是预期的保持时间检查，保持时间检查应该移回到发射沿所在的位置。我们通过设置保持时间多周期约束为 3 来实现这一目的。

set_multicycle_path 3 **-hold** \
  -from [**get_clocks** CLKM] **-to** [**get_clocks** CLKP] **-end**

这个 3 周期让保持时间检查沿移回 3 个周期，也就是 0ns。此处和建立时间多周期不同的是，在建立时间里，建立时间捕获沿从默认的建立时间捕获沿**向前**移动指定的周期数；在保持时间多周期中，保持时间检查沿从默认的保持时间检查沿（建立时间沿前一个周期）**往回移动**。选项 -end 表明我们想把终点（或者捕获沿）往回移动指定周期，也就是捕获时钟的周期数。除了选项 -end，另一个选择是选项 -start，指定发射时钟周期移动数量，选项 -end 指定捕获时钟周期移动数量。选项 -end 是多周期建立时间的默认选项，而选项 -start 是多周期保持时间的默认选项。

有了额外的多周期保持时间约束，保持时间检查用到的时钟沿往回移动 3 个周期[⊖]，保

⊖ 原文为"the clock edge used for hold timing checks is moved back one cycle"，认为应该是往回移动 3 个周期，而不是 1 个周期。——译者注

持时间检查如图 8-25 中所示。具有多周期保持时间约束的时序报告如下。

```
Startpoint: UFF0 (rising edge-triggered flip-flop clocked by CLKM)
Endpoint: UFF3 (rising edge-triggered flip-flop clocked by CLKP)
Path Group: CLKP
Path Type: min

Point                           Incr        Path
--------------------------------------------------------------
clock CLKM (rise edge)          0.00        0.00
clock source latency            0.00        0.00
CLKM (in)                       0.00        0.00 r
UCKBUF0/C (CKB  )               0.06        0.06 r
UCKBUF1/C (CKB  )               0.06        0.11 r
UFF0/CK (DF  )                  0.00        0.11 r
UFF0/Q (DF  ) <-                0.14        0.26 r
UNAND0/ZN (ND2  )               0.03        0.29 f
UFF3/D (DF  )                   0.00        0.29 f
data arrival time                           0.29

clock CLKP (rise edge)          0.00        0.00
clock source latency            0.00        0.00
CLKP (in)                       0.00        0.00 r
UCKBUF4/C (CKB  )               0.07        0.07 r
UFF3/CK (DF  )                  0.00        0.07 r
clock uncertainty               0.05        0.12
library hold time               0.02        0.13
data required time                          0.13
--------------------------------------------------------------
data required time                          0.13
data arrival time                          -0.29
--------------------------------------------------------------
slack (MET)                                 0.16
```

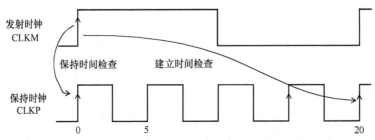

图 8-25　多周期保持时间约束放松的保持时间

综上所述，如果指定建立时间多周期为 N 个周期，很可能需要指定保持时间多周期为 $N-1$ 周期。在慢速时钟域到快速时钟域路径上指定多频率多周期约束，一个很好的经验是使用选项 -end。有了这个选项，建立时间和保持时间是基于快速时钟的时钟周期来调整的。

8.8.2　快速时钟域到慢速时钟域

在本小节中，我们思考数据路径从快速时钟域到慢速时钟域的例子。当使用下面的时钟定义时，默认的建立时间和保持时间检查如图 8-26 所示。

```
create_clock -name CLKM \
  -period 20 -waveform {0 10} [get_ports CLKM]
create_clock -name CLKP \
  -period 5 -waveform {0 2.5} [get_ports CLKP]
```

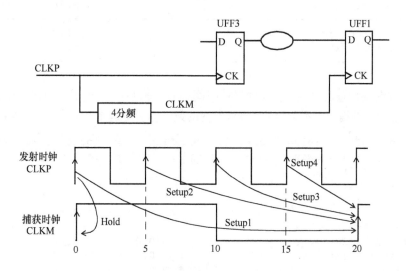

图 8-26　从快速时钟域到慢速时钟域的路径

可能存在 4 种建立时需检查：请看图中的 Setup1，Setup2，Setup3 和 Setup4。但是，约束最紧的是 Setup4 检查。下面的路径报告就是约束最紧的路径。注意发射时钟沿在 15ns，捕获时钟沿在 20ns。

```
Startpoint: UFF3 (rising edge-triggered flip-flop clocked by CLKP)
  Endpoint: UFF1 (rising edge-triggered flip-flop clocked by CLKM)
  Path Group: CLKM
  Path Type: max

  Point                                    Incr        Path
  ----------------------------------------------------------------
  clock CLKP (rise edge)                   15.00       15.00
  clock source latency                     0.00        15.00
  CLKP (in)                                0.00        15.00 r
  UCKBUF4/C (CKB  )                        0.07        15.07 r
  UFF3/CK (DFF )                           0.00        15.07 r
  UFF3/Q (DFF ) <-                         0.15        15.22 f
  UNOR0/ZN (NR2  )                         0.05        15.27 r
  UBUF4/Z (BUFF  )                         0.05        15.32 r
  UFF1/D (DFF )                            0.00        15.32 r
  data arrival time                                    15.32

  clock CLKM (rise edge)                   20.00       20.00
  clock source latency                     0.00        20.00
```

```
CLKM (in)                      0.00    20.00 r
UCKBUF0/C (CKB  )              0.06    20.06 r
UCKBUF2/C (CKB  )              0.07    20.12 r
UFF1/CK (DFF )                 0.00    20.12 r
clock uncertainty            -0.30    19.82
library setup time           -0.04    19.78
data required time                    19.78
-------------------------------------------------------
data required time                    19.78
data arrival time                    -15.32
-------------------------------------------------------
slack (MET)                            4.46
```

类似于建立时间检查，可能存在 4 种保持时间检查。图 8-26 显示了约束最紧的保持时间检查，它保证了在 0ns 的捕获沿不会捕获在 0ns 发射的数据。下面是关于保持时间检查的时序报告。

```
Startpoint: UFF3 (rising edge-triggered flip-flop clocked by CLKP)
  Endpoint: UFF1 (rising edge-triggered flip-flop clocked by CLKM)
  Path Group: CLKM
  Path Type: min

Point                          Incr    Path
-------------------------------------------------------
clock CLKP (rise edge)         0.00    0.00
clock source latency           0.00    0.00
CLKP (in)                      0.00    0.00 r
UCKBUF4/C (CKB  )              0.07    0.07 r
UFF3/CK (DFF )                 0.00    0.07 r
UFF3/Q (DFF ) <-               0.16    0.22 r
UNOR0/ZN (NR2  )               0.02    0.25 f
UBUF4/Z (BUFF  )               0.06    0.30 f
UFF1/D (DFF )                  0.00    0.30 f
data arrival time                      0.30

clock CLKM (rise edge)         0.00    0.00
clock source latency           0.00    0.00
CLKM (in)                      0.00    0.00 r
UCKBUF0/C (CKB  )              0.06    0.06 r
UCKBUF2/C (CKB  )              0.07    0.12 r
UFF1/CK (DFF )                 0.00    0.12 r
clock uncertainty              0.05    0.17
library hold time              0.01    0.19
data required time                     0.19
-------------------------------------------------------
data required time                     0.19
data arrival time                     -0.30
-------------------------------------------------------
slack (MET)                            0.12
```

总的来说，设计者可以指定从快速时钟到慢速时钟的数据路径为多周期路径。如果建立时间检查放松，为数据路径提供 2 个快速时钟的周期，下面的命令应该包括到多周期约束中。

```
set_multicycle_path 2 -setup \
 -from [get_clocks CLKP] -to [get_clocks CLKM] -start

set_multicycle_path 1 -hold \
 -from [get_clocks CLKP] -to [get_clocks CLKM] -start
# 选项-start是和发射时钟相关，默认是为了多周期保持时间检查。
```

在这个例子中，图 8-27 表明了建立时间和保持时间检查用到的时钟沿。选项-start 指定了周期数（本例中是 2）的单位是发射时钟（本例中是 CLKP）的周期。建立时间周期数 2 把发射沿移动到默认发射沿的前 1 个沿，也就是从 15ns 移动到 10ns。保持时间多周期保证之前数据的捕获可以稳定的发生在 0ns，因为发射沿也是在 0ns。

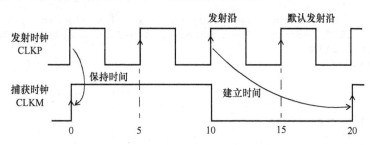

图 8-27　建立时间多周期为 2

下面是一个建立时间路径报告。和预期一致，发射时钟沿在 10ns，捕获时钟沿在 20ns。

```
Startpoint: UFF3 (rising edge-triggered flip-flop clocked by CLKP)
  Endpoint: UFF1 (rising edge-triggered flip-flop clocked by CLKM)
  Path Group: CLKM
  Path Type: max

  Point                              Incr       Path
  -----------------------------------------------------------
  clock CLKP (rise edge)             10.00      10.00
  clock source latency               0.00       10.00
  CLKP (in)                          0.00       10.00 r
  UCKBUF4/C (CKB )                   0.07       10.07 r
  UFF3/CK (DFF )                     0.00       10.07 r
  UFF3/Q (DFF ) <-                   0.15       10.22 f
  UNOR0/ZN (NR2 )                    0.05       10.27 r
  UBUF4/Z (BUFF )                    0.05       10.32 r
  UFF1/D (DFF )                      0.00       10.32 r
  data arrival time                             10.32

  clock CLKM (rise edge)             20.00      20.00
  clock source latency               0.00       20.00
  CLKM (in)                          0.00       20.00 r
  UCKBUF0/C (CKB )                   0.06       20.06 r
  UCKBUF2/C (CKB )                   0.07       20.12 r
  UFF1/CK (DFF )                     0.00       20.12 r
```

```
clock uncertainty                        -0.30      19.82
library setup time                       -0.04      19.78
data required time                                  19.78
------------------------------------------------------------
data required time                                  19.78
data arrival time                                  -10.32
------------------------------------------------------------
slack (MET)                                         9.46
```

下面是一个保持时间路径时序报告。保持时间检查在 0ns，捕获时钟和发射时钟在 0ns 都是上升沿。

```
Startpoint: UFF3 (rising edge-triggered flip-flop clocked by CLKP)
   Endpoint: UFF1 (rising edge-triggered flip-flop clocked by CLKM)
   Path Group: CLKM
   Path Type: min

   Point                                   Incr       Path
   ------------------------------------------------------------
   clock CLKP (rise edge)                  0.00       0.00
   clock source latency                    0.00       0.00
   CLKP (in)                               0.00       0.00 r
   UCKBUF4/C (CKB  )                        0.07       0.07 r
   UFF3/CK (DFF )                           0.00       0.07 r
   UFF3/Q (DFF ) <-                         0.16       0.22 r
   UNOR0/ZN (NR2  )                         0.02       0.25 f
   UBUF4/Z (BUFF  )                         0.06       0.30 f
   UFF1/D (DFF )                            0.00       0.30 f
   data arrival time                                  0.30

   clock CLKM (rise edge)                  0.00       0.00
   clock source latency                    0.00       0.00
   CLKM (in)                               0.00       0.00 r
   UCKBUF0/C (CKB  )                        0.06       0.06 r
   UCKBUF2/C (CKB  )                        0.07       0.12 r
   UFF1/CK (DFF )                           0.00       0.12 r
   clock uncertainty                       0.05       0.17
   library hold time                       0.01       0.19
   data required time                                 0.19
   ------------------------------------------------------------
   data required time                                 0.19
   data arrival time                                 -0.30
   ------------------------------------------------------------
   slack (MET)                                        0.12
```

和慢速时钟域到快速时钟域的情况不同，在快速时钟域到慢速时钟域路径上指定多频率多周期约束，一个很好的经验是使用选项-start。然后，建立时间和保持时间是基于快速时钟来调整的。

8.9 实例

在本小节中,我们介绍不同情况下的发射和捕获时钟,介绍建立时间和保持时间检查是如何进行的。图 8-28 说明了例子的结构。

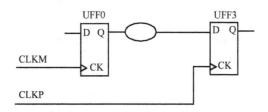

图 8-28 发射和捕获时钟有不同的关系

8.9.1 半周期——例 1

在本例中,2 个时钟有相同的周期但是相位相反。下面是时钟约束,图 8-29 所示为波形。

create_clock -name CLKM \
 -period 20 **-waveform** {0 10} [**get_ports** CLKM]
create_clock -name CLKP \
 -period 20 **-waveform** {10 20} [**get_ports** CLKP]

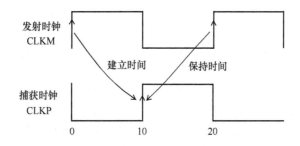

图 8-29 半周期路径的时钟波形:例 1

建立时间检查是从 0ns 处的发射沿,到 10ns 处的下 1 个捕获沿。保持时间检查有半周期的余量,验证在 20ns 发射的数据是否会在 10ns 被捕获沿捕获。下面是建立时间路径报告。

```
Startpoint: UFF0 (rising edge-triggered flip-flop clocked by CLKM)
  Endpoint: UFF3 (rising edge-triggered flip-flop clocked by CLKP)
  Path Group: CLKP
  Path Type: max

Point                                          Incr        Path
-------------------------------------------------------------------
clock CLKM (rise edge)                         0.00        0.00
```

```
clock source latency                0.00        0.00
CLKM (in)                           0.00        0.00 r
UCKBUF0/C (CKB  )                   0.06        0.06 r
UCKBUF1/C (CKB  )                   0.06        0.11 r
UFF0/CK (DFF )                      0.00        0.11 r
UFF0/Q (DFF ) <-                    0.14        0.26 f
UNAND0/ZN (ND2  )                   0.03        0.29 r
UFF3/D (DFF )                       0.00        0.29 r
data arrival time                               0.29

clock CLKP (rise edge)             10.00       10.00
clock source latency                0.00       10.00
CLKP (in)                           0.00       10.00 r
UCKBUF4/C (CKB  )                   0.07       10.07 r
UFF3/CK (DFF )                      0.00       10.07 r
clock uncertainty                  -0.30        9.77
library setup time                 -0.04        9.72
data required time                              9.72
------------------------------------------------------------
data required time                              9.72
data arrival time                              -0.29
------------------------------------------------------------
slack (MET)                                     9.44
```

下面是保持时间路径报告。

```
Startpoint: UFF0 (rising edge-triggered flip-flop clocked by CLKM)
  Endpoint: UFF3 (rising edge-triggered flip-flop clocked by CLKP)
  Path Group: CLKP
  Path Type: min

Point                               Incr        Path
------------------------------------------------------------
clock CLKM (rise edge)             20.00       20.00
clock source latency                0.00       20.00
CLKM (in)                           0.00       20.00 r
UCKBUF0/C (CKB  )                   0.06       20.06 r
UCKBUF1/C (CKB  )                   0.06       20.11 r
UFF0/CK (DFF )                      0.00       20.11 r
UFF0/Q (DFF ) <-                    0.14       20.26 r
UNAND0/ZN (ND2  )                   0.03       20.29 f
UFF3/D (DFF )                       0.00       20.29 f
data arrival time                              20.29

clock CLKP (rise edge)             10.00       10.00
clock source latency                0.00       10.00
CLKP (in)                           0.00       10.00 r
UCKBUF4/C (CKB  )                   0.07       10.07 r
UFF3/CK (DFF )                      0.00       10.07 r
clock uncertainty                   0.05       10.12
library hold time                   0.02       10.13
data required time                             10.13
------------------------------------------------------------
```

```
data required time                                  10.13
data arrival time                                  -20.29
---------------------------------------------------------------
slack (MET)                                         10.16
```

8.9.2 半周期——例 2

本例和例 1 很相似，但是发射时钟和捕获时钟的相位相反。发射时钟相位偏移。下面是时钟的约束，图 8-30 所示为波形。

create_clock -name CLKM \
 -**period** 10 -**waveform** {5 10} [**get_ports** CLKM]

create_clock -name CLKP \
 -**period** 10 -**waveform** {0 5} [**get_ports** CLKP]

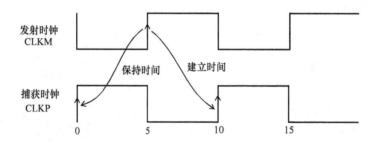

图 8-30　半周期路径的时钟波形：例 2

建立时间检查是从 5ns 的发射时钟沿，到 10ns 处的下一个捕获时钟沿。保持时间检查是从 5ns 处的时钟发射沿到 0ns 处的捕获时钟沿。下面是建立时间路径报告。

```
Startpoint: UFF0 (rising edge-triggered flip-flop clocked by CLKM)
  Endpoint: UFF3 (rising edge-triggered flip-flop clocked by CLKP)
  Path Group: CLKP
  Path Type: max

Point                              Incr        Path
---------------------------------------------------------------
clock CLKM (rise edge)             5.00        5.00
clock source latency               0.00        5.00
CLKM (in)                          0.00        5.00 r
UCKBUF0/C (CKB  )                  0.06        5.06 r
UCKBUF1/C (CKB  )                  0.06        5.11 r
UFF0/CK (DFF )                     0.00        5.11 r
UFF0/Q (DFF ) <-                   0.14        5.26 f
UNAND0/ZN (ND2 )                   0.03        5.29 r
UFF3/D (DFF )                      0.00        5.29 r
data arrival time                              5.29

clock CLKP (rise edge)            10.00       10.00
clock source latency               0.00       10.00
```

```
CLKP (in)                              0.00     10.00 r
UCKBUF4/C (CKB  )                      0.07     10.07 r
UFF3/CK (DFF )                         0.00     10.07 r
clock uncertainty                     -0.30      9.77
library setup time                    -0.04      9.72
data required time                               9.72
-----------------------------------------------------------
data required time                               9.72
data arrival time                               -5.29
-----------------------------------------------------------
slack (MET)                                      4.44
```

下面是保持时间路径报告。

```
Startpoint: UFF0 (rising edge-triggered flip-flop clocked by CLKM)
  Endpoint: UFF3 (rising edge-triggered flip-flop clocked by CLKP)
  Path Group: CLKP
  Path Type: min

  Point                               Incr     Path
  -----------------------------------------------------------
  clock CLKM (rise edge)              5.00     5.00
  clock source latency               0.00     5.00
  CLKM (in)                          0.00     5.00 r
  UCKBUF0/C (CKB  )                  0.06     5.06 r
  UCKBUF1/C (CKB  )                  0.06     5.11 r
  UFF0/CK (DFF )                     0.00     5.11 r
  UFF0/Q (DFF ) <-                   0.14     5.26 r
  UNAND0/ZN (ND2  )                  0.03     5.29 f
  UFF3/D (DFF )                      0.00     5.29 f
  data arrival time                           5.29

  clock CLKP (rise edge)             0.00     0.00
  clock source latency               0.00     0.00
  CLKP (in)                          0.00     0.00 r
  UCKBUF4/C (CKB  )                  0.07     0.07 r
  UFF3/CK (DFF )                     0.00     0.07 r
  clock uncertainty                  0.05     0.12
  library hold time                  0.02     0.13
  data required time                          0.13
  -----------------------------------------------------------
  data required time                          0.13
  data arrival time                          -5.29
  -----------------------------------------------------------
  slack (MET)                                 5.16
```

8.9.3　快速时钟域到慢速时钟域

在本例中，捕获时钟是发射时钟的 2 分频时钟。下面是时钟约束。

```
create_clock -name CLKM \
  -period 10 -waveform {0 5} [get_ports CLKM]
create_clock -name CLKP \
  -period 20 -waveform {0 10} [get_ports CLKP]
```

图 8-31 所示为波形。建立时间检查是从 10ns 处的发射沿到 20ns 处的捕获沿。保持时间检查是从 0ns 处的发射沿到 0ns 处的捕获沿。下面是建立时间路径报告。

```
Startpoint: UFF0 (rising edge-triggered flip-flop clocked by CLKM)
  Endpoint: UFF3 (rising edge-triggered flip-flop clocked by CLKP)
  Path Group: CLKP
  Path Type: max

    Point                          Incr        Path
    ------------------------------------------------------------
    clock CLKM (rise edge)         10.00       10.00
    clock source latency            0.00       10.00
    CLKM (in)                       0.00       10.00 r
    UCKBUF0/C (CKB  )               0.06       10.06 r
    UCKBUF1/C (CKB  )               0.06       10.11 r
    UFF0/CK (DFF )                  0.00       10.11 r
    UFF0/Q (DFF ) <-                0.14       10.26 f
    UNAND0/ZN (ND2  )               0.03       10.29 r
    UFF3/D (DFF )                   0.00       10.29 r
    data arrival time                          10.29

    clock CLKP (rise edge)         20.00       20.00
    clock source latency            0.00       20.00
    CLKP (in)                       0.00       20.00 r
    UCKBUF4/C (CKB  )               0.07       20.07 r
    UFF3/CK (DFF )                  0.00       20.07 r
    clock uncertainty              -0.30       19.77
    library setup time             -0.04       19.72
    data required time                         19.72
    ------------------------------------------------------------
    data required time                         19.72
    data arrival time                         -10.29
    ------------------------------------------------------------
    slack (MET)                                 9.44
```

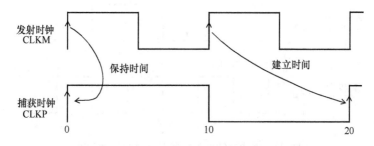

图 8-31　快速时钟域到慢速时钟域的示例时钟

下面是保持时间路径时序报告。

```
Startpoint: UFF0 (rising edge-triggered flip-flop clocked by CLKM)
  Endpoint: UFF3 (rising edge-triggered flip-flop clocked by CLKP)
  Path Group: CLKP
  Path Type: min
```

```
Point                             Incr        Path
-------------------------------------------------------------
clock CLKM (rise edge)            0.00        0.00
clock source latency              0.00        0.00
CLKM (in)                         0.00        0.00 r
UCKBUF0/C (CKB  )                 0.06        0.06 r
UCKBUF1/C (CKB  )                 0.06        0.11 r
UFF0/CK (DFF )                    0.00        0.11 r
UFF0/Q (DFF ) <-                  0.14        0.26 r
UNAND0/ZN (ND2  )                 0.03        0.29 f
UFF3/D (DFF )                     0.00        0.29 f
data arrival time                             0.29

clock CLKP (rise edge)            0.00        0.00
clock source latency              0.00        0.00
CLKP (in)                         0.00        0.00 r
UCKBUF4/C (CKB  )                 0.07        0.07 r
UFF3/CK (DFF )                    0.00        0.07 r
clock uncertainty                 0.05        0.12
library hold time                 0.02        0.13
data required time                            0.13
-------------------------------------------------------------
data required time                            0.13
data arrival time                            -0.29
-------------------------------------------------------------
slack (MET)                                   0.16
```

8.9.4　慢速时钟域到快速时钟域

在本例中，捕获时钟是发射时钟速度的 2 倍。图 8-32 表明了建立时间和保持时间检查对应的时钟沿。建立时间检查是从 0ns 处的发射沿到 5ns 处的下一个捕获沿。保持时间检查是在建立时间捕获沿之前 1 个周期的捕获沿上完成的，也就是说，发射和捕获沿都在 0ns。

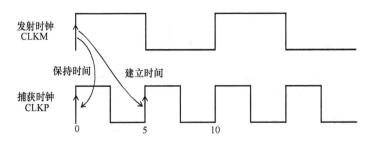

图 8-32　慢速时钟域到快速时钟域的示例时钟

下面是建立时间路径报告。

```
Startpoint: UFF0 (rising edge-triggered flip-flop clocked by CLKM)
  Endpoint: UFF3 (rising edge-triggered flip-flop clocked by CLKP)
  Path Group: CLKP
  Path Type: max
```

```
Point                              Incr        Path
-----------------------------------------------------------
clock CLKM (rise edge)             0.00        0.00
clock source latency               0.00        0.00
CLKM (in)                          0.00        0.00 r
UCKBUF0/C (CKB  )                  0.06        0.06 r
UCKBUF1/C (CKB  )                  0.06        0.11 r
UFF0/CK (DFF )                     0.00        0.11 r
UFF0/Q (DFF ) <-                   0.14        0.26 f
UNAND0/ZN (ND2  )                  0.03        0.29 r
UFF3/D (DFF )                      0.00        0.29 r
data arrival time                              0.29

clock CLKP (rise edge)             5.00        5.00
clock source latency               0.00        5.00
CLKP (in)                          0.00        5.00 r
UCKBUF4/C (CKB  )                  0.07        5.07 r
UFF3/CK (DFF )                     0.00        5.07 r
clock uncertainty                 -0.30        4.77
library setup time                -0.04        4.72
data required time                             4.72
-----------------------------------------------------------
data required time                             4.72
data arrival time                             -0.29
-----------------------------------------------------------
slack (MET)                                    4.44
```

下面是保持时间报告。

```
Startpoint: UFF0 (rising edge-triggered flip-flop clocked by CLKM)
  Endpoint: UFF3 (rising edge-triggered flip-flop clocked by CLKP)
  Path Group: CLKP
  Path Type: min


Point                              Incr        Path
-----------------------------------------------------------
clock CLKM (rise edge)             0.00        0.00
clock source latency               0.00        0.00
CLKM (in)                          0.00        0.00 r
UCKBUF0/C (CKB  )                  0.06        0.06 r
UCKBUF1/C (CKB  )                  0.06        0.11 r
UFF0/CK (DFF )                     0.00        0.11 r
UFF0/Q (DFF ) <-                   0.14        0.26 r
UNAND0/ZN (ND2  )                  0.03        0.29 f
UFF3/D (DFF )                      0.00        0.29 f
data arrival time                              0.29

clock CLKP (rise edge)             0.00        0.00
clock source latency               0.00        0.00
CLKP (in)                          0.00        0.00 r
UCKBUF4/C (CKB  )                  0.07        0.07 r
UFF3/CK (DFF )                     0.00        0.07 r
clock uncertainty                  0.05        0.12
library hold time                  0.02        0.13
```

```
data required time                              0.13
----------------------------------------------------------
data required time                              0.13
data arrival time                              -0.29
----------------------------------------------------------
slack (MET)                                     0.16
```

8.10　多倍时钟

8.10.1　整数倍

在设计中经常会定义多个时钟，且这些时钟的频率互为简单倍数（整数倍数）。在这种情况下，STA 会计算所有相关时钟（如果数据路径在 2 个时钟域之间，那这 2 个时钟就是相关的）的共同基础周期（Common Base Period）。建立共同基础周期可以让所有时钟都是同步的。

下面的例子是 4 个相关时钟。

```
create_clock -name CLKM \
  -period 20 -waveform {0 10} [get_ports CLKM]
create_clock -name CLKQ -period 10 -waveform {0 5}
create_clock -name CLKP \
  -period 5 -waveform {0 2.5} [get_ports CLKP]
```

在分析 CLKP 和 CLKM 时钟域间的路径时，使用的共同基础周期是 20ns，如图 8-33 所示。

```
Expanding clock 'CLKP' to base period of 20.00 (old period was
5.00, added 6 edges).
Expanding clock 'CLKQ' to base period of 20.00 (old period was
10.00, added 2 edges).
```

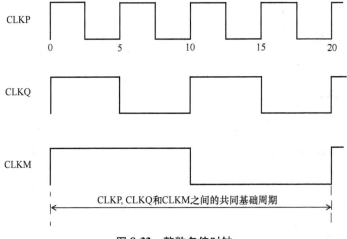

图 8-33　整数多倍时钟

下面是从快速时钟到慢速时钟路径的建立时间报告。

```
Startpoint: UFF3 (rising edge-triggered flip-flop clocked by CLKP)
  Endpoint: UFF1 (rising edge-triggered flip-flop clocked by CLKM)
  Path Group: CLKM
  Path Type: max

  Point                                Incr        Path
  ---------------------------------------------------------------
  clock CLKP (rise edge)               15.00       15.00
  clock source latency                 0.00        15.00
  CLKP (in)                            0.00        15.00 r
  UCKBUF4/C (CKB  )                    0.07        15.07 r
  UFF3/CK (DFF )                       0.00        15.07 r
  UFF3/Q (DFF ) <-                     0.15        15.22 f
  UNOR0/ZN (NR2  )                     0.05        15.27 r
  UBUF4/Z (BUFF  )                     0.05        15.32 r
  UFF1/D (DFF )                        0.00        15.32 r
  data arrival time                                15.32

  clock CLKM (rise edge)               20.00       20.00
  clock source latency                 0.00        20.00
  CLKM (in)                            0.00        20.00 r
  UCKBUF0/C (CKB  )                    0.06        20.06 r
  UCKBUF2/C (CKB  )                    0.07        20.12 r
  UFF1/CK (DFF )                       0.00        20.12 r
  clock uncertainty                   -0.30        19.82
  library setup time                  -0.04        19.78
  data required time                               19.78
  ---------------------------------------------------------------
  data required time                               19.78
  data arrival time                               -15.32
  ---------------------------------------------------------------
  slack (MET)                                      4.46
```

下面是相应的保持路径报告。

```
Startpoint: UFF3 (rising edge-triggered flip-flop clocked by CLKP)
  Endpoint: UFF1 (rising edge-triggered flip-flop clocked by CLKM)
  Path Group: CLKM
  Path Type: min

  Point                                Incr        Path
  ---------------------------------------------------------------
  clock CLKP (rise edge)               0.00        0.00
  clock source latency                 0.00        0.00
  CLKP (in)                            0.00        0.00 r
  UCKBUF4/C (CKB  )                    0.07        0.07 r
  UFF3/CK (DFF )                       0.00        0.07 r
  UFF3/Q (DFF ) <-                     0.16        0.22 r
  UNOR0/ZN (NR2  )                     0.02        0.25 f
  UBUF4/Z (BUFF  )                     0.06        0.30 f
  UFF1/D (DFF )                        0.00        0.30 f
  data arrival time                                0.30
```

```
clock CLKM (rise edge)               0.00        0.00
clock source latency                 0.00        0.00
CLKM (in)                            0.00        0.00 r
UCKBUF0/C (CKB  )                    0.06        0.06 r
UCKBUF2/C (CKB  )                    0.07        0.12 r
UFF1/CK (DFF )                       0.00        0.12 r
clock uncertainty                    0.05        0.17
library hold time                    0.01        0.19
data required time                               0.19
----------------------------------------------------------
data required time                               0.19
data arrival time                               -0.30
----------------------------------------------------------
slack (MET)                                      0.12
```

8.10.2 非整数倍

思考一种情况，2 个时钟域间有 1 条数据路径，而时钟域的频率不是彼此的整数倍。例如，发射时钟是共同时钟的 8 分频，捕获时钟是共同时钟的 5 分频，如图 8-34 所示。本小节介绍建立时间和保持时间在这种情况下是如何进行的。

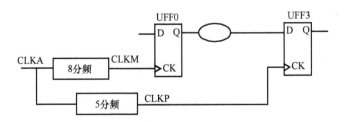

图 8-34 非整数多倍时钟

下面是时钟约束（波形如图 8-35 所示）。

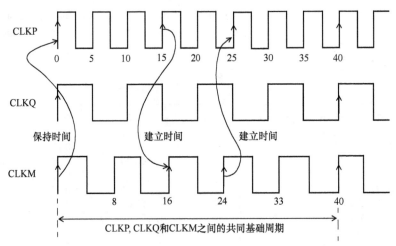

图 8-35 非整数多倍时钟的建立时间和保持时间检查

```
create_clock -name CLKM \
 -period 8 -waveform {0 4} [get_ports CLKM]
create_clock -name CLKQ -period 10 -waveform {0 5}
create_clock -name CLKP \
 -period 5 -waveform {0 2.5} [get_ports CLKP]
```

时序分析会先计算相关时钟的共同周期，然后将时钟扩展到共同基础周期。注意，共同周期只是针对相关时钟（也就是说，相互间有时序路径的时钟）。时钟 CLKQ 和 CLKP 之间数据路径的共同周期仅扩展为基础周期 10ns。时钟 CLKM 和 CLKQ 之间数据路径的共同周期是 40ns，时钟 CLKM 和 CLKP 之间数据路径的共同周期也是 40ns。

```
Expanding clock 'CLKM' to base period of 40.00 (old period was
8.00, added 8 edges).
Expanding clock 'CLKP' to base period of 40.00 (old period was
5.00, added 14 edges).
```

让我们思考从 CLKM 时钟域到 CLKP 时钟域的 1 条数据路径。时序分析所需的共同基础周期是 40ns。

建立时间检查发生在时钟发射沿和时钟捕获沿间的最小时间内。在我们从 CLKM 到 CLKP 的路径例子中，指的是时钟 CLKM 在 24ns 处发射和时钟 CLKP 在 25ns 处捕获。

```
Startpoint: UFF0 (rising edge-triggered flip-flop clocked by CLKM)
  Endpoint: UFF3 (rising edge-triggered flip-flop clocked by CLKP)
  Path Group: CLKP
  Path Type: max

  Point                                Incr        Path
  -------------------------------------------------------------------
  clock CLKM (rise edge)               24.00       24.00
  clock source latency                 0.00        24.00
  CLKM (in)                            0.00        24.00 r
  UCKBUF0/C (CKB  )                    0.06        24.06 r
  UCKBUF1/C (CKB  )                    0.06        24.11 r
  UFF0/CK (DFF )                       0.00        24.11 r
  UFF0/Q (DFF ) <-                     0.14        24.26 f
  UNAND0/ZN (ND2  )                    0.03        24.29 r
  UFF3/D (DFF )                        0.00        24.29 r
  data arrival time                                24.29

  clock CLKP (rise edge)               25.00       25.00
  clock source latency                 0.00        25.00
  CLKP (in)                            0.00        25.00 r
  UCKBUF4/C (CKB  )                    0.07        25.07 r
  UFF3/CK (DFF )                       0.00        25.07 r
  clock uncertainty                   -0.30        24.77
  library setup time                  -0.04        24.72
  data required time                               24.72
  -------------------------------------------------------------------
  data required time                               24.72
  data arrival time                               -24.29
  -------------------------------------------------------------------
  slack (MET)                                      0.44
```

下面是保持时间路径。约束最紧的保持路径是从 CLKM 在 0ns 处发射到 CLKP 在 0ns 处的捕获沿。

```
Startpoint: UFF0 (rising edge-triggered flip-flop clocked by CLKM)
  Endpoint: UFF3 (rising edge-triggered flip-flop clocked by CLKP)
  Path Group: CLKP
  Path Type: min

  Point                                    Incr          Path
  ---------------------------------------------------------------
  clock CLKM (rise edge)                   0.00          0.00
  clock source latency                     0.00          0.00
  CLKM (in)                                0.00          0.00 r
  UCKBUF0/C (CKB  )                        0.06          0.06 r
  UCKBUF1/C (CKB  )                        0.06          0.11 r
  UFF0/CK (DFF )                           0.00          0.11 r
  UFF0/Q (DFF ) <-                         0.14          0.26 r
  UNAND0/ZN (ND2  )                        0.03          0.29 f
  UFF3/D (DFF )                            0.00          0.29 f
  data arrival time                                      0.29

  clock CLKP (rise edge)                   0.00          0.00
  clock source latency                     0.00          0.00
  CLKP (in)                                0.00          0.00 r
  UCKBUF4/C (CKB  )                        0.07          0.07 r
  UFF3/CK (DFF )                           0.00          0.07 r
  clock uncertainty                        0.05          0.12
  library hold time                        0.02          0.13
  data required time                                     0.13
  ---------------------------------------------------------------
  data required time                                     0.13
  data arrival time                                     -0.29
  ---------------------------------------------------------------
  slack (MET)                                            0.16
```

现在我们检查从 CLKP 时钟域到 CLKM 时钟域的建立时间路径。在这个例子中，约束最紧的建立时间路径是从时钟 CLKP 在 15ns 处发射到时钟 CLKM 在 16ns 的捕获沿。

```
Startpoint: UFF3 (rising edge-triggered flip-flop clocked by CLKP)
  Endpoint: UFF1 (rising edge-triggered flip-flop clocked by CLKM)
  Path Group: CLKM
  Path Type: max

  Point                                    Incr          Path
  ---------------------------------------------------------------
  clock CLKP (rise edge)                   15.00         15.00
  clock source latency                     0.00          15.00
  CLKP (in)                                0.00          15.00 r
  UCKBUF4/C (CKB  )                        0.07          15.07 r
  UFF3/CK (DFF )                           0.00          15.07 r
  UFF3/Q (DFF ) <-                         0.15          15.22 f
  UNOR0/ZN (NR2  )                         0.05          15.27 r
  UBUF4/Z (BUFF  )                         0.05          15.32 r
```

```
UFF1/D (DFF )                           0.00       15.32 r
data arrival time                                  15.32

clock CLKM (rise edge)                 16.00       16.00
clock source latency                    0.00       16.00
CLKM (in)                               0.00       16.00 r
UCKBUF0/C (CKB )                        0.06       16.06 r
UCKBUF2/C (CKB )                        0.07       16.12 r
UFF1/CK (DFF )                          0.00       16.12 r
clock uncertainty                      -0.30       15.82
library setup time                     -0.04       15.78
data required time                                 15.78
----------------------------------------------------------------
data required time                                 15.78
data arrival time                                 -15.32
----------------------------------------------------------------
slack (MET)                                         0.46
```

下面是保持路径报告，约束最紧的路径还是在 0ns 处。

```
Startpoint: UFF3 (rising edge-triggered flip-flop clocked by CLKP)
  Endpoint: UFF1 (rising edge-triggered flip-flop clocked by CLKM)
  Path Group: CLKM
  Path Type: min

  Point                                   Incr       Path
  ----------------------------------------------------------------
  clock CLKP (rise edge)                  0.00       0.00
  clock source latency                    0.00       0.00
  CLKP (in)                               0.00       0.00 r
  UCKBUF4/C (CKB )                        0.07       0.07 r
  UFF3/CK (DFF )                          0.00       0.07 r
  UFF3/Q (DFF ) <-                        0.16       0.22 r
  UNOR0/ZN (NR2 )                         0.02       0.25 f
  UBUF4/Z (BUFF )                         0.06       0.30 f
  UFF1/D (DFF )                           0.00       0.30 f
  data arrival time                                  0.30

  clock CLKM (rise edge)                  0.00       0.00
  clock source latency                    0.00       0.00
  CLKM (in)                               0.00       0.00 r
  UCKBUF0/C (CKB )                        0.06       0.06 r
  UCKBUF2/C (CKB )                        0.07       0.12 r
  UFF1/CK (DFF )                          0.00       0.12 r
  clock uncertainty                       0.05       0.17

  library hold time                       0.01       0.19
  data required time                                 0.19
  ----------------------------------------------------------------
  data required time                                 0.19
  data arrival time                                 -0.30
  ----------------------------------------------------------------
  slack (MET)                                        0.12
```

8.10.3 相移

下面的例子是 2 个时钟相对于彼此有 90°相移。

create_clock -period 2.0 **-waveform** {0 1.0} [**get_ports** CKM]
create_clock -period 2.0 **-waveform** {0.5 1.5} \
　[**get_ports** CKM90]

图 8-36 所示为上面时钟的例子。下面是建立时间路径报告。

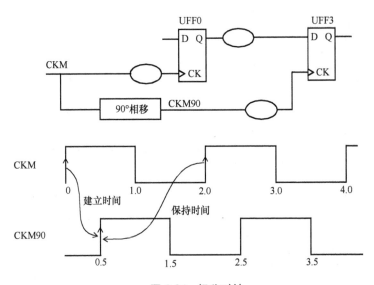

图 8-36　相移时钟

```
Startpoint: UFF0 (rising edge-triggered flip-flop clocked by CKM)
Endpoint: UFF3 (rising edge-triggered flip-flop clocked by CKM90)
  Path Group: CKM90
  Path Type: max


  Point                                  Incr        Path
  ------------------------------------------------------------
  clock CKM   (rise edge)                0.00        0.00
  clock source latency                   0.00        0.00
  CKM   (in)                             0.00        0.00 r
  UCKBUF0/C (CKB  )                       0.06        0.06 r
  UCKBUF1/C (CKB  )                       0.06        0.11 r
  UFF0/CK (DF  )                          0.00        0.11 r
  UFF0/Q (DF  ) <-                        0.14        0.26 f
  UNAND0/ZN (ND2  )                       0.03        0.29 r
  UFF3/D (DF  )                           0.00        0.29 r
  data arrival time                                  0.29

  clock CKM90(rise edge)                 0.50        0.50
  clock source latency                   0.00        0.50
```

```
CKM90(in)                         0.00        0.50 r
UCKBUF4/C (CKB  )                 0.07        0.57 r
UFF3/CK (DF  )                    0.00        0.57 r
clock uncertainty                -0.30        0.27
library setup time               -0.04        0.22
data required time                            0.22
-----------------------------------------------------------
data required time                            0.22
data arrival time                            -0.29
-----------------------------------------------------------
slack (VIOLATED)                             -0.06
```

时钟 CKM90 的第 1 个上升沿在 0.5ns 处，是捕获沿。保持时间检查是在建立时间捕获沿的 1 个周期之前。对于 2ns 处的发射沿，建立时间捕获沿在 2.5ns。所以保持时间检查是在之前的捕获沿 0.5ns 处。下面是保持时间路径时序报告。

```
Startpoint: UFF0 (rising edge-triggered flip-flop clocked by CKM)
Endpoint: UFF3 (rising edge-triggered flip-flop clocked by CKM90)
   Path Group: CKM90
   Path Type: min

   Point                         Incr        Path
   --------------------------------------------------------
   clock CKM   (rise edge)       2.00        2.00
   clock source latency          0.00        2.00
   CKM   (in)                    0.00        2.00 r
   UCKBUF0/C (CKB  )             0.06        2.06 r
   UCKBUF1/C (CKB  )             0.06        2.11 r
   UFF0/CK (DF  )                0.00        2.11 r
   UFF0/Q (DF  ) <-              0.14        2.26 r
   UNAND0/ZN (ND2  )             0.03        2.29 f
   UFF3/D (DF  )                 0.00        2.29 f
   data arrival time                         2.29

   clock CKM90(rise edge)        0.50        0.50
   clock source latency          0.00        0.50
   CLM90(in)                     0.00        0.50 r
   UCKBUF4/C (CKB  )             0.07        0.57 r
   UFF3/CK (DF  )                0.00        0.57 r
   clock uncertainty             0.05        0.62
   library hold time             0.02        0.63
   data required time                        0.63
   --------------------------------------------------------
   data required time                        0.63
   data arrival time                        -2.29
   --------------------------------------------------------
   slack (MET)                               1.66
```

其他时需检查，比如数据到数据的检查和时钟门检查，在第 10 章有描述。

第9章 接口分析

本章介绍了对各种类型的输入和输出路径时序分析过程,以及几种常用接口。特种接口比如 SRAM 的时序分析,以及源同步接口比如 DDR SDRAM 使用的接口的时序分析也在本章有描述。

9.1 IO 接口

本节将通过一些例子来说明 DUA 的输入和输出端口的约束是如何定义的。之后几节提供了一些 SRAM 和 DDR SDRAM 接口时序约束的例子。

9.1.1 输入接口

有两种常见的可选择的指定输入时序的方法:

1) 以 AC 约束[○]的形式指定 DUA 的输入端的波形;

2) 指定到输入端的外部逻辑的路径延迟。

1. 在输入端口的波形约束

思考图 9-1 所示的输入 AC 约束。该约束包括输入 CIN 在时钟 CLKP 上升沿之前在 4.3ns 稳定,而且该值要在时钟上升沿后保持稳定到 2ns。

先思考 4.3ns 的约束。时钟周期是 8ns(见图 9-1),该约束(4.3ns)映射为从虚拟触发器(驱动这个输入的触发器)到输入 CIN 的延迟。从虚拟触发器时钟到 CIN 的延迟最大是 (8.0-4.3)= 3.7ns,最大延迟就是 3.7ns。这确保了输入 CIN 的数据在上升沿之前 4.3ns 到达。所以,这部分的 AC 约束可以等同于指定最大输入延迟为 3.7ns。

AC 约束也指定了输入 CIN 在时钟上升沿后稳定 2ns。该约束也映射为从虚拟触发器的延迟,也就是从虚拟触发器到输入 CIN 的延迟必须至少是 2.0ns。所以,指定的最小输入延迟是 2.0ns。

下面是输入约束。

```
create_clock -name CLKP -period 8 [get_ports CLKP]
set_input_delay -min 2.0 -clock CLKP [get_ports CIN]
set_input_delay -max 3.7 -clock CLKP [get_ports CIN]
```

○ 数字器件的约束有两部分:DC——恒定值(静态的),以及 AC——变化的波形(动态的)。

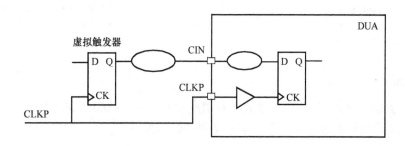

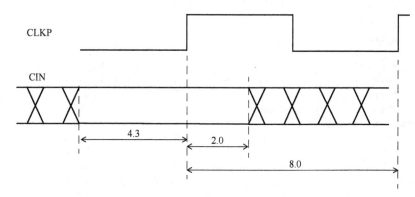

图 9-1　输入端口的 AC 约束

下面是该输入条件下设计的路径报告。第 1 个是建立时间报告。

```
Startpoint: CIN (input port clocked by CLKP)
Endpoint: UFF4 (rising edge-triggered flip-flop clocked by CLKP)
Path Group: CLKP
Path Type: max

Point                                    Incr       Path
--------------------------------------------------------------------
clock CLKP (rise edge)                   0.00       0.00
clock network delay (propagated)         0.00       0.00
input external delay                     3.70       3.70 f
CIN (in)                                 0.00       3.70 f
UBUF5/Z (BUFF  )                         0.05       3.75 f
UXOR1/Z (XOR2  )                         0.10       3.85 r
UFF4/D (DF  )                            0.00       3.85 r
data arrival time                                   3.85

clock CLKP (rise edge)                   8.00       8.00
clock source latency                     0.00       8.00
CLKP (in)                                0.00       8.00 r
UCKBUF4/C (CKB  )                        0.07       8.07 r
UCKBUF5/C (CKB  )                        0.06       8.13 r
UFF4/CP (DF  )                           0.00       8.13 r
library setup time                      -0.05       8.08
```

```
data required time                              8.08
------------------------------------------------------------
data required time                              8.08
data arrival time                              -3.85
------------------------------------------------------------
slack (MET)                                     4.23
```

指定的最大输入延迟（3.7ns）加到了数据路径上。建立时间检查确保在 DUA 中的延迟小于 4.3ns 且正确的数据可以被锁存。下面是保持时间报告。

```
Startpoint: CIN (input port clocked by CLKP)
Endpoint: UFF4 (rising edge-triggered flip-flop clocked by CLKP)

Path Group: CLKP
Path Type: min

Point                                Incr        Path
------------------------------------------------------------
clock CLKP (rise edge)               0.00        0.00
clock network delay (propagated)     0.00        0.00
input external delay                 2.00        2.00 r
CIN (in) <-                          0.00        2.00 r
UBUF5/Z (BUFF  )                     0.05        2.05 r
UXOR1/Z (XOR2  )                     0.07        2.12 r
UFF4/D (DF  )                        0.00        2.12 r
data arrival time                                2.12

clock CLKP (rise edge)               0.00        0.00
clock source latency                 0.00        0.00
CLKP (in)                            0.00        0.00 r
UCKBUF4/C (CKB  )                    0.07        0.07 r
UCKBUF5/C (CKB  )                    0.06        0.13 r
UFF4/CK (DF  )                       0.00        0.13 r
clock uncertainty                    0.05        0.18
library hold time                   -0.00        0.17
data required time                               0.17
------------------------------------------------------------
data required time                               0.17
data arrival time                               -2.12
------------------------------------------------------------
slack (MET)                                      1.95
```

最小输入延迟在保持时间检查时加到了数据路径上。该检查保证了最早数据改变发生在时钟沿之后 2ns，且不会覆盖触发器上之前的数据。

2. 输入端口的路径延迟约束

当外部逻辑到输入的路径延迟是已知的，指定输入延迟约束就是一项简单的任务。外部逻辑路径到输入的任何延迟相加，然后用命令 set_input_delay 指定路径延迟。

图 9-2 表明了 1 个外部逻辑路径到输入的例子。延迟 Tck2q 和 Tc1 相加得到外部延迟。已知 Tck2q 和 Tc1，输入延迟直接通过 Tck2q+Tc1 得到。

外部最大和最小路径转换为下面的输入约束。

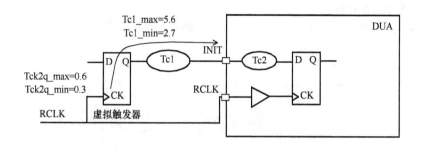

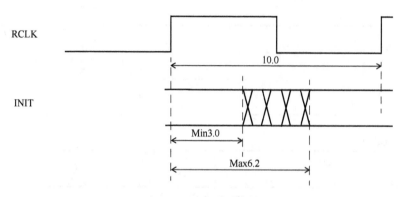

图 9-2 输入路径延迟约束

```
create_clock -name RCLK -period 10 [get_ports RCLK]
set_input_delay -max 6.2 -clock RCLK [get_ports INIT]
set_input_delay -min 3.0 -clock RCLK [get_ports INIT]
```

上述约束的路径报告和 8.1 节以及 8.2 节中的报告相似。

注意，当计算设计中触发器数据引脚的到达时间时，选择最大还是最小延迟值加到数据路径，取决于是进行最大路径检查（建立时间）还是最小路径检查（保持时间）。

9.1.2 输出接口

类似于输入的例子，有两种常见的可选择的指定输出时序要求的方法：

1）以 AC 约束的形式指定 DUA 的输出端的所需波形；

2）指定外部逻辑的路径延迟。

1. 输出波形约束

思考图 9-3 所示的输出 AC 约束。输出 QOUT 应该在时钟 CLKP 的上升沿之前 2ns 保持稳定。而且，输出应该保持不变直到时钟上升沿后 1.5ns。这些约束通常是从和 QOUT 交互的外部模块的建立时间和保持时间要求中得到的。

下面是实现输出上这些要求的约束。

```
create_clock -name CLKP -period 6 \
  -waveform {0 3} [get_ports CLKP}
```

虚拟触发器的建立时间：
set_output_delay -clock CLKP **-max** 2.0 [**get_ports** QOUT]
虚拟触发器的保持时间：
set_output_delay -clock CLKP **-min** -1.5 [**get_ports** QOUT]

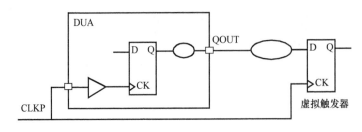

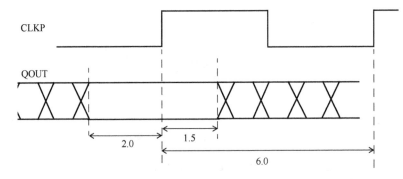

图 9-3　输出 AC 约束

最大输出路径延迟指定为 2.0ns。这保证数据 QOUT 在时钟沿 2ns 之前改变。最小输出路径延迟为 1.5ns，指定了虚拟触发器的需求，也就是保证了输出 QOUT 1.5ns 的保持时间需求。保持时间需求 1.5ns 对应着 set_output_delay 中 min 为−1.5ns。

下面是建立时间路径报告。

```
Startpoint: UFF6 (rising edge-triggered flip-flop clocked by CLKP)
  Endpoint: QOUT (output port clocked by CLKP)
  Path Group: CLKP
  Path Type: max

  Point                          Incr        Path
  --------------------------------------------------------------
  clock CLKP (rise edge)          0.00        0.00
  clock source latency            0.00        0.00
  CLKP (in)                       0.00        0.00 r
  UCKBUF4/C (CKB  )               0.07        0.07 r
  UCKBUF6/C (CKB  )               0.07        0.14 r
  UCKBUF7/C (CKB  )               0.05        0.19 r
  UFF6/CK (DFCN  )                0.00        0.19 r
  UFF6/Q (DFCN  )                 0.16        0.35 r
  UAND1/Z (AN2  )                 1.31        1.66 r
```

```
QOUT (out)                              0.00        1.66 r
data arrival time                                   1.66

clock CLKP (rise edge)                  6.00        6.00
clock network delay (propagated)        0.00        6.00
clock uncertainty                      -0.30        5.70
output external delay                  -2.00        3.70
data required time                                  3.70
-------------------------------------------------------------
data required time                                  3.70
data arrival time                                  -1.66
-------------------------------------------------------------
slack (MET)                                         2.04
```

从下一个时钟沿减去最大输出延迟，以确定 DUA 输出端口所需的到达时间。

下面是保持时间检查路径报告。

```
Startpoint: UFF4 (rising edge-triggered flip-flop clocked by CLKP)
 Endpoint: QOUT (output port clocked by CLKP)
 Path Group: CLKP
 Path Type: min

 Point                             Incr        Path
 -------------------------------------------------------------
 clock CLKP (rise edge)            0.00        0.00
 clock source latency              0.00        0.00
 CLKP (in)                         0.00        0.00 r
 UCKBUF4/C (CKB  )                 0.07        0.07 r
 UCKBUF5/C (CKB  )                 0.06        0.13 r
 UFF4/CK (DF  )                    0.00        0.13 r
 UFF4/Q (DF  )                     0.14        0.27 f
 UAND1/Z (AN2  )                   0.75        1.02 f
 QOUT (out)                        0.00        1.02 f
 data arrival time                             1.02

 clock CLKP (rise edge)            0.00        0.00
 clock network delay (propagated) 0.00        0.00
 clock uncertainty                 0.05        0.05
 output external delay             1.50        1.55
 data required time                            1.55
 -------------------------------------------------------------
 data required time                            1.55
 data arrival time                            -1.02
 -------------------------------------------------------------
 slack (VIOLATED)                             -0.53
```

从捕获时钟沿减去最小输出延迟（−1.5ns），以确定 DUA 输出端口最早到达时间是否满足保持时间要求。最小输出延迟需求为负值是很常见的。

2. 输出外部路径延迟

在本例中，外部逻辑的路径延迟明确指定了。见图 9-4 中的例子。

让我们先来看建立时间检查。最大输出延迟（set_output_delay-max）是从 Tc2_max 和 Tsetup 得到的。为了检查 DUA 内部的触发器（比如 UFF0）和虚拟触发器之间输出路径的建

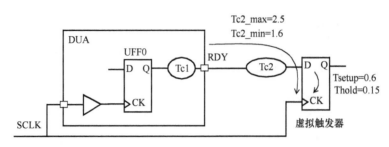

图 9-4　输出路径延迟约束

立时间需求，最小输出延迟指定为（Tc2_min-Thold）。

输出上的约束转化为以下命令：

create_clock -name SCLK **-period** 5 [**get_ports** SCLK]
外部逻辑的建立时间（*Tc2_max* = 2.5, *Tsetup* = 0.6）：
set_output_delay -max 3.1 **-clock** SCLK [**get_ports** RDY]
外部逻辑的保持时间（*Tc2_min*=1.6, *Thold*=0.15）：
set_output_delay -min 1.45 **-clock** SCLK [**get_ports** RDY]

上述约束的路径报告和 8.1 节以及 8.2 节中的报告相似。

9.1.3　时序窗口内的输出变化

命令 set_output_delay 可以对应时钟指定输出信号的最大和最小到达时间。本小节考虑一种特殊的例子，当输出只能在相对于时钟沿的时序窗口内变化，可以指定约束来验证情况。这种需求通常是为了验证源同步接口的时序。

在源同步接口，时钟也和数据一样作为输出。在这种情况下，通常对时钟和数据的时序关系有要求。例如，输出数据可能被要求只在时钟上升沿附近的指定时序窗口变化。

图 9-5 所示的例子展示了源同步接口的需求。

这个需求是 DATAQ 的每个比特位都只能在指定的时间窗口内变化，该窗口是时钟上升沿前 2ns 到时钟上升沿后 1ns。这和之前小节中讨论的输出延迟约束有很大不同，之前的约束是数据引脚被要求在是时钟上升沿附近的时间窗口内保持稳定。

我们以 CLKM 为主时钟创建了生成时钟 CLK_STROBE。这帮助指定对应接口需求的时序约束。

create_clock -name CLKM **-period** 6 [**get_ports** CLKM}
create_generated_clock -name CLK_STROBE **-source** CLKM \
　-divide_by 1 [**get_ports** CLK_STROBE]

窗口需求通过 1 个组合来指定，包括建立时间和保持时间检查，以及多周期路径约束。该时序需求映射到建立时间检查上，该检查必须出现在单一的上升沿（发射和捕获是同一沿）。所以，我们为建立时间检查指定多周期值为 0。

set_multicycle_path 0 **-setup -to** [**get_ports** DATAQ]

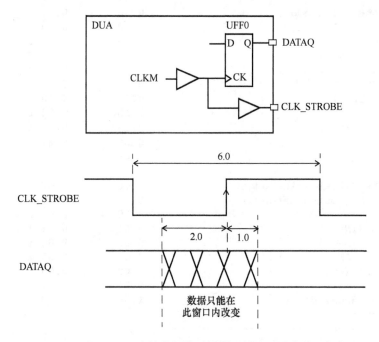

图 9-5　只允许数据在时钟附近的窗口改变

另外，保持时间检查也必须在同沿上，所以我们需要为保持时间检查指定多周期值为–1（减 1）。

set_multicycle_path -1 **-hold -to** [**get_ports** DATAQ]

现在我们相对于时钟 CLK_STROBE 指定输出的时序约束。

set_output_delay -max -1.0 **-clock** CLK_STROBE \
  [**get_ports** DATAQ]
set_output_delay -min +2.0 **-clock** CLK_STROBE \
  [**get_ports** DATAQ]

注意，输出延迟约束 min 的值比 max 的值大。这种异常是存在的，因为在这种情况下，输出延迟约束没有对应真实的逻辑块。典型输出延迟约束对应输出端连接的逻辑块，和典型的输出接口不同，在源同步接口的 set_output_delay 命令只是一种机制，验证输出是否被约束在时钟附近的指定窗口内变化。所以，我们会看到 min 输出延迟约束大于 max 输出延迟约束的反常现象。

下面是指定约束的建立时间检查路径报告。

```
Startpoint: UFF0 (rising edge-triggered flip-flop clocked by CLKM)
  Endpoint: DATAQ (output port clocked by CLK_STROBE)
  Path Group: CLK_STROBE
  Path Type: max

  Point                                     Incr       Path
  -------------------------------------------------------------
```

```
clock CLKM (rise edge)            0.00      0.00
clock source latency              0.00      0.00
CLKM (in)                         0.00      0.00 r
UINV0/ZN (INV  )                  0.01      0.01 f
UINV1/ZN (INV  )                  0.03      0.04 r
UCKBUF0/C (CKB  )                 0.06      0.10 r
UFF0/CK (DF  )                    0.00      0.10 r
UFF0/Q (DF  )                     0.13      0.23 r
UBUF1/Z (BUFF  )                  0.38      0.61 r
DATAQ (out)                       0.00      0.61 r
data arrival time                           0.61

clock CLK_STROBE (rise edge)      0.00      0.00
clock CLKM (source latency)       0.00      0.00
CLKM (in)                         0.00      0.00 r
UINV0/ZN (INV  )                  0.01      0.01 f
UINV1/ZN (INV  )                  0.03      0.04 r
UCKBUF1/C (CKB  )                 0.05      0.09 r
CLK_STROBE (out)                  0.00      0.09 r
clock uncertainty                -0.30     -0.21
output external delay             1.00      0.79
data required time                          0.79
-----------------------------------------------------------
data required time                          0.79
data arrival time                          -0.61
-----------------------------------------------------------
slack (MET)                                 0.18
```

注意，发射沿和捕获沿是同一个时钟沿，也就是时间 0。报告表明 DATAQ 在时间 0.61ns 改变，而 CLK_STROBE 在时间 0.09ns 改变。因为 DATAQ 可以在 CLK_STROBE 的 1ns 内改变，所以在考虑时钟不确定性 0.3ns 后，这里的裕量是 0.18ns。

下面是检查时钟另一侧界限的保持时间路径报告。

```
Startpoint: UFF0 (rising edge-triggered flip-flop clocked by CLKM)
  Endpoint: DATAQ (output port clocked by CLK_STROBE)
  Path Group: CLK_STROBE
  Path Type: min

Point                             Incr      Path
-----------------------------------------------------------
clock CLKM (rise edge)            0.00      0.00
clock source latency              0.00      0.00
CLKM (in)                         0.00      0.00 r
UINV0/ZN (INV  )                  0.01      0.01 f
UINV1/ZN (INV  )                  0.03      0.04 r
UCKBUF0/C (CKB  )                 0.06      0.10 r
UFF0/CK (DF  )                    0.00      0.10 r
UFF0/Q (DF  )                     0.13      0.23 f
UBUF1/Z (BUFF  )                  0.25      0.48 f
DATAQ (out)                       0.00      0.48 f
data arrival time                           0.48
```

```
clock CLK_STROBE (rise edge)          0.00      0.00
clock CLKM (source latency)           0.00      0.00
CLKM (in)                             0.00      0.00 r
UINV0/ZN (INV  )                      0.01      0.01 f
UINV1/ZN (INV  )                      0.03      0.04 r
UCKBUF1/C (CKB  )                      0.05      0.09 r
CLK_STROBE (out)                      0.00      0.09 r
clock uncertainty                     0.05      0.14
output external delay                -2.00     -1.86
data required time                             -1.86
------------------------------------------------------------
data required time                             -1.86
data arrival time                              -0.48
------------------------------------------------------------
slack (MET)                                     2.35
```

对于最小路径分析，DATAQ 在 0.48ns 到达，而 CLK_STROBE 在 0.09ns 到达。因为需求是数据可以在 CLK_STROBE 之前最早 2ns 内变化，在考虑时钟不确定性 50ps 后，我们得到裕量为 2.35ns。

图 9-6 描述了另 1 个源同步接口的例子。在本例中，输出时钟是主时钟的 2 分频时钟，是数据同步接口的一部分。POUT 被约束在 QCLKOUT 之前的 2ns 到之后的 1ns 之间改变。

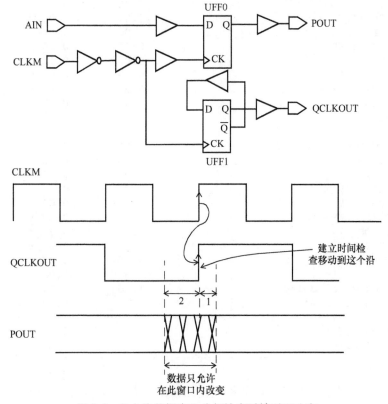

图 9-6　只允许数据在 2 分频输出时钟附近改变

下面是对应的约束。

create_clock -name CLKM **-period** 6 [**get_ports** CLKM}
create_generated_clock -name QCLKOUT **-source** CLKM \
 -divide_by 2 [**get_ports** QCLKOUT]

set_multicycle_path 0 **-setup -to** [**get_ports** POUT]
set_multicycle_path -1 **-hold -to** [**get_ports** POUT]

set_output_delay -max -1.0 **-clock** QCLKOUT [**get_ports** POUT]
set_output_delay -min +2.0 **-clock** QCLKOUT [**get_ports** POUT]

下面是建立时间报告。

```
Startpoint: UFF0 (rising edge-triggered flip-flop clocked by CLKM)
  Endpoint: POUT (output port clocked by QCLKOUT)
  Path Group: QCLKOUT
  Path Type: max
```

Point	Incr	Path
clock CLKM (rise edge)	0.00	0.00
clock source latency	0.00	0.00
CLKM (in)	0.00	0.00 r
UINV0/ZN (INV)	0.01	0.01 f
UINV1/ZN (INV)	0.03	0.04 r
UCKBUF0/C (CKB)	0.06	0.10 r
UFF0/CK (DF)	0.00	0.10 r
UFF0/Q (DF)	0.13	0.23 r
UBUF1/Z (BUFF)	0.38	0.61 r
POUT (out)	**0.00**	**0.61 r**
data arrival time		0.61
clock QCLKOUT (rise edge)	0.00	0.00
clock CLKM (source latency)	0.00	0.00
CLKM (in)	0.00	0.00 r
UINV0/ZN (INV)	0.01	0.01 f
UINV1/ZN (INV)	0.03	0.04 r
UCKBUF1/C (CKB)	0.06	0.10 r
UFF1/Q (DF)	0.13	0.23 r
UBUF2/Z (BUFF)	0.04	0.27 r
QCLKOUT (out)	**0.00**	**0.27 r**
clock uncertainty	-0.30	-0.03
output external delay	**1.00**	0.97
data required time		0.97
data required time		0.97
data arrival time		-0.61
slack (MET)		**0.36**

注意，多周期约束已经把建立时间检查往回移动 1 个周期，所以检查在同一个时钟沿上进行。输出 POUT 在 0.61ns 进行，时钟 QCLKOUT 在 0.27ns 改变。考虑到改变要在 1ns 内，

时钟不确定性是 0.30ns，我们得到裕量为 0.36ns。

下面是转换窗口另一个约束的保持路径报告。

```
Startpoint: UFF0 (rising edge-triggered flip-flop clocked by CLKM)
  Endpoint: POUT (output port clocked by QCLKOUT)
  Path Group: QCLKOUT
  Path Type: min

Point                               Incr        Path
--------------------------------------------------------------
clock CLKM (rise edge)              0.00        0.00
clock source latency               0.00        0.00
CLKM (in)                          0.00        0.00 r
UINV0/ZN (INV  )                   0.01        0.01 f
UINV1/ZN (INV  )                   0.03        0.04 r
UCKBUF0/C (CKB  )                  0.06        0.10 r
UFF0/CK (DF  )                     0.00        0.10 r
UFF0/Q (DF  )                      0.13        0.23 f
UBUF1/Z (BUFF  )                   0.25        0.48 f
POUT (out)                         0.00        0.48 f
data arrival time                              0.48

clock QCLKOUT (rise edge)          0.00        0.00
clock CLKM (source latency)        0.00        0.00
CLKM (in)                          0.00        0.00 r
UINV0/ZN (INV  )                   0.01        0.01 f
UINV1/ZN (INV  )                   0.03        0.04 r
UCKBUF1/C (CKB  )                  0.06        0.10 r
UFF1/Q (DF  )                      0.13        0.23 r
UBUF2/Z (BUFF  )                   0.04        0.27 r
QCLKOUT (out)                      0.00        0.27 r

clock uncertainty                  0.05        0.32
output external delay             -2.00       -1.68
data required time                            -1.68
--------------------------------------------------------------
data required time                            -1.68
data arrival time                             -0.48
--------------------------------------------------------------
slack (MET)                                    2.17
```

路径报告显示数据是在允许的 QCLKOUT 时钟沿之前 2ns 的窗口内改变的，裕量是 2.17ns。

9.2　SRAM 接口

所有 SRAM 接口的数据传输只发生在时钟的有效沿。所有被 SRAM 锁存的信号，或者被 SRAM 发射的信号都只发生在有效时钟沿。组成 SRAM 接口的信号包括命令，地址和控制输出总线（Control Output Bus，CAC），双向数据总线（Bidirectional Data Bus，DQ）以及时钟。在写周期内，DUA 写入 SRAM 信号，数据和地址从 DUA 到 SRAM 并被 SRAM 在有效时钟沿锁存。在读周期内，地址信号依旧是从 DUA 到 SRAM，但是数据信号是从 SRAM 到 DUA。所以地址和控制信号是单向的，从 DUA 到 SRAM，如图 9-7 所示。DLL[⊖]（Delay Locked Loop，延迟锁相环）通常摆放在时钟路径上。如果需要的话，DLL 允许时钟被延迟，以应对各种信号经过接口的延迟变化，这些变化是由 PVT 偏差和其他外部变化引起的。通过考虑这些变化，对于不论进出 SRAM 的读周期还是写周期，数据传输都有很好的时序余量。

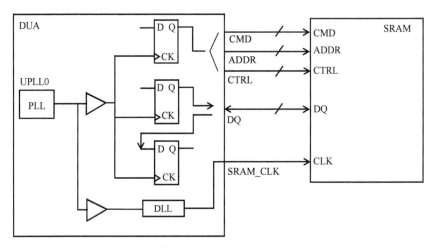

图 9-7　SRAM 接口

图 9-8 所示为一个典型的 SRAM 接口的 AC 特性。注意图 9-8 中的 Data in 和 Data out 指的是 SRAM 看到的方向；SRAM 看到的 Data out 就是 DUA 的输入，SRAM 看到的 Data in 就是 DUA 的输出。这些需求转换为下面的 DUA 和 SRAM 间的 IO 接口约束。

```
# 第1步，在输出端口UPLL0定义主时钟:
create_clock -name PLL_CLK -period 5 [get_pins UPLL0/CLKOUT]
# 接下来，在DUA的时钟输出引脚定义1个生成时钟:
create_generated_clock -name SRAM_CLK \
  -source [get_pins UPLL0/CLKOUT] -divide_by 1 \
  [get_ports SRAM_CLK]
# 约束地址和控制:
set_output_delay -max 1.5 -clock SRAM_CLK \
  [get_ports ADDR[0]]
set_output_delay -min -0.5 -clock SRAM_CLK \
  [get_ports ADDR[0]]
. . .
# 约束DUA输出的数据:
set_output_delay -max 1.7 -clock SRAM_CLK [get_ports DQ[0]]
```

⊖　见参考文献［BES07］。

set_output_delay **-min** -0.8 **-clock** SRAM_CLK [**get_ports** DQ[0]]
约束进入DUA的数据：
set_input_delay **-max** 3.2 **-clock** SRAM_CLK [**get_ports** DQ[0]]
set_input_delay **-min** 1.7 **-clock** SRAM_CLK [**get_ports** DQ[0]]
. . .

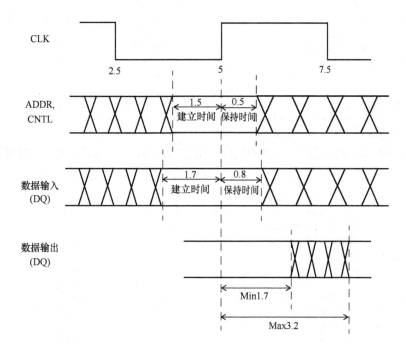

图 9-8　SRAM AC 特性

下面是地址引脚典型的建立时间路径报告。

```
Startpoint: UFF0 (rising edge-triggered flip-flop clocked by CLKM)
  Endpoint: ADDR (output port clocked by SRAM_CLK)
  Path Group: SRAM_CLK
  Path Type: max
```

Point	Incr	Path
clock CLKM (rise edge)	**0.00**	0.00
clock source latency	0.00	0.00
CLKM (in)	0.00	0.00 r
UINV0/ZN (INV)	0.01	0.01 f
UINV1/ZN (INV)	0.04	0.05 r
UCKBUF0/C (CKB)	0.06	0.11 r
UFF0/CP (DF)	0.00	0.11 r
UFF0/Q (DF)	0.13	0.24 f
UBUF1/Z (BUFF)	0.05	0.29 f
ADDR (out)	**0.00**	**0.29 f**
data arrival time		0.29

```
    clock SRAM_CLK (rise edge)          10.00        10.00
    clock CLKM (source latency)          0.00        10.00
    CLKM (in)                            0.00        10.00 r
    UINV0/ZN (INV  )                     0.01        10.01 f
    UINV1/ZN (INV  )                     0.04        10.05 r
    UCKBUF2/C (CKB  )                    0.05        10.10 r
    SRAM_CLK (out)                       0.00        10.10 r
    clock uncertainty                   -0.30         9.80
    output external delay               -1.50         8.30
    data required time                                8.30
    ------------------------------------------------------------
    data required time                                8.30
    data arrival time                                -0.29
    ------------------------------------------------------------
    slack (MET)                                       8.01
```

建立时间检查确保地址信号在 SRAM_CLK 沿之前 1.5ns（存储器地址引脚的建立时间）到达存储器。

下面是同一个引脚的保持时间路径报告。

```
Startpoint: UFF0 (rising edge-triggered flip-flop clocked by CLKM)
  Endpoint: ADDR (output port clocked by SRAM_CLK)
  Path Group: SRAM_CLK
  Path Type: min

    Point                               Incr         Path
    ------------------------------------------------------------
    clock CLKM (rise edge)               0.00         0.00
    clock source latency                 0.00         0.00
    CLKM (in)                            0.00         0.00 r
    UINV0/ZN (INV  )                     0.01         0.01 f
    UINV1/ZN (INV  )                     0.04         0.05 r
    UCKBUF0/C (CKB  )                    0.06         0.11 r
    UFF0/CP (DF  )                       0.00         0.11 r
    UFF0/Q (DF  )                        0.13         0.24 r
    UBUF1/Z (BUFF  )                     0.04         0.28 r
    ADDR (out)                           0.00         0.28 r
    data arrival time                                 0.28

    clock SRAM_CLK (rise edge)           0.00         0.00
    clock CLKM (source latency)          0.00         0.00
    CLKM (in)                            0.00         0.00 r
    UINV0/ZN (INV  )                     0.01         0.01 f
    UINV1/ZN (INV  )                     0.04         0.05 r
    UCKBUF2/C (CKB  )                    0.05         0.10 r
    SRAM_CLK (out)                       0.00         0.10 r
    clock uncertainty                    0.05         0.15
    output external delay                0.50         0.65
    data required time                                0.65
    ------------------------------------------------------------
    data required time                                0.65
    data arrival time                                -0.28
```

```
--------------------------------------------------------------------
slack (VIOLATED)                                            -0.37
```
保持时间检查确保地址在时钟沿之后 0.5ns 内保持稳定。

9.3 DDR SDRAM 接口

DDR SDRAM 接口可以被认为是为上一节中描述的 SRAM 接口的扩展。像 SRAM 接口一样，它有两类主要总线。图 9-9 说明了 DUA 和 SDRAM 间的总线连接和总线方向。第一组总线，是由命令，地址，和控制引脚（通常称为 CAC）组成的，使用标准方案在存储器时钟的 1 个时钟沿（或者每个时钟周期）发出信息。两组双向总线包括 DQ，也就是数据总线，以及 DQS，也就是数据选通脉冲。DDR 接口的最大不同就是双向数据选通脉冲 DQS。DQS 脉冲可以应用于 1 组数据信号。这允许数据信号（每字节 1 个或每半个字节 1 个）和选通脉冲有紧密匹配的时序。如果时钟是整个数据总线的共同时钟，那在共同时钟信号下这样的紧密匹配或许无法实现。双向选通脉冲信号 DQS 是用于读操作和写操作的。选通脉冲是用来在 2 个沿（下降沿和上升沿或者双倍数据速率）捕获数据的。在 SDRAM 的读模式下，DQ 总线和数据选通脉冲 DQS（不是存储器时钟）是源同步的，也就是说当 DQ 和 DQS 从 SDRAM 发出，它们是对齐（Aligned）的。在另一个方向，也就是当 DUA 发射数据，DQS 相位偏移 90°。注意数据 DQ 和选通脉冲 DQS 的沿是从 DUA 内的存储器时钟来的。

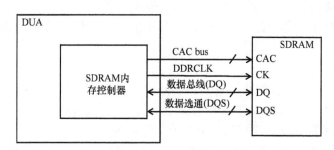

图 9-9　DDR SDRAM 接口

如上所述，1 个数据选通脉冲 DQS 对应一组 DQ 信号（4bit 或 8bit）。这样对应是为了所有位的 DA 和 DQS 之间的偏移平衡（Skew Balancing）要求更容易被满足。例如，1 个 DQS 对应 1Byte，需要平衡一组 9 个信号（8 个 DQ 和 1 个 DQS），肯定比平衡 72bit 数据总线和时钟容易得多。

上面的描述并不是对 DDR SDRAM 的 1 个完整解释，但是足够解释这种接口的时序要求。

图 9-10 表明典型 DDR SDRAM 接口 CAC 总线（在 DUA 处）的 AC 特性。CAC 总线的建立时间和保持时间需求映射为下面的接口约束。

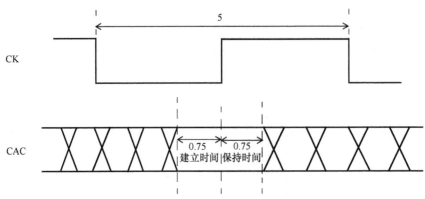

图 9-10 对于典型 DDR SDRAM 接口的 CAC 信号的 AC 特性

```
# DDRCLK是典型的DUA内部PLL时钟的生成时钟:
create_generated_clock -name DDRCLK \
  -source [get_pins UPLL0/CLKOUT]\
  -divide_by 1 [get_ports DDRCLK]
# 为CAC的每1位设置输出约束:
set_output_delay -max 0.75 -clock DDRCLK [get_ports CAC]
set_output_delay -min -0.75 -clock DDRCLK [get_ports CAC]
```

在某些情况下，地址总线可能比时钟驱动大很多的负载，特别是和不能插入缓冲器（Unbuffered）的存储器模块交互时。在这种情况下，地址总线到存储器的延迟比时钟信号大得多，该延迟可能会导致 AC 约束与图 9-10 中描述的有不同。

DQS 和 DQ 的对齐在读周期与写周期中是不同的。在下面的小节中有进一步解释。

9.3.1 读周期

在 1 个读周期内，存储器的数据输出和 DQS 是沿对齐的（Edge-Aligned）。图 9-11 展示了波形；图中 DQ 和 DQS 代表了存储器引脚上的信号。存储器在 DQS 的每个沿发出数据（DQ），DQ 转换时间和 DQS 的下降沿和上升沿是沿对齐的。

因为 DQS 脉冲信号和 DQ 数据信号通常是互相对齐的，DUA 内部的存储器控制器常用 DLL（Delay Locked Loop，延迟锁相环）（或者其他方法来实现 1/4 周期的延迟）来延迟 DQS，以实现延迟的 DQS 沿和数据有效窗口中心对齐的目的。

即使 DQ 和 DQS 在存储器内通常是对齐的，但 DQ 和 DQS 脉冲信号在 DUA 内部的存储器控制器里或许不再是对齐的。这可能是因为 IO 缓冲器之间的延迟差异，或者诸如 PCB 互连走线差异等因素造成的。

图 9-12 展示了基础读取原理。正向沿触发的触发器在 DQS_DLL 的上升沿捕捉到了数据 DQ，负向沿触发的触发器在 DQS_DLL 的下降沿捕捉到了数据 DQ。虽然在 DQ 路径上没有标明 DLL，但很多设计可能也在数据路径上包含有 DLL。这允许进行延迟信号（处理由于 PVT 或互连线长度，又或者其他差异造成的变化），从而让数据可以精准得在数据有效窗口中间被取样。

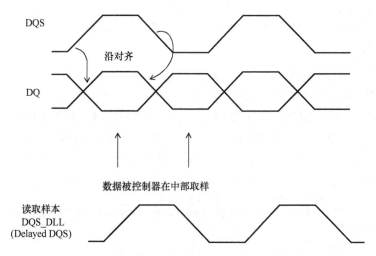

图 9-11 DDR 读周期内 DQS 和 DQ 信号在寄存器引脚

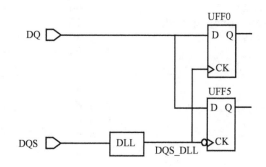

图 9-12 在内存控制器中的读取原理

为了约束控制器上的读取接口，在 DQS 定义一个时钟，在数据上相对于该时钟指定输入延迟。

create_clock -period 5 **-name** DQS [**get_ports** DQS]

上面时钟假设存储器读取接口工作在 200MHz（相当于 400Mbps，因为数据是在时钟 2 个沿上都传送的），对应着 DQ 信号每 2.5ns 被取样一次。因为数据是在 2 个沿被捕获，需要对每个沿都明确指定输入约束。

```
# 对于时钟上升沿：
set_input_delay 0.4 -max -clock DQS [get_ports DQ]
set_input_delay -0.4 -min -clock DQS [get_ports DQ]
# 上面约束是相对于时钟上升沿（默认）。

# 类似的，对于时钟下降沿：
set_input_delay 0.35 -max -clock DQS -clock_fall \
```

```
  [get_ports DQ]
set_input_delay -0.35 -min -clock DQS -clock_fall \
  [get_ports DQ]
# 发射和捕获是同沿:
set_multicycle_path 0 -setup -to UFF0/D
set_multicycle_path 0 -setup -to UFF5/D
```

输入延迟代表在 DUA 引脚上,DQ 和 DQS 沿之间的延迟差异。即使它们通常是从存储器同时发射的,也存在有基于存储器规范的时序公差。所以,DUA 内部控制器的设计就应该考虑 2 个信号可能互相存在偏移。下面是 2 个触发器的建立时间路径报告。假设捕获触发器的建立时间需求是 0.05ns,保持时间需求是 0.03ns。DLL 延迟假设为 1.25ns,也就是 1/4 个周期。

```
Startpoint: DQ (input port clocked by DQS)
Endpoint: UFF0 (rising edge-triggered flip-flop clocked by DQS)
Path Group: DQS
Path Type: max


Point                                   Incr        Path
-----------------------------------------------------------------

clock DQS (rise edge)                   0.00        0.00
clock network delay (propagated)        0.00        0.00
input external delay                    0.40        0.40 f
DQ (in)                                 0.00        0.40 f
UFF0/D (DF  )                           0.00        0.40 f
data arrival time                                   0.40

clock DQS (rise edge)                   0.00        0.00
clock source latency                    0.00        0.00
DQS (in)                                0.00        0.00 r
UDLL0/Z (DLL  )                         1.25        1.25 r
UFF0/CP (DF  )                          0.00        1.25 r
library setup time                     -0.05        1.20
data required time                                  1.20
-----------------------------------------------------------------
data required time                                  1.20
data arrival time                                  -0.40
-----------------------------------------------------------------
slack (MET)                                         0.80


Startpoint: DQ (input port clocked by DQS)
Endpoint: UFF5 (falling edge-triggered flip-flop clocked by DQS)
Path Group: DQS
Path Type: max


Point                                   Incr        Path
-----------------------------------------------------------------

clock DQS (fall edge)                   2.50        2.50
clock network delay (propagated)        0.00        2.50
input external delay                    0.35        2.85 r
DQ (in)                                 0.00        2.85 r
```

```
UFF5/D (DFN  )                              0.00        2.85 r
data arrival time                                       2.85

clock DQS (fall edge)                       2.50        2.50
clock source latency                        0.00        2.50
DQS (in)                                    0.00        2.50 f
UDLL0/Z (DLL   )                            1.25        3.76 f
UFF5/CPN (DFN  )                            0.00        3.76 f
library setup time                         -0.05        3.71
data required time                                      3.71
-----------------------------------------------------------------
data required time                                      3.71
data arrival time                                     -2.85
-----------------------------------------------------------------
slack (MET)                                             0.86
```

下面是保持时间报告。

Startpoint: DQ (**input port** clocked by DQS)
Endpoint: UFF0 (**rising edge-triggered flip-flop** clocked by DQS)
Path Group: DQS
Path Type: **min**

```
Point                                       Incr        Path
-----------------------------------------------------------------
clock DQS (rise edge)                       5.00        5.00
clock network delay (propagated)            0.00        5.00
input external delay                       -0.40        4.60 r
DQ (in)                                     0.00        4.60 r
UFF0/D (DF  )                               0.00        4.60 r
data arrival time                                       4.60

clock DQS (fall edge)                       2.50        2.50
clock source latency                        0.00        2.50
DQS (in)                                    0.00        2.50 f
UDLL0/Z (DLL   )                            1.25        3.75 f
UFF0/CP (DF  )                              0.00        3.75 f
library hold time                           0.03        3.78
data required time                                      3.78
-----------------------------------------------------------------
data required time                                      3.78
data arrival time                                     -4.60
-----------------------------------------------------------------
slack (MET)                                             0.82
```

Startpoint: DQ (**input port** clocked by DQS)
Endpoint: UFF5 (**falling edge-triggered flip-flop** clocked by DQS)
Path Group: DQS
Path Type: **min**

```
Point                                       Incr        Path
-----------------------------------------------------------------
clock DQS (fall edge)                       2.50        2.50
```

```
clock network delay (propagated)        0.00        2.50
input external delay                    -0.35        2.15 f
DQ (in)                                  0.00        2.15 f
UFF5/D (DFN  )                           0.00        2.15 f
data arrival time                                    2.15

clock DQS (rise edge)                    0.00        0.00
clock source latency                     0.00        0.00
DQS (in)                                 0.00        0.00 r
UDLL0/Z (DLL   )                         1.25        1.25 r
UFF5/CPN (DFN  )                         0.00        1.25 r
library hold time                        0.03        1.28
data required time                                   1.28
------------------------------------------------------------
data required time                                   1.28
data arrival time                                   -2.15
------------------------------------------------------------
slack (MET)                                          0.87
```

9.3.2　写周期

在 1 个写周期内，DQS 沿和 DUA 内的存储器控制器发出的 DQ 信号相差 1/4 周期，所以 DQS 脉冲可以用来在存储器捕捉数据。

图 9-13 显示了存储器引脚需要的波形。DQS 信号必须在存储器引脚和 DQ 窗口的中心对齐。注意，在存储器控制器（在 DUA 内）中对齐 DQ 和 DQS，让它们有同样的属性，还不足以让这些信号在 SDRAM 引脚按照需要对齐，因为 IO 缓冲器延迟不匹配，或者 PCB 互连走线的差异。所以，DUA 通常在写周期提供额外的 DLL 控制，以达到需要的 DQS 和 DQ 信号相差 1/4 周期。

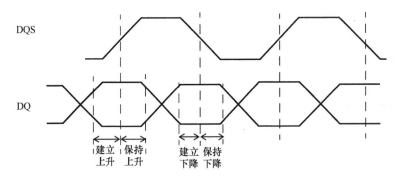

图 9-13　DDR 写周期中在内存引脚上的 DQ 和 DQS 信号

如何约束该模式下的输出，取决于时钟在控制器内是如何生成的。我们考虑两种情况。

1. 情况 1：内部 2 倍频时钟

如果内部时钟是 DDR 时钟的两倍频率，输出逻辑就和图 9-14 中所示类似。如果需要的话，DLL 提供一种机制来偏移时钟 DQS，从而满足在存储器引脚上的建立时间和保持时间。

在某些情况下，不使用 DLL 而是用负沿触发的触发器来得到 90°偏移。

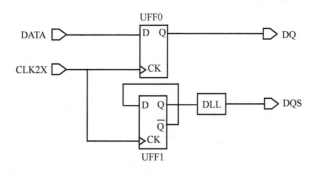

图 9-14 DQS 是内部时钟的 2 分频时钟

对于图 9-14 中的情况，输出可以被约束如下：

```
# 166MHz (333Mbps) DDR; 2x 时钟在333MHz:
create_clock -period 3 [get_ports CLK2X]
```

```
# 在触发器的输出端定义1个1x生成时钟:
create_generated_clock -name pre_DQS -source CLK2X \
  -divide_by 2 [get_pins UFF1/Q]
# DQS假设有1.5ns的DLL延迟，创建1个延迟版本:
create_generated_clock -name DQS -source UFF1/Q \
  -edges {1 2 3} -edge_shift {1.5 1.5 1.5} [get_ports DQS]
```

DQ 输出端的时序必须对应于生成时钟 DQS 进行约束。

假设在 DDR SDRAM 上，DQ 和 DQS 之间的建立时间需求，对于 DQ 的上升沿和下降沿分别是 0.25ns 和 0.4ns。类似的，对于 DQ 的上升沿和下降沿，保持时间需求是 0.15ns 和 0.2ns。在 DQS 输出端的 DLL 延迟设置为 1/4 周期，也就是 1.5ns。波形如图 9-15 所示。

```
set_output_delay -clock DQS -max 0.25 -rise [get_ports DQ]
# 默认上面是上升时钟。
set_output_delay -clock DQS -max 0.4 -fall [get_ports DQ]
# 如果DQS下降沿的建立时间需求是不同的，可以用 -clock_fall 选项来
# 指定。
set_output_delay -clock DQS -min -0.15 -rise DQ
set_output_delay -clock DQS -min -0.2 -fall DQ
```

下面是经过输出 DQ 的建立时间报告。建立时间检查是从发射 DQ 的 CLK2X 在 0ns 的上升沿，到 DQS 在 1.5ns 的上升沿。

```
Startpoint: UFF0(rising edge-triggered flip-flop clocked by CLK2X)
  Endpoint: DQ (output port clocked by DQS)
  Path Group: DQS
  Path Type: max

  Point                                  Incr      Path
  -------------------------------------------------------------
```

```
clock CLK2X (rise edge)            0.00      0.00
clock source latency               0.00      0.00
CLK2X (in)                         0.00      0.00  r
UFF0/CP (DFD1)                     0.00      0.00  r
UFF0/Q (DFD1)                      0.12      0.12  f
DQ (out)                           0.00      0.12  f
data arrival time                            0.12

clock DQS (rise edge)              1.50      1.50
clock CLK2X (source latency)       0.00      1.50
CLK2X (in)                         0.00      1.50  r
UFF1/Q (DFD1) (gclock source)      0.12      1.62  r
UDLL0/Z (DLL    )                  0.00      1.62  r
DQS (out)                          0.00      1.62  r
output external delay             -0.40      1.22
data required time                           1.22
--------------------------------------------------------
data required time                           1.22
data arrival time                           -0.12
--------------------------------------------------------
slack (MET)                                  1.10
```

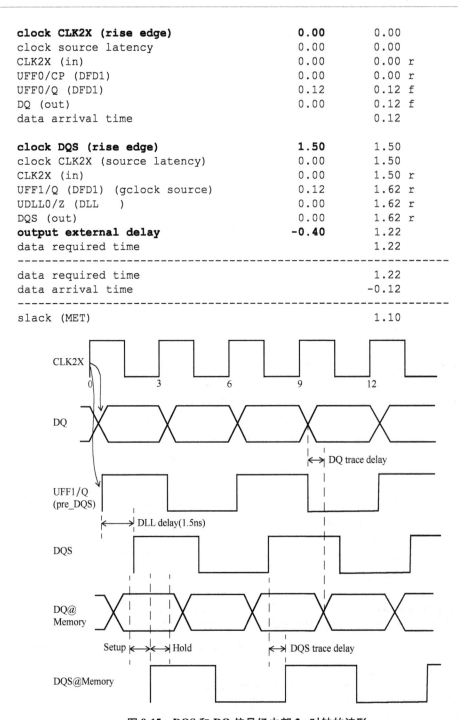

图 9-15 DQS 和 DQ 信号经内部 2x 时钟的波形

注意，在上面的报告中，1/4 周期延迟出现在第 1 行，和 DQS 时钟沿在同一行，而不是出现在 DLL 的实例 UDLL0 那 1 行。这是因为 DLL 延迟被建模为 DQS 生成时钟定义的一部分，而不是 DLL 的时序弧的一部分。

下面是经过输出 DQ 的保持时间报告。保持时间检查是从发射 DQ 的时钟 CLK2X 在 3ns 处的上升沿，到之前 DQS 在 1.5ns 的上升沿。

```
Startpoint: UFF0(rising edge-triggered flip-flop clocked by CLK2X)
  Endpoint: DQ (output port clocked by DQS)
  Path Group: DQS
  Path Type: min


  Point                                 Incr        Path
  -------------------------------------------------------------
  clock CLK2X (rise edge)               3.00        3.00
  clock source latency                  0.00        3.00
  CLK2X (in)                            0.00        3.00 r
  UFF0/CP (DFD1)                        0.00        3.00 r
  UFF0/Q (DFD1)                         0.12        3.12 f
  DQ (out)                              0.00        3.12 f
  data arrival time                                 3.12

  clock DQS (rise edge)                 1.50        1.50
  clock CLK2X (source latency)          0.00        1.50
  CLK2X (in)                            0.00        1.50 r
  UFF1/Q (DFD1) (gclock source)         0.12        1.62 r
  UDLL0/Z (DLL   )                      0.00        1.62 r
  DQS (out)                             0.00        1.62 r
  output external delay                 0.20        1.82
  data required time                                1.82
  -------------------------------------------------------------
  data required time                                1.82
  data arrival time                                -3.12
  -------------------------------------------------------------
  slack (MET)                                       1.30
```

2. 情况 2：内部 1 倍频时钟

如果内部时钟是倍频时钟，典型输出电路可能类似于图 9-16 所示。

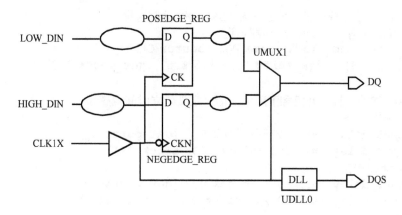

图 9-16　DUA 内的输出逻辑使用内部 1x 时钟

要用到 2 个触发器生成 DQ 数据。第 1 个触发器 NEGEDGE_REG 被时钟 CLK1X 的负沿触发，第 2 个触发器 POSEDGE_REG 被时钟 CLK1X 的正沿触发。每个触发器锁存了合适的沿数据，使用 CLK1X 作为多路复用器的选择信号，对数据进行多路复用。当 CLK1X 为高电平，触发器 NEGEDGE_REG 的输出被发送到 DQ。当 CLK1X 为低电平，触发器 POSEDGE_REG 的输出被送到 DQ。所以，数据在时钟 CLK1X 的 2 个沿都到达了输出 DQ。注意每个触发器有半个周期把数据传播到多路复用器的输入端，从而使输入数据在多路复用器被 CLK1X 的沿选择之前就准备好了。相关的波形如图 9-17 所示。

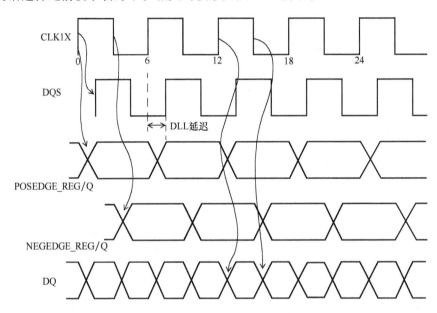

图 9-17　用 1x 内部时钟得到的 DQS 和 DQ 信号

```
# 定义1x时钟:
create_clock -name CLK1X -period 6 [get_ports CLK1X]

# 在DQS定义1个生成时钟。它是时钟CLK1X的1分频时钟。
# 假设在UDLL0有1.5ns的1/4周期延迟:
create_generated_clock -name DQS -source CLK1X \
  -edges {1 2 3} -edge_shift {1.5 1.5 1.5} [get_ports DQS]

# 在DQ和DQS的时钟上升沿和下降沿之间，定义建立时间检查为
# 0.25ns和0.3ns:
set_output_delay -max 0.25 -clock DQS [get_ports DQ]
set_output_delay -max 0.3 -clock DQS -clock_fall \
  [get_ports DQ]
set_output_delay -min -0.2 -clock DQS [get_ports DQ]
set_output_delay -min -0.27 -clock DQS -clock_fall \
  [get_ports DQ]
```

建立时间和保持时间检查验证从多路复用器到输出的时序。建立时间的 1 个检查是在多路复用器的输入（发射 NEGEDGE_REG 数据），从 CLK1X 的上升沿到 DQS 的上升沿。建立时间的另 1 个检查是在多路复用器的输入（发射 POSEDGE_REG 数据），从 CLK1X 的下降沿到 DQS 的下降沿。类似的，保持时间检查是从同样的 CLK1X 沿（和建立时间检查一样）到之前 DQS 的下降沿或上升沿。

　　下面是经过端口 DQ 的建立时间检查报告。该检查是在 CLK1X 的上升沿（也就是选择 NEGEDGE_REG 的输出）和 DQS 的上升沿之间进行的。

```
Startpoint: CLK1X (clock source 'CLK1X')
Endpoint: DQ (output port clocked by DQS)
Path Group: DQS
Path Type: max

Point                                   Incr        Path
-----------------------------------------------------------------
clock CLK1X (rise edge)                 0.00        0.00
clock source latency                    0.00        0.00
CLK1X (in)                              0.00        0.00 r
UMUX1/S (MUX2D1) <-                      0.00        0.00 r
UMUX1/Z (MUX2D1)                         0.07        0.07 r
DQ (out)                                0.00        0.07 r
data arrival time                                   0.07

clock DQS (rise edge)                   1.50        1.50
clock CLK1X (source latency)            0.00        1.50
CLK1X (in)                              0.00        1.50 r
UBUF0/Z (BUFFD1)                        0.03        1.53 r
UDLL0/Z (DLL )                          0.00        1.53 r
DQS (out)                               0.00        1.53 r
output external delay                  -0.25        1.28
data required time                                  1.28
-----------------------------------------------------------------
data required time                                  1.28
data arrival time                                  -0.07
-----------------------------------------------------------------
slack (MET)                                         1.21
```

　　下面是经过端口 DQ 的另 1 个建立时间检查报告。该建立时间检查是在 CLK1X 的下降沿（也就是选择 POSEDGE_REG 的输出）和 DQS 的下降沿之间进行的。

```
Startpoint: CLK1X (clock source 'CLK1X')
Endpoint: DQ (output port clocked by DQS)
Path Group: DQS
Path Type: max

Point                                   Incr        Path
-----------------------------------------------------------------
clock CLK1X (fall edge)                 3.00        3.00
clock source latency                    0.00        3.00
CLK1X (in)                              0.00        3.00 f
UMUX1/S (MUX2D1) <-                      0.00        3.00 f
UMUX1/Z (MUX2D1)                         0.05        3.05 f
```

```
DQ (out)                              0.00        3.05 f
data arrival time                                 3.05

clock DQS (fall edge)                 4.50        4.50
clock CLK1X (source latency)          0.00        4.50
CLK1X (in)                            0.00        4.50 f
UBUF0/Z (BUFFD1)                      0.04        4.54 f
UDLL0/Z (DLL  )                       0.00        4.54 f
DQS (out)                             0.00        4.54 f
output external delay                -0.30        4.24
data required time                                4.24
------------------------------------------------------------
data required time                                4.24
data arrival time                                -3.05
------------------------------------------------------------
slack (MET)                                       1.19
```

下面是经过端口 DQ 的保持时间检查报告。该检查是在 CLK1X 的上升沿和之前 DQS 下降沿之间进行的。

```
Startpoint: CLK1X (clock source 'CLK1X')
Endpoint: DQ (output port clocked by DQS)
Path Group: DQS
Path Type: min

Point                                 Incr        Path
------------------------------------------------------------
clock CLK1X (rise edge)               6.00        6.00
clock source latency                  0.00        6.00
CLK1X (in)                            0.00        6.00 r
UMUX1/S (MUX2D1) <-                   0.00        6.00 r
UMUX1/Z (MUX2D1)                      0.05        6.05 f
DQ (out)                             0.00        6.05 f
data arrival time                                 6.05

clock DQS (fall edge)                 4.50        4.50
clock CLK1X (source latency)          0.00        4.50
CLK1X (in)                            0.00        4.50 f
UBUF0/Z (BUFFD1)                      0.04        4.54 f
UDLL0/Z (DLL  )                       0.00        4.54 f
DQS (out)                             0.00        4.54 f
output external delay                 0.27        4.81
data required time                                4.81
------------------------------------------------------------
data required time                                4.81
data arrival time                                -6.05
------------------------------------------------------------
slack (MET)                                       1.24
```

下面是经过端口 DQ 的另 1 个保持时间检查报告。该检查是在 CLK1X 的下降沿和之前 DQS 的上升沿之间进行的。

```
Startpoint: CLK1X (clock source 'CLK1X')
Endpoint: DQ (output port clocked by DQS)
Path Group: DQS
Path Type: min

Point                                Incr       Path
-------------------------------------------------------------
clock CLK1X (fall edge)              3.00       3.00
clock source latency                0.00       3.00
CLK1X (in)                           0.00       3.00 f
UMUX1/S (MUX2D1) <-                  0.00       3.00 f
UMUX1/Z (MUX2D1)                     0.05       3.05 f
DQ (out)                             0.00       3.05 f
data arrival time                               3.05

clock DQS (rise edge)                1.50       1.50
clock CLK1X (source latency)         0.00       1.50
CLK1X (in)                           0.00       1.50 r
UBUF0/Z (BUFFD1)                     0.03       1.53 r
UDLL0/Z (DLL   )                     0.00       1.53 r
DQS (out)                            0.00       1.53 r
output external delay                0.20       1.73
data required time                              1.73
-------------------------------------------------------------
data required time                              1.73
data arrival time                              -3.05
-------------------------------------------------------------
slack (MET)                                     1.32
```

虽然上面的接口时序分析都忽略了输出端的任何负载，但为了更高精度，可以指定（通过 set_load）额外的负载。但是，STA 可以用电路仿真来补充，实现可靠的 DRAM 时序，如下所述。

DDR 接口的 DQ 和 DQS 信号通常在读取和写入模式下使用片上终端（On-Die Termination，ODT），来减少由于 DRAM 上和 DUA 上阻抗不匹配带来的任何反射（Reflection）。在使用 ODT 的情况下，STA 使用的时序模型不能提供足够的精度。设计者或许要用其他的方法，比如详细的电路级仿真，来验证 DRAM 接口的信号完整性和时序。

9.4 视频 DAC 接口

考虑图 9-18 所示的典型 DAC 接口，高速时钟传输数据到 DAC 接口的慢速时钟。

时钟 DAC_CLK 是时钟 XPLL_CLK 的 2 分频时钟。DAC 建立时间和保持时间检查对应于 DAC_CLK 的下降沿。

在这个例子中，建立时间被认为是是 1 个单周期（XPLL_CLK）路径，如果需要的话，从快速的时钟域到慢速的时钟域是可以指定多周期路径的。如图 9-18 所示，时钟 XPLL_CLK 的上升沿发射数据，时钟 DAC_CLK 的下降沿捕获数据。下面是建立时间报告。

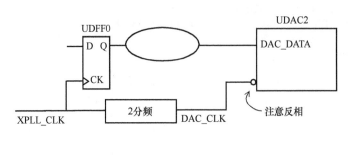

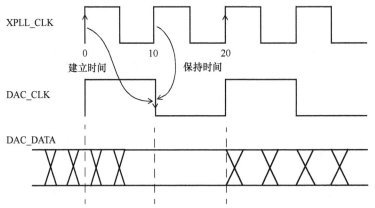

图 9-18　视频 DAC 接口

```
Startpoint: UDFF0
  (rising edge-triggered flip-flop clocked by XPLL_CLK)
Endpoint: UDAC2
  (falling edge-triggered flip-flop clocked by DAC_CLK)
Path Group: DAC_CLK
Path Type: max

Point                                      Incr        Path
-------------------------------------------------------------------
clock XPLL_CLK (rise edge)                 0.00        0.00
clock source latency                       0.00        0.00
XPLL_CLK (in)                              0.00        0.00 r
UDFF0/CK (DF  )                            0.00        0.00 r
UDFF0/Q (DF  )                             0.12        0.12 f
UBUF0/Z (BUFF )                            0.06        0.18 f
UDFF2/D (DFN  )                            0.00        0.18 f
data arrival time                                      0.18

clock DAC_CLK (fall edge)                  10.00       10.00
clock XPLL_CLK (source latency)            0.00        10.00
XPLL_CLK (in)                              0.00        10.00 r
UDFF1/Q (DF  ) (gclock source)            0.13        10.13 f
UDAC2/CKN ( DAC )                          0.00        10.13 f
```

```
library setup time                        -0.04      10.08
data required time                                    10.08
-------------------------------------------------------------
data required time                                    10.08
data arrival time                                     -0.18
-------------------------------------------------------------
slack (MET)                                            9.90
```

注意接口是从快速时钟到慢速时钟，所以如果需要的话，可以指定为 2 周期路径。

下面是保持时间报告。

```
Startpoint: UDFF0
  (rising edge-triggered flip-flop clocked by XPLL_CLK)
Endpoint: UDAC2
  (falling edge-triggered flip-flop clocked by DAC_CLK)
Path Group: DAC_CLK
Path Type: min

Point                                     Incr       Path
-------------------------------------------------------------
clock XPLL_CLK (rise edge)                10.00      10.00
clock source latency                       0.00      10.00
XPLL_CLK (in)                              0.00      10.00 r
UDFF0/CK (DF  )                            0.00      10.00 r
UDFF0/Q (DF  )                             0.12      10.12 r
UBUF0/Z (BUFF )                            0.05      10.17 r
UDFF2/D (DFN  )                            0.00      10.17 r
data arrival time                                    10.17

clock DAC_CLK (fall edge)                 10.00      10.00
clock XPLL_CLK (source latency)            0.00      10.00
XPLL_CLK (in)                              0.00      10.00 r
UDFF1/Q (DF  ) (gclock source)             0.13      10.13 f
UDAC2/CKN ( DAC )                          0.00      10.13 f
library hold time                          0.03      10.16
data required time                                   10.16
-------------------------------------------------------------
data required time                                   10.16
data arrival time                                   -10.17
-------------------------------------------------------------
slack (MET)                                           0.01
```

保持时间检查是在建立时间捕获沿之前 1 个周期完成。在这个例子中，约束最紧的保持时间检查是当捕获沿和发射沿是同沿，如保持时间报告中所示。

第 10 章 鲁棒性验证

本章描述了特殊的 STA，比如时序借用，门控时钟以及非时序单元的时序检查。另外，进阶的 STA 概念，比如 OCV，统计时序以及功耗和时序之间的权衡也有涉及。

10.1 片上变化（OCV）

通常来讲，工艺和环境的参数在裸片（Die）的不同位置是不一样的。由于工艺偏差，同一种 MOS 晶体管在裸片上的不同位置可能有不同的特性。这些不同是由于裸片上的工艺偏差造成的。注意，这些工艺参数偏差出现在很多制造出来的晶圆上，可以覆盖从 slow 到 fast 的工艺模型（2.10 节）。在本节，我们将讨论只在 1 片裸片上出现的工艺偏差（Local Process Variation，局部工艺偏差），这个偏差比出现在多片晶圆上的偏差（Global Process Variations，全局工艺偏差）小很多。

除了在工艺参数上的偏差，芯片上不同的部分也会有不同的供电电压和温度。所以，同一片芯片上不同的 2 个区域可能会有不同的 PVT 条件。这些不同可能是由以下多种原因引起的：

1）电压降在裸片内的偏差影响局部的供电电压；

2）PMOS 和 NMOS 器件的电压阈值偏差；

3）PMOS 和 NMOS 器件的沟道长度偏差；

4）由于局部热点造成的温度偏差；

5）互连线金属刻蚀或者厚度的偏差对互连线电阻电容带来的影响。

上面所描述的 PVT 的偏差统称为 OCV（On-Chip Variations，片上变化）。这些偏差会影响芯片上不同区域的线延迟和单元延迟。正如前面讨论过的，对 OCV 建模并不是想把不同晶圆上的所有可能的 PVT 偏差范围都建模，而只是想把单个裸片上的 PVT 偏差建模。因为时钟路径在芯片上的走线长度更长，所以 OCV 效应在时钟路径上通常更明显。要考虑到局部 PVT 偏差，就要在 STA 时包含 OCV。在之前章节里我们谈论的 STA 会在指定的时序工艺角（Timing Corner）计算时序，但是不考虑裸片各处的偏差。因为时钟路径和数据路径被 OCV 影响的程度是不同的，通过对发射路径和捕获路径的 PVT 设置些许的差异，时序验证就可以对 OCV 效应的这种不同建模。STA 还可以通过对指定路径的延迟设置减免（Derate）系数来包括 OCV 效应，也就是让这些路径快一点或者慢一点来验证设计是否可以在这些偏差下正常工作。可以对单元延迟或者线延迟，甚至它们两者一起设置减免系数来模拟 OCV

效应。

　　现在我们来看一下建立时间检查（Setup Check）是如何设置 OCV 减免值（Derate）的。以图 10-1 所示的逻辑为例，PVT 状态在芯片上是变化的。对于建立时间检查来说，最坏的情况是发射时钟路径和数据路径的 OCV 条件会导致最大的延迟，同时，捕获时钟路径的 OCV 条件导致最小的延迟。注意这里的最大最小延迟是由于裸片上的局部 PVT 偏差造成的。

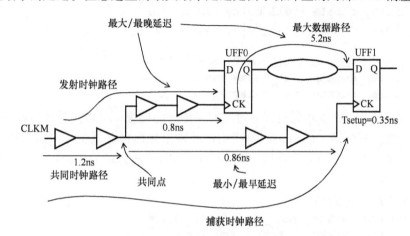

图 10-1　建立时间检查的 OCV 减免值

举例来说，这里是建立时间检查的条件，不包括任何 OCV 的减免值设置。
```
LaunchClockPath + MaxDataPath <= ClockPeriod +
 CaptureClockPath - Tsetup_UFF1
```

这意味着最小时钟周期 = LaunchClockPath +
 MaxDataPath - CaptureClockPath + Tsetup_UFF1

从图上看：
```
LaunchClockPath = 1.2 + 0.8 = 2.0
MaxDataPath = 5.2
CaptureClockPath = 1.2 + 0.86 = 2.06
Tsetup_UFF1 = 0.35
```

那最小的时钟周期就是
```
2.0 + 5.2 - 2.06 + 0.35 = 5.49ns
```
　　上面的路径延迟以及相应的延迟数值是不包括任何 OCV 减免值的。单元和绕线可以通过 set_timing_derate 设置减免值。比如，如下命令：

set_timing_derate -early 0.8
set_timing_derate -late 1.1

　　减免最小/最短/最快路径为 -20%，减免最大/最长/最慢路径为 +10%。长路径延迟（比如，建立时间检查的数据路径和发射时钟路径，或者保持时间检查的捕获时钟路径）乘以 -late 选项指定的减免值，而短路径（比如，建立时间检查的捕获路径或者保持时间检查的数据路径和发射时钟路径）乘以-early 选项指定的减免值。如果没有指定减免系数，假设值为 1.0。

　　减免系数统一应用于所有的线延迟和单元延迟。如果一个应用场景需要给单元和线不同的减免系数，在 set_timing_derate 约束中使用选项-cell_delay 和-net_delay 来实现。

　　# 只对单元延迟减免，最快路径-10%，最慢路径不减免：
set_timing_derate -cell_delay -early 0.9
set_timing_derate -cell_delay -late 1.0

　　# 只对线延迟减免，最快路径不减免，最慢路径+20%：
set_timing_derate -net_delay -early 1.0
set_timing_derate -net_delay -late 1.2

　　单元检查延迟，比如单元的建立时间和保持时间检查，可以用选项-cell_check 来减免。有了这个选项，任何用 set_output_delay 指定的输出延迟也要减免，因为该约束是输出端建立时间需求的一部分。但是，使用约束 set_input_delay 指定的输入延迟是没有类似的隐含减免的。

　　# 减免单元时序检查值：
set_timing_derate -early 0.8 **-cell_check**
set_timing_derate -late 1.1 **-cell_check**

　　# 减免最快时钟路径：
set_timing_derate -early 0.95 **-clock**
　　# 减免最慢时钟路径：
set_timing_derate -late 1.05 **-data**

　　选项-clock（如上所示）只将减免应用到时钟路径上。类似的，选项-data 只将减免应用到数据路径上。

　　我们现在应用下面的减免到图 10-1 的例子上。
set_timing_derate -early 0.9
set_timing_derate -late 1.2
set_timing_derate -late 1.1 **-cell_check**

　　有了上面的减免值，我们得到下面的建立时间检查：

```
LaunchClockPath = 2.0 * 1.2 = 2.4
MaxDataPath = 5.2 * 1.2 = 6.24
CaptureClockPath = 2.06 * 0.9 = 1.854
Tsetup_UFF1 = 0.35 * 1.1 = 0.385
```

那最小的时钟周期就是

　　2.4 + 6.24 - 1.854 + 0.385 = 7.171ns

　　在上面的建立时间检查里，有 1 个矛盾，因为图 10-1 中的共同时钟路径（Common Clock Path）有延迟 1.2ns，对于发射时钟和捕获时钟有不同的减免。这部分的时钟树对于发射时钟和捕获时钟是公用的，不应该有不同的减免。对发射和捕获时钟应用不同的减免值是过度悲观的，因为在现实中，这部分的时钟树只能处于 1 个 PVT 情况中，要么是最大路径要么是最小路径（或者两者间的任意情况），但是绝不可能同时处于两种状态。这种应用到时钟树共同部分的不同减免系数带来的悲观，被称为共同路径悲观（Common Path Pessimism，CCP），该在分析时删除。CPPR，代表共同路径悲观去除（Common Path Pessimism Removal），经常在时序报告中作为单独一项列出来。也被称为时钟收敛悲观去除（Clock Reconvergence Pessimism Removal，CRPR）。

CPPR 是消除时序分析中人工引入的发射时钟路径和捕获时钟路径之间的悲观。如果同一个时钟驱动捕获和发射触发器，那么时钟树很可能在分叉前会共享一段共同部分。CPP 本身是时钟树的共同部分由于发射和捕获时钟路径不同的减免值造成的延迟差别。时钟信号到达共同点的最小和最大到达时间的差别就是 CPP。共同点（Common Point）定义为时钟树共同部分最后一个单元的输出引脚。

```
CPP = LatestArrivalTime@CommonPoint -
    EarliestArrivalTime@CommonPoint
```

上面分析中最慢时间和最快时间是关于指定时序工艺角的 OCV 减免值，例如最差情况慢速或者最佳情况快速。例如图 10-1 中的例子。

```
LatestArrivalTime@CommonPoint = 1.2 * 1.2 = 1.44
EarliestArrivalTime@CommonPoint = 1.2 * 0.9 = 1.08
```

这意味着CPP是:1.44 - 1.08 = 0.36ns

根据CPP的修正，则最小的时钟周期是:7.171 - 0.36 = 6.811ns

对于例子中的设计，应用 OCV 减免值把最小时钟周期从 5.49ns 增加到 6.811ns。这说明通过减免系数建模的 OCV 变量能减小设计运行的最大频率。

10.1.1　在最差 PVT 情况下带有 OCV 分析

如果建立时间检查是在最差情况 PVT 条件下进行的，在最慢路径上没必要使用减免系数，因为该路径已经是最差可能了。但是，可以通过指定减免系数对最快路径减免，使这些路径更快。比如，将最快路径加速 10%。在最差情况慢速工艺角下，减免约束可能如下所示：

set_timing_derate -early 0.9
set_timing_derate -late 1.0
 # 不要减免最慢路径，因为它们已经是最慢的，但是可以减免最快路径让
 # 它快10%。

上面的减免设置是针对最差情况慢速工艺角下的最大路径（或者建立时间）检查，所以，最慢路径减免设置保持在 1.0，不会比最差情况慢速工艺角还慢。

下面描述的是在最差情况慢速工艺角下建立时间检查的例子。针对捕获时钟路径的减免设置如下：

 # 减免最快时钟路径:
set_timing_derate -early 0.8 **-clock**

下面是在最差情况慢速工艺角下生成的建立时间检查路径报告。最慢路径上应用的减免值在报告中显示为"Max Data Paths Derating Factor"和"Max Clock Paths Derating Factor"。最快路径上应用的减免值在报告中显示为"Min Clock Paths Derating Factor"。

```
Startpoint: UFF0 (rising edge-triggered flip-flop clocked by CLKM)
Endpoint: UFF1 (rising edge-triggered flip-flop clocked by CLKM)
Path Group: CLKM
Path Type: max
Max Data Paths Derating Factor  : 1.000
Min Clock Paths Derating Factor : 0.800
Max Clock Paths Derating Factor : 1.000

Point                           Incr        Path
-----------------------------------------------------------
clock CLKM (rise edge)          0.000       0.000
clock source latency            0.000       0.000
CLKM (in)                       0.000       0.000 r
UCKBUF0/C (CKB  )               0.056       0.056 r
UCKBUF1/C (CKB  )               0.058       0.114 r
UFF0/CK (DF  )                  0.000       0.114 r
UFF0/Q (DF  ) <-                0.143       0.258 f
UNOR0/ZN (NR2  )                0.043       0.301 r
UBUF4/Z (BUFF  )                0.052       0.352 r
UFF1/D (DF  )                   0.000       0.352 r
data arrival time                           0.352

clock CLKM (rise edge)          10.000      10.000
clock source latency            0.000       10.000
CLKM (in)                       0.000       10.000 r
UCKBUF0/C (CKB  )               0.045       10.045 r
UCKBUF2/C (CKB  )               0.054       10.098 r
UFF1/CK (DF  )                  0.000       10.098 r
clock reconvergence pessimism   0.011       10.110
clock uncertainty               -0.300      9.810
library setup time              -0.044      9.765
data required time                          9.765
-----------------------------------------------------------
data required time                          9.765
data arrival time                           -0.352
-----------------------------------------------------------
slack (MET)                                 9.413
```

注意，捕获时钟路径减免值为20%。注意时序报告中的单元UCKBUF0。在发射路径，该单元的延迟为56ps，但是在捕获路径它被减免后的延迟为45ps。单元UCKBUF0在共同时钟路径上，也就是说，它既在捕获时钟路径上也在发射时钟路径上。因为共同时钟路径不可能有不同的减免值，对于共同路径的时序差异，56ps−45ps＝11ps，将会分别校正。该校正在报告中显示为"clock reconvergence pessimism"。综上所述，如果要比较有减免和没有减免的该路径时序报告，需要注意到只有捕获时钟路径上的单元和线被减免了。

10.1.2 保持时间检查的 OCV

现在查看保持时间检查的减免是如何进行的。思考图 10-2 所示的逻辑。如果片上的

PVT 情况是不同的，对于保持时间检查，最差的情况是发射时钟路径和数据路径有造成最小延迟的 OCV 情况，也就是有最快的发射时钟；与此同时，捕获时钟路径有造成最大延迟的 OCV 情况，也就是有最慢的捕获时钟。

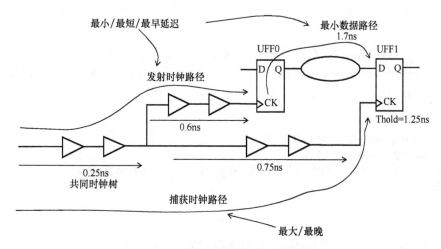

图 10-2　保持时间检查的 OCV 减免值

下面表达式指定的就是例子中的保持时间检查。
```
LaunchClockPath + MinDataPath - CaptureClockPath -
  Thold_UFF1 >= 0
```
把 10-2 中的延迟值代入表达式，我们得到（没有应用任何减免值）：
```
LaunchClockPath = 0.25 + 0.6 = 0.85
MinDataPath = 1.7
CaptureClockPath = 0.25 + 0.75 = 1.00
Thold_UFF1 = 1.25
```
这表明条件如下：
```
0.85 + 1.7 - 1.00 - 1.25 = 0.3n >=0
```
条件为真，所以没有保持时间违例。
使用下面的减免约束：
set_timing_derate -early 0.9
set_timing_derate -late 1.2
set_timing_derate -early 0.95 **-cell_check**
我们得到：
```
LaunchClockPath = 0.85 * 0.9 = 0.765
MinDataPath = 1.7 * 0.9 = 1.53
CaptureClockPath = 1.00 * 1.2 = 1.2
Thold_UFF1 = 1.25 * 0.95 = 1.1875

Common clock path pessimism: 0.25 * (1.2 - 0.9) = 0.075
```

对发射和捕获时钟路径的共同时钟树应用减免值造成的共同时钟路径悲观，也从保持时间检查中删除了。保持时间检查条件变为：

```
0.765 + 1.53 - 1.2 - 1.1875 + 0.075 = -0.0175ns
```

该条件小于 0，所以表明当应用 OCV 减免系数到最快和最慢路径时，存在保持时间违例。

总的来说，保持时间检查在最佳情况快速 PVT 工艺角下进行。在这种场景下，没必要在最快路径上使用减免，因为这些路径已经是可能存在的最快了。但是，可以在最慢路径使用减免让这些路径按指定减免系数变慢，例如，让最慢路径减慢 20%。在这个工艺角下的减免约束可以是如下：

set_timing_derate -early 1.0
set_timing_derate -late 1.2
\# 不要减免最快路径因为它们已经是最快的了，但是减免最慢路
\# 径慢20%。

在图 10-2 中的例子：

```
LatestArrivalTime@CommonPoint = 0.25 * 1.2 = 0.30
EarliestArrivalTime@CommonPoint = 0.25 * 1.0 = 0.25
```

这表明共同路径悲观为

```
0.30 - 0.25 = 0.05ns
```

下面是使用该减免值示例设计的保持时间检查报告。

```
Startpoint: UFF0 (rising edge-triggered flip-flop clocked by CLKM)
  Endpoint: UFF1 (rising edge-triggered flip-flop clocked by CLKM)
  Path Group: CLKM
  Path Type: min
  Min Data Paths Derating Factor   : 1.000
  Min Clock Paths Derating Factor  : 1.000
  Max Clock Paths Derating Factor  : 1.200

  Point                                 Incr        Path
  ----------------------------------------------------------------
  clock CLKM (rise edge)                0.000       0.000
  clock source latency                  0.000       0.000
  CLKM (in)                             0.000       0.000 r
  UCKBUF0/C (CKB  )                     0.056       0.056 r
  UCKBUF1/C (CKB  )                     0.058       0.114 r
  UFF0/CK (DF  )                        0.000       0.114 r
  UFF0/Q (DF  ) <-                      0.144       0.258 r
  UNOR0/ZN (NR2  )                      0.021       0.279 f
  UBUF4/Z (BUFF  )                      0.055       0.334 f
  UFF1/D (DF  )                         0.000       0.334 f
  data arrival time                                 0.334

  clock CLKM (rise edge)                0.000       0.000
  clock source latency                  0.000       0.000
  CLKM (in)                             0.000       0.000 r
  UCKBUF0/C (CKB  )                     0.067       0.067 r
```

```
UCKBUF2/C (CKB  )                    0.080      0.148 r
UFF1/CK (DF  )                       0.000      0.148 r
clock reconvergence pessimism       -0.011      0.136
clock uncertainty                    0.050      0.186
library hold time                    0.015      0.201
data required time                              0.201
-----------------------------------------------------------------
data required time                              0.201
data arrival time                              -0.334
-----------------------------------------------------------------
slack (MET)                                     0.133
```

注意，最慢路径减免值为+20%而最快路径没有减免。注意单元 UCKBUF0。它在发射路径上的延迟是 56ps 而在捕获路径上的延迟为 67ps——减免了+20%。UCKBUF0 在共同时钟树上，所以由于共同时钟树上不同减免值带来的悲观值是 67ps−56ps = 11ps，该值在行"clock reconvergence pessimism"被单独计算了。

10.2　时序借用

时序借用（Time Borrowing）技术，也被称为周期窃用（Cycle Stealing），发生在锁存器（Latch）上。在锁存器上，时钟的 1 个沿让锁存器透明，也就是该沿打开了锁存器，让锁存器的输出和数据输入一致；这个时钟周期就叫做打开沿（Opening Edge）。时钟的第 2 个周期关闭了锁存器，也就是在数据输入端的任何变化都不会体现在锁存器的输出端；这个时钟沿就叫做关闭沿（Closing Edge）。

典型情况下，在时钟有效沿到来之前数据在锁存器输入端应该准备好了。但是，当时钟有效时锁存器是透明的，数据可以比有效时钟沿晚一些到达，也就是说数据可以从下一个周期借用时间。如果时间被借用了，下一个周期（锁存器到其他时序单元）可用的时间就减少了。

图 10-3 显示了使用有效上升沿进行时序借用的例子。锁存器在时钟 CLK 上升沿 10ns 处打开，如果数据 DIN 在此之前的时间 A 准备好，当锁存器打开数据流向锁存器的输出。如果数据 DIN（延迟了）如图所示在时间 B 到达，它借用时间 Tb。但是，这减少了从锁存器到下一个触发器 UFF2 的可用时间——不再是完整的时钟周期了，而只有时间 Ta。

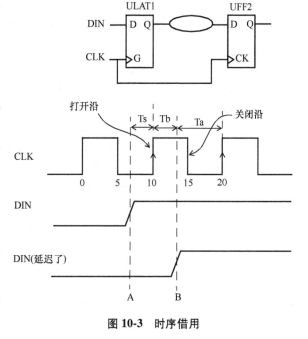

图 10-3　时序借用

锁存器时序的第一个规则是，如果数据在锁存器的打开沿之前到达，则锁存器的行为建模和触发器相同。打开沿捕获数据，同一个时钟沿作为下一条路径的起点发射数据。

当数据信号在锁存器透明时（在打开沿和关闭沿之间）到达，应用第二个规则。锁存器的输出，而不是时钟引脚，被当作下一级的发射点。在锁存器结束的路径借用的时间决定了下一级的发射时间。

数据信号在关闭沿之后到达锁存器就是时序违例。图 10-4 表明数据到达的不同时间区域，正裕量、0 裕量，以及负裕量（也就是发生违例的区域）。

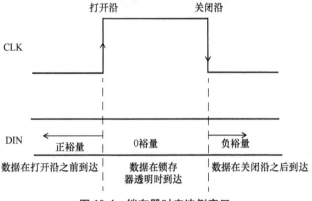

图 10-4　锁存器时序违例窗口

图 10-5a 表明锁存器到下一级触发器的半周期路径。图 10-5b 描述了时序借用场景的波形。时钟周期是 10ns。数据在时间 0 处被 UFF0 发射，但是数据路径用时 7ns。锁存器 ULAT1 在 5ns 打开，所以需要从路径 ULAT1 到 UFF1 借用 2ns。ULAT1 到 UFF1 的路径可用时间只有（5ns−2ns）= 3ns。

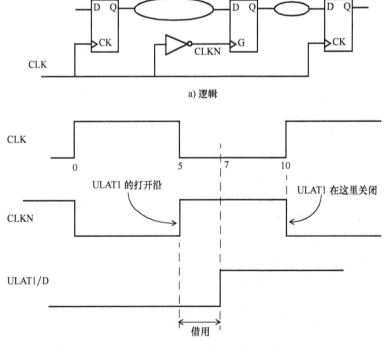

a) 逻辑

b) 7ns数据路径的时钟和数据波形

图 10-5　时序借用实例

我们描述图 10-5a 中锁存器例子的 3 组时序报告，来说明从下一级借用不同量的时间。

10.2.1 没有时序借用的例子

下面的建立时间路径报告是从触发器 UFF0 到锁存器 ULAT1 的数据路径延迟小于 5ns。

```
Startpoint: UFF0 (rising edge-triggered flip-flop clocked by CLK)
  Endpoint: ULAT1 (positive level-sensitive latch clocked by CLK')
  Path Group: CLK
  Path Type: max

  Point                               Incr        Path
  ----------------------------------------------------------------
  clock CLK (rise edge)               0.00        0.00
  clock source latency                0.00        0.00

  clk (in)                            0.00        0.00 r
  UFF0/CK (DF  )                      0.00        0.00 r
  UFF0/Q (DF  )                       0.12        0.12 r
  UBUF0/Z (BUFF  )                    2.01        2.13 r
  UBUF1/Z (BUFF  )                    2.46        4.59 r
  UBUF2/Z (BUFF  )                    0.07        4.65 r
  ULAT1/D (LH  )                      0.00        4.65 r
  data arrival time                               4.65

  clock CLK' (rise edge)              5.00        5.00
  clock source latency                0.00        5.00
  clk (in)                            0.00        5.00 f
  UINV0/ZN (INV  )                    0.02        5.02 r
  ULAT1/G (LH  )                      0.00        5.02 r
  time borrowed from endpoint         0.00        5.02
  data required time                              5.02
  ----------------------------------------------------------------
  data required time                              5.02
  data arrival time                              -4.65
  ----------------------------------------------------------------
  slack (MET)                                     0.36

  Time Borrowing Information
  ----------------------------------------------------------------
  CLK' nominal pulse width            5.00
  clock latency difference           -0.00
  library setup time                 -0.01
  ----------------------------------------------------------------
  max time borrow                     4.99
  actual time borrow                  0.00
  ----------------------------------------------------------------
```

在这个例子中，在锁存器打开前数据可以及时到达锁存器 ULAT1，没有必要时序借用。

10.2.2 有时序借用的例子

下面的路径报告表明，从触发器 UFF0 到锁存器 ULAT1 的数据路径延迟大于 5ns。

```
Startpoint: UFF0 (rising edge-triggered flip-flop clocked by CLK)
  Endpoint: ULAT1 (positive level-sensitive latch clocked by CLK')
  Path Group: CLK
  Path Type: max

  Point                                    Incr      Path
  ------------------------------------------------------------------
  clock CLK (rise edge)                    0.00      0.00
  clock source latency                     0.00      0.00
  clk (in)                                 0.00      0.00 r
  UFF0/CK (DF  )                           0.00      0.00 r
  UFF0/Q (DF  )                            0.12      0.12 r
  UBUF0/Z (BUFF  )                         3.50      3.62 r
  UBUF1/Z (BUFF  )                         3.14      6.76 r
  UBUF2/Z (BUFF  )                         0.07      6.83 r
  ULAT1/D (LH  )                           0.00      6.83 r
  data arrival time                                  6.83

  clock CLK' (rise edge)                   5.00      5.00
  clock source latency                     0.00      5.00
  clk (in)                                 0.00      5.00 f
  UINV0/ZN (INV  )                         0.02      5.02 r
  ULAT1/G (LH  )                           0.00      5.02 r
  time borrowed from endpoint              1.81      6.83
  data required time                                 6.83
  ------------------------------------------------------------------
  data required time                                 6.83
  data arrival time                                 -6.83
  ------------------------------------------------------------------
  slack (MET)                                        0.00

  Time Borrowing Information
  ------------------------------------------------------------
  CLK' nominal pulse width                 5.00
  clock latency difference                -0.00
  library setup time                      -0.01
  ------------------------------------------------------------
  max time borrow                         4.99
  actual time borrow                      1.81
  ------------------------------------------------------------
```

在这个例子中，当锁存器透明时数据已经可用，从下一级路径借用需要的 1.81ns 延迟，时序依然满足。下面的路径报告是下一级路径的，表明上一级路径已经借走了 1.81ns。

```
Startpoint: ULAT1 (positive level-sensitive latch clocked by CLK')
  Endpoint: UFF1 (rising edge-triggered flip-flop clocked by CLK)
  Path Group: CLK
  Path Type: max

  Point                                    Incr      Path
  ------------------------------------------------------------------
  clock CLK' (rise edge)                   5.00      5.00
  clock source latency                     0.00      5.00
  clk (in)                                 0.00      5.00 f
```

```
UINV0/ZN (INV  )                    0.02        5.02 r
ULAT1/G (LH  )                      0.00        5.02 r
time given to startpoint           1.81        6.83
ULAT1/QN (LH  )                     0.13        6.95 f
UFF1/D (DF  )                       0.00        6.95 f
data arrival time                               6.95

clock CLK (rise edge)             10.00       10.00
clock source latency               0.00       10.00
clk (in)                           0.00       10.00 r
UFF1/CK (DF  )                      0.00       10.00 r
library setup time                -0.04        9.96
data required time                              9.96
-------------------------------------------------------------
data required time                              9.96
data arrival time                              -6.95
-------------------------------------------------------------
slack (MET)                                     3.01
```

10.2.3 有时序违例的例子

在这个例子中，数据路径延迟大得多，数据在锁存器关闭后才能到达。这显然是时序违例。

```
Startpoint: UFF0 (rising edge-triggered flip-flop clocked by CLK)
  Endpoint: ULAT1 (positive level-sensitive latch clocked by CLK')
  Path Group: CLK
  Path Type: max

  Point                            Incr        Path
-------------------------------------------------------------
  clock CLK (rise edge)            0.00        0.00
  clock source latency             0.00        0.00
  clk (in)                         0.00        0.00 r
  UFF0/CK (DF  )                   0.00        0.00 r
  UFF0/Q (DF  )                    0.12        0.12 r
  UBUF0/Z (BUFF  )                 6.65        6.77 r
  UBUF1/Z (BUFF  )                 4.33       11.10 r
  UBUF2/Z (BUFF  )                 0.07       11.17 r
  ULAT1/D (LH  )                   0.00       11.17 r
  data arrival time                           11.17

  clock CLK' (rise edge)           5.00        5.00
  clock source latency             0.00        5.00
  clk (in)                         0.00        5.00 f
  UINV0/ZN (INV  )                 0.02        5.02 r
  ULAT1/G (LH  )                   0.00        5.02 r
  time borrowed from endpoint      4.99       10.00
  data required time                          10.00
-------------------------------------------------------------
  data required time                          10.00
  data arrival time                          -11.17
```

```
------------------------------------------------------------
slack (VIOLATED)                            -1.16

Time Borrowing Information
------------------------------------------------------------
CLK' nominal pulse width          5.00
clock latency difference         -0.00
library setup time               -0.01
------------------------------------------------------------
max time borrow                   4.99
actual time borrow                4.99
------------------------------------------------------------
```

10.3 数据到数据检查

可以对任意 2 个数据引脚进行建立时间和保持时间检查，它们都不是时钟。第 1 个引脚是约束引脚（Constrained Pin），它的行为类似于触发器的数据引脚，第 2 个引脚是相关引脚（Related Pin），它的行为类似于触发器的时钟引脚。和触发器建立时间检查有一个重要的区别，数据到数据的建立时间检查是和发射沿同沿进行的（和普通的触发器建立时间检查不同，捕获时钟沿通常在发射时钟沿后 1 个时钟沿）。所以，数据到数据的建立时间检查也被称为 0 周期检查（Zero-cycle Check）或者同周期检查（Same-cycle Check）。

数据到数据的检查用 set_data_check 约束来指定。下面是 SDC 约束的例子。

set_data_check -from SDA **-to** SCTRL **-setup** 2.1
set_data_check -from SDA **-to** SCTRL **-hold** 1.5

如图 10-6 所示。SDA 是相关引脚，SCTRL 是约束引脚。建立时间数据检查意味着

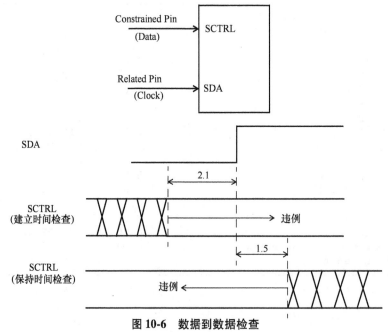

图 10-6 数据到数据检查

234

SCTRL 至少应该在相关引脚 SDA 沿之前 2.1ns 到达。否则就存在数据到数据的建立时间检查违例。保持时间数据检查指明 SCTRL 最早应该在 SDA 后 1.5ns 到达。如果约束信号早于这个约束时间到达，就存在数据到数据的保持时间检查违例。

该检查在专门定制的模块中很有用，指定从一个信号相对于另一个信号的到达时间有时是有必要的。一种常见的情形是，数据信号被使能信号门控，它要求使能信号在数据信号到达时保持稳定。

思考图 10-7 展示的与门单元。我们假设需求是保证 PNA 在 PREAD 上升沿之前 1.5ns 到达，并且在 PREAD 上升沿之后 1.0ns 内不变。在这个例子中，PNA 是约束引脚，PREAD 是相关引脚。需要的波形如图 10-7 所示。

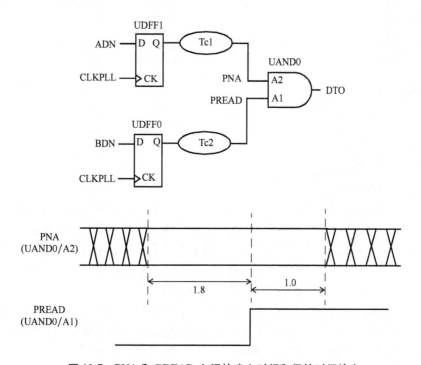

图 10-7　PNA 和 PREAD 之间的建立时间和保持时间检查

该要求可以用数据到数据建立时间和保持时间检查来指定。

set_data_check -from UAND0/A1 **-to** UAND0/A2 **-setup** 1.8
set_data_check -from UAND0/A1 **-to** UAND0/A2 **-hold** 1.0

下面是建立时间报告。

```
Startpoint: UDFF1
 (rising edge-triggered flip-flop clocked by CLKPLL)
Endpoint: UAND0
 (rising edge-triggered data to data check clocked by CLKPLL)
Path Group: CLKPLL
Path Type: max
```

```
Point                              Incr        Path
--------------------------------------------------------------
clock CLKPLL (rise edge)           0.00        0.00
clock source latency               0.00        0.00
CLKPLL (in)                        0.00        0.00 r
UDFF1/CK (DF  )                    0.00        0.00 r
UDFF1/Q (DF  )                     0.12        0.12 f
UBUF0/Z (BUFF )                    0.06        0.18 f
UAND0/A2 (AN2  )                   0.00        0.18 f
data arrival time                              0.18

clock CLKPLL (rise edge)           0.00        0.00
clock source latency               0.00        0.00
CLKPLL (in)                        0.00        0.00 r
UDFF0/CK (DF  )                    0.00        0.00 r
UDFF0/Q (DF  )                     0.12        0.12 r
UBUF1/Z (BUFF )                    0.05        0.17 r
UBUF2/Z (BUFF )                    0.05        0.21 r
UBUF3/Z (BUFF )                    0.05        0.26 r
UAND0/A1 (AN2  )                   0.00        0.26 r
data check setup time             -1.80       -1.54
data required time                            -1.54
--------------------------------------------------------------
data required time                            -1.54
data arrival time                             -0.18
--------------------------------------------------------------
slack (VIOLATED)                              -1.72
```

在报告中，建立时间用"data check setup time"指定。违例的报告表明 PREAD 需要被延迟至少 1.72ns 以保证 PENA 在 PREAD 之前 1.8ns 到达，这就是我们的要求。

数据到数据建立时间检查中很重要的一点是发射约束引脚和相关引脚的时钟沿是同一个时钟周期（也被称为同周期检查）。所以请注意，在报告中捕获沿（UDFF0/CK）的起始时间是在 0ns，而不是在建立时间报告中常见的一个周期后。

0 周期（Zero-Cycle）建立时间检查造成保持时间检查也和其他典型保持时间检查不同，保持时间检查不再是同沿。下面是 CLKPLL 的时钟约束，该时钟在保持路径报告中使用。

```
create_clock -name CLKPLL -period 10 -waveform {0 5} \
   [get_ports CLKPLL]
```

```
Startpoint: UDFF1
  (rising edge-triggered flip-flop clocked by CLKPLL)
Endpoint: UAND0
  (falling edge-triggered data to data check clocked by CLKPLL)
Path Group: CLKPLL
Path Type: min

Point                              Incr        Path
--------------------------------------------------------------
clock CLKPLL (rise edge)          10.00       10.00
clock source latency               0.00       10.00
```

```
CLKPLL (in)                       0.00        10.00 r
UDFF1/CK (DF  )                   0.00        10.00 r
UDFF1/Q (DF  ) <-                 0.12        10.12 r
UBUF0/Z (BUFF  )                  0.05        10.17 r
UAND0/A2 (AN2  )                  0.00        10.17 r
data arrival time                             10.17

clock CLKPLL (rise edge)          0.00         0.00
clock source latency              0.00         0.00
CLKPLL (in)                       0.00         0.00 r
UDFF0/CK (DF  )                   0.00         0.00 r
UDFF0/Q (DF  )                    0.12         0.12 f
UBUF1/Z (BUFF  )                  0.06         0.18 f

UBUF2/Z (BUFF  )                  0.05         0.23 f
UBUF3/Z (BUFF  )                  0.06         0.29 f
UAND0/A1 (AN2  )                  0.00         0.29 f
data check hold time             1.00         1.29
data required time                            1.29
----------------------------------------------------------------
data required time                            1.29
data arrival time                           -10.17
----------------------------------------------------------------
slack (MET)                                   8.88
```

注意，用来为保持时间检查发射相关引脚（Related Pin）的时钟沿，比约束引脚的发射沿早一个时钟周期。这是因为根据定义，保持时间检查通常比建立时间捕获沿早一个周期。因为对于数据到数据建立时间检查，约束引脚和相关引脚的时钟沿是同沿，保持时间检查是在发射沿之前一个周期进行。

在某些场景下，设计者可能要求数据到数据的保持时间检查在同一个时钟沿上进行。同周期保持时间的要求，意味着相关引脚用到的时钟沿被移回约束引脚时钟沿所在的位置。可以通过指定多周期为-1达到这一步目的。

set_multicycle_path -1 **-hold -to** UAND0/A2

下面的保持时间报告是上面的多周期约束的例子。

```
Startpoint: UDFF1
  (rising edge-triggered flip-flop clocked by CLKPLL)
Endpoint: UAND0
  (falling edge-triggered data to data check clocked by CLKPLL)
Path Group: CLKPLL
Path Type: min

Point                             Incr         Path
----------------------------------------------------------------
clock CLKPLL (rise edge)          0.00         0.00
clock source latency              0.00         0.00
CLKPLL (in)                       0.00         0.00 r
UDFF1/CK (DF  )                   0.00         0.00 r
UDFF1/Q (DF  ) <-                 0.12         0.12 r
UBUF0/Z (BUFF  )                  0.05         0.17 r
UAND0/A2 (AN2  )                  0.00         0.17 r
```

```
data arrival time                                      0.17

clock CLKPLL (rise edge)               0.00            0.00
clock source latency                   0.00            0.00
CLKPLL (in)                            0.00            0.00 r
UDFF0/CK (DF  )                        0.00            0.00 r
UDFF0/Q (DF  )                         0.12            0.12 f
UBUF1/Z (BUFF  )                       0.06            0.18 f
UBUF2/Z (BUFF  )                       0.05            0.23 f
UBUF3/Z (BUFF  )                       0.06            0.29 f
UAND0/A1 (AN2  )                       0.00            0.29 f
data check hold time                   1.00            1.29
data required time                                     1.29
------------------------------------------------------------
data required time                                     1.29
data arrival time                                     -0.17
------------------------------------------------------------
slack (VIOLATED)                                      -1.12
```

现在保持时间检查对于约束引脚和相关引脚都是使用同一时钟沿。另一种让数据到数据保持时间检查在同一个周期进行的方法是指定该检查为数据到数据的建立时间检查，但是方向是反向。

set_data_check -from UAND0/A2 **-to** UAND0/A1 **-setup** 1.0

数据到数据检查在定义无变化数据检查（No-change Data Check）时也很有用。这是通过在上升沿指定建立时间检查，在下降沿指定保持时间检查实现，这样一个无变化窗口就被有效定义了。如图 10-8 所示。

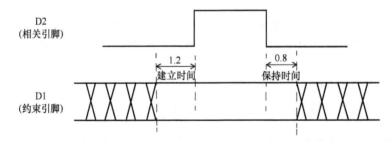

图 10-8 用建立时间和保持时间数据检查实现无变化数据检查

下面是该场景的约束。

set_data_check -rise_from D2 **-to** D1 **-setup** 1.2
set_data_check -fall_from D2 **-to** D1 **-hold** 0.8

10.4 非时序路径检查

单元或宏单元（Macro）的库文件可能指定时序弧为非时序（Non-sequential Check）检查，比如 2 个数据引脚间的时序弧。非时序检查是指 2 个引脚间的检查，其中没有一个是时钟引脚。第 1 个引脚是约束引脚，行为类似于数据，第 2 个引脚是相关引脚，行为类似于时钟。该检查指定在相关引脚变化前后，在约束引脚上的数据需要保持多长时间的稳定。

注意，这个检查是作为单元库约束的一部分被指定的，并且不要明确的要求数据到数据的检查。下面是这类时序弧在单元库中的描述。

```
pin (WEN) {
  timing () {
    timing_type: non_seq_setup_rising;
    intrinsic_rise: 1.1;
    intrinsic_fall:1.15;
    related_pin: "D0";
  }
  timing () {
    timing_type: non_seq_hold_rising;
    intrinsic_rise: 0.6;
    intrinsic_fall:0.65;
    related_pin: "D0";
  }
}
```

setup_rising 指的是相关引脚的上升沿。intrinsic_rise 和 intrinsic_fall 的值指的是约束引脚的上升和下降建立时间。可以为 hold_rising，setup_falling 和 hold_falling 定义类似的时序弧。

非时序检查类似于 10.3 节中描述的数据到数据检查，但是它们之间有 2 个主要的区别。第 1 个是，在非时序检查中，建立时间和保持时间的值是从标准单元库中得到的，其中建立时间和保持时间模型可以用 NLDM 表模型或者其他先进时序模型描述。在数据到数据检查中，只能为数据到数据建立时间或保持时间检查指定唯一值。第 2 个区别是非时序检查只能应用到单元的引脚上，而数据到数据检查可以应用到设计中的任意 2 个引脚上。

非时序建立时间检查指定相对于相关引脚，约束信号必须多早到达。如图 10-9 所示。单元库包含建立弧 D0→WEN，它被指定为非时序弧。如果 WEN 信号出现在建立时间窗口内，那非时序建立时间检查就失败了。

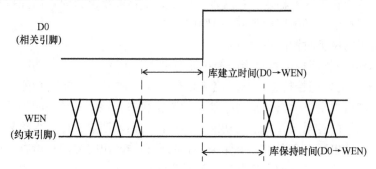

图 10-9　非时序建立时间和保持时间检查

非时序保持时间检查指定相对于相关引脚，约束信号必须多晚到达。如图 10-9 所示。如果 WEN 在保持时间窗内改变，那非时序保持时间检查就失败了。

10.5　时钟门控检查

当一个门控信号（Gating Signal）可以在逻辑单元控制时钟信号路径时，就需要进行时钟门控检查（Clock Gating Check）。如图 10-10 所示的例子。逻辑单元连接时钟的引脚被称为时钟引脚（Clock Pin），连接门控信号的引脚被称为门控引脚（Gating Pin）。进行时钟门控的逻辑单元被称为门控单元（Gating Cell）。

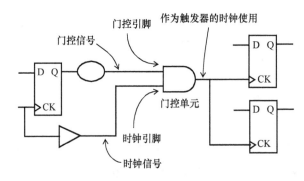

图 10-10　时钟门控检查

时钟门控检查的条件之一是经过单元的时钟必须作为下游时钟（Clock Downstream）使用。下游时钟可以作为触发器时钟，或者可以扇出到输出端口，或者把门控单元输出作为主时钟，自己成为生成时钟。如果时钟不作为门控单元后的时钟使用，就不需要进行时钟门控检查。

时钟门控检查的另一个条件是应用到门控信号。门控引脚的信号不应该是时钟，或者如果它是时钟，不应该被当作下游时钟（时钟被当作门控信号的例子，在本节之后介绍）。

在常见的场景下，时钟信号和门控信号不需要连接到单一的逻辑单元，比如与门，或门，但可能是任意逻辑模块的输入。在这种情况下，要推断出进行时钟门控检查，检查的时钟引脚和检查的门控引脚必须扇出到同一个输出引脚。

下面是推断出的两类时钟门控检查：

1）高电平有效时钟门控检查：当门控单元有"与"或者"与非"功能；

2）低电平有效时钟门控检查：当门控单元有"或"或者"或非"功能。

高电平有效和低电平有效指的是门控信号的逻辑状态，该状态使得时钟信号在门控单元的输出端有效。如果门控单元有复杂的功能，门控的关系不明显，比如多路复用器或者一个异或门单元，STA 输出通常会提供一个警告，表明没有推断出时钟门控检查。但是这种情况可以通过命令 set_clock_gating_check 为门控单元明确指定时钟门控关系来改变。在这种情况下，如果约束 set_clock_gating_check 和门控单元的功能不一致，STA 通常会发出警告。我们之后将在本小节介绍这种例子。

如之前指定的, 时钟只有在不是下游时钟时才可以是门控信号。思考图 10-11 所示的例子。因为 CLKA 的生成时钟的定义 (CLKB 的路径被生成时钟的定义阻挡了), CLKB 不会被当成下游时钟。所以可以推断出与门单元上有时钟 CLKA 的时钟门控检查。

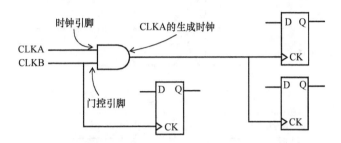

图 10-11 门控检查推论-在门控引脚上的时钟没有被当作下游时钟

10.5.1 高电平有效时钟门控

我们现在研究高电平有效时钟门控检查的时序关系。这发生在 1 个与门或者与非门单元上; 图 10-12 所示的例子使用了与门。门控单元引脚 B 是时钟信号, 门控单元引脚 A 是门控信号。

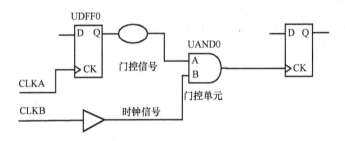

图 10-12 用 AND 单元实现高电平有效时钟门控

让我们假设时钟 CLKA 和 CLKB 有相同的波形。

```
create_clock -name CLKA -period 10 -waveform {0 5} \
   [get_ports CLKA]
create_clock -name CLKB -period 10 -waveform {0 5} \
   [get_ports CLKB]
```

因为门控单元是一个与门单元, 门控信号 UAND0/A 的高电平打开了门控单元, 允许时钟传播通过。时钟门控检查意图验证门控引脚的转换时间不会为扇出时钟创建有效沿。对于正沿触发逻辑, 这意味着门控信号的上升沿发生在时钟无效周期内 (电平为低)。类似的, 对于负沿触发逻辑, 门控信号的下降沿只在时钟电平为低时发生。注意, 如果时钟同时驱动正沿触发和负沿触发的触发器, 任何门控信号 (上升或者下降沿) 的转换都必须发生在时钟电平为低时。图 10-13 所示的例子, 门控信号的转换发生在时钟有效沿内, 需要被延迟才能通过时钟门控检查。

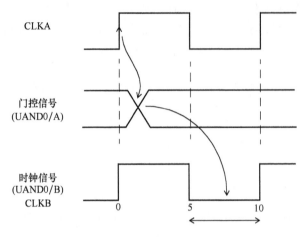

CLKA

门控信号
(UAND0/A)

时钟信号
(UAND0/B)
CLKB

图 10-13　门控信号需要被延迟

高电平有效时钟门控建立时间检查要求门控信号在时钟电平为高之前变化。下面是建立时间路径报告。

```
Startpoint: UDFF0
  (rising edge-triggered flip-flop clocked by CLKA)
Endpoint: UAND0
  (rising clock gating-check end-point clocked by CLKB)
Path Group: **clock_gating_default**
Path Type: max

Point                                Incr        Path
-------------------------------------------------------------
clock CLKA (rise edge)               0.00        0.00
clock source latency                 0.00        0.00
CLKA (in)                            0.00        0.00 r
UDFF0/CK (DF  )                      0.00        0.00 r
UDFF0/Q (DF  )                       0.13        0.13 f
UAND0/A1 (AN2  )                     0.00        0.13 f
data arrival time                                0.13

clock CLKB (rise edge)              10.00       10.00
clock source latency                 0.00       10.00
CLKB (in)                            0.00       10.00 r
UAND0/A2 (AN2  )                     0.00       10.00 r
clock gating setup time              0.00       10.00
data required time                              10.00
-------------------------------------------------------------
data required time                              10.00
data arrival time                               -0.13
-------------------------------------------------------------
slack (MET)                                      9.87
```

注意，Endpoint 行表明这是时钟门控检查。另外，路径属于路径组 clock_gating_default，

如 "Path Group" 行所示。该检查确保门控信号在时钟 CLKB 的下一个上升沿（10ns 处）之前改变。

高电平有效时钟门控保持时间检查要求门控信号只在时钟下降沿之后改变。下面是保持时间路径报告。

```
Startpoint: UDFF0
   (rising edge-triggered flip-flop clocked by CLKA)
Endpoint: UAND0
   (rising clock gating-check end-point clocked by CLKB)
Path Group: **clock_gating_default**
Path Type: min

Point                              Incr      Path
-----------------------------------------------------------
clock CLKA (rise edge)             0.00      0.00
clock source latency               0.00      0.00
CLKA (in)                          0.00      0.00 r
UDFF0/CK (DF  )                    0.00      0.00 r
UDFF0/Q (DF  )                     0.13      0.13 r
UAND0/A1 (AN2  )                   0.00      0.13 r
data arrival time                            0.13

clock CLKB (fall edge)             5.00      5.00
clock source latency               0.00      5.00
CLKB (in)                          0.00      5.00 f
UAND0/A2 (AN2  )                   0.00      5.00 f
clock gating hold time             0.00      5.00
data required time                           5.00
-----------------------------------------------------------
data required time                           5.00
data arrival time                           -0.13
-----------------------------------------------------------
slack (VIOLATED)                            -4.87
```

保持时间门控检查违例了，因为门控信号改变太快，在 CLKB 下降沿（5ns 处）之前改变了。如果在 UDFF0/Q 和 UAND0/A1 引脚间加 5ns 延迟，那建立时间和保持时间检查都会通过，确保门控信号仅在指定的时间窗口内改变。

可以看到保持时间需求是相当大的。这是因为事实上门控信号和被门控的触发器的极性是相同的。这可以通过使用不同类型的发射触发器来解决，比如说，用负沿触发的触发器来生成门控信号。这样的例子如下。

在图 10-14 中，触发器 UFF0 被时钟 CLKA 的负沿控制。安全时钟门控意味着触发器 UFF0 的输出必须在门控时钟的无效周期内改变，也就是 5 ~ 10ns 之间。

与图 10-14 中的原理图相对应的信号波形图如图 10-15 所示。下面是时钟

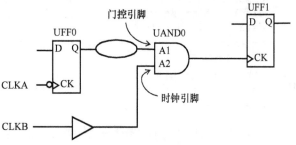

图 10-14 门控信号被时钟下降沿约束

门控建立时间报告。

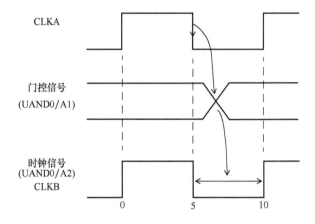

图 10-15　触发器负沿生成的门控信号满足门控检查

```
Startpoint: UFF0
  (falling edge-triggered flip-flop clocked by CLKA)
Endpoint: UAND0
(rising clock gating-check end-point clocked by CLKB)
Path Group: **clock_gating_default**
Path Type: max

Point                               Incr        Path
-------------------------------------------------------------

clock CLKA (fall edge)              5.00        5.00
clock source latency                0.00        5.00
CLKA (in)                           0.00        5.00 f
UFF0/CKN (DFN  )                    0.00        5.00 f
UFF0/Q (DFN  )                      0.15        5.15 r
UAND0/A1 (AN2  )                    0.00        5.15 r
data arrival time                               5.15

clock CLKB (rise edge)             10.00       10.00
clock source latency                0.00       10.00
CLKB (in)                           0.00       10.00 r
UAND0/A2 (AN2  )                    0.00       10.00 r
clock gating setup time             0.00       10.00
data required time                             10.00
-------------------------------------------------------------
data required time                             10.00
data arrival time                              -5.15
-------------------------------------------------------------
slack (MET)                                     4.85
```

下面是时钟门控保持时间报告。注意在新设计中，满足保持时间检查要容易得多。

```
Startpoint: UFF0
  (falling edge-triggered flip-flop clocked by CLKA)
Endpoint: UAND0
  (rising clock gating-check end-point clocked by CLKB)
Path Group: **clock_gating_default**
Path Type: min

Point                              Incr        Path
-----------------------------------------------------------------
clock CLKA (fall edge)             5.00        5.00
clock source latency               0.00        5.00
CLKA (in)                          0.00        5.00 f
UFF0/CKN (DFN  )                   0.00        5.00 f
UFF0/Q (DFN  )                     0.13        5.13 f
UAND0/A1 (AN2  )                   0.00        5.13 f
data arrival time                              5.13

clock CLKB (fall edge)             5.00        5.00
clock source latency               0.00        5.00
CLKB (in)                          0.00        5.00 f
UAND0/A2 (AN2  )                   0.00        5.00 f
clock gating hold time             0.00        5.00
data required time                             5.00
-----------------------------------------------------------------
data required time                             5.00
data arrival time                             -5.13
-----------------------------------------------------------------
slack (MET)                                    0.13
```

因为发射门控信号的时钟沿（负沿）是和被门控的时钟（高电平有效）相反的，建立时间和保持时间需求很容易满足。这是门控时钟最常见的结构。

10.5.2 低电平有效时钟门控

图 10-16 所示为一个低电平有效时钟门控检查的例子。

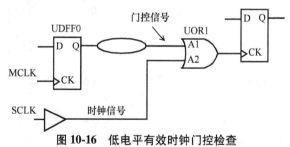

图 10-16 低电平有效时钟门控检查

```
create_clock -name MCLK -period 8 -waveform {0 4} \
  [get_ports MCLK]
create_clock -name SCLK -period 8 -waveform {0 4} \
  [get_ports SCLK]
```

低电平有效时钟门控检查确保对于正沿触发逻辑，门控信号的上升沿在时钟有效周期（时钟电平为高）到达。如之前所述，关键是门控信号不能使输出门控时钟产生有效沿。当门控信号为高，时钟不能穿过。所以只有在时钟电平为高时，门控信号才可以翻转，如图 10-17 所示。

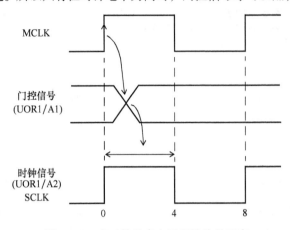

图 10-17　当时钟为高电平门控信号改变

下面是低电平有效时钟门控建立时间报告。该检查确保门控信号在时钟沿变为无效前到达，在这个例子里，是在 4ns 处。

```
Startpoint: UDFF0
   (rising edge-triggered flip-flop clocked by MCLK)
Endpoint: UOR1
   (falling clock gating-check end-point clocked by SCLK)
Path Group: **clock_gating_default**
Path Type: max

Point                               Incr        Path
-----------------------------------------------------------
clock MCLK (rise edge)              0.00        0.00
clock source latency                0.00        0.00
MCLK (in)                           0.00        0.00 r
UDFF0/CK (DF )                       0.00        0.00 r
UDFF0/Q (DF )                        0.13        0.13 f
UOR1/A1 (OR2 )                       0.00        0.13 f
data arrival time                               0.13

clock SCLK (fall edge)              4.00        4.00
clock source latency                0.00        4.00
SCLK (in)                           0.00        4.00 f
UOR1/A2 (OR2 )                       0.00        4.00 f
clock gating setup time             0.00        4.00
data required time                              4.00
-----------------------------------------------------------
data required time                              4.00
data arrival time                              -0.13
-----------------------------------------------------------
slack (MET)                                     3.87
```

下面是时钟门控保持时间报告。该检查确保门控信号在时钟信号上升沿后改变，在本例中是 0ns 处。

```
Startpoint: UDFF0
  (rising edge-triggered flip-flop clocked by MCLK)
Endpoint: UOR1
  (falling clock gating-check end-point clocked by SCLK)
Path Group: **clock_gating_default**
Path Type: min

Point                              Incr         Path
-------------------------------------------------------------
clock MCLK (rise edge)             0.00         0.00
clock source latency               0.00         0.00
MCLK (in)                          0.00         0.00 r
UDFF0/CK (DF )                     0.00         0.00 r
UDFF0/Q (DF )                      0.13         0.13 r
UOR1/A1 (OR2 )                     0.00         0.13 r
data arrival time                               0.13

clock SCLK (rise edge)             0.00         0.00
clock source latency               0.00         0.00
SCLK (in)                          0.00         0.00 r
UOR1/A2 (OR2 )                     0.00         0.00 r
clock gating hold time             0.00         0.00
data required time                              0.00
-------------------------------------------------------------
data required time                              0.00
data arrival time                              -0.13
-------------------------------------------------------------
slack (MET)                                     0.13
```

10.5.3 用多路复用器进行时钟门控

图 10-18 所示的例子使用多路复用器单元进行时钟门控。在多路复用器输入的时钟门控检查确保多路复用器选择信号在正确时间到达，在 MCLK 和 TCLK 之间干净切换。在本例中，我们感兴趣的是切换到和切换出 MCLK，并且假设在选择信号切换时 TCLK 为低电平。这意味着多路复用器的选择信号只在 MCLK 为低电平时切换。这类似于高电平有效时钟门控检查。

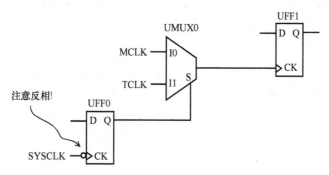

图 10-18 用多路复用器实现时钟门控

图 10-19 表明了时序关系。多路复用器的选择信号必须在 MCLK 为低电平时到达。另外，假设在选择信号变化时 TCLK 保持低电平。

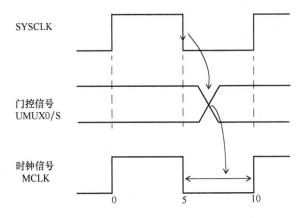

图 10-19　当时钟为低电平门控信号到达

因为门控单元是多路复用器，时钟门控检查不会自动推理出来，在 STA 时下面的信息会报出来。

```
Warning: No clock-gating check is inferred for clock MCLK at
pins UMUX0/S and UMUX0/I0 of cell UMUX0.
Warning: No clock-gating check is inferred for clock TCLK at
pins UMUX0/S and UMUX0/I1 of cell UMUX0.
```

但是，可以通过 set_clock_gating_check 约束来明确强制进行时钟门控检查。

set_clock_gating_check -high [**get_cells** UMUX0]
选项 *-high* 表明这是高电平有效检查。
set_disable_clock_gating_check UMUX0/I1

该禁止检查关掉了指定引脚上的时钟门控检查，因为我们不关心这个引脚。多路复用器的时钟门控检查已经被指定为高电平有效时钟门控检查。下面是建立时间路径报告。

```
Startpoint: UFF0
  (falling edge-triggered flip-flop clocked by SYSCLK)
Endpoint: UMUX0
  (rising clock gating-check end-point clocked by MCLK)
Path Group: **clock_gating_default**
Path Type: max
```

Point	Incr	Path
clock SYSCLK (fall edge)	**5.00**	5.00
clock source latency	0.00	5.00
SYSCLK (in)	0.00	5.00 f
UFF0/CKN (DFN)	0.00	5.00 f
UFF0/Q (DFN)	0.15	5.15 r
UMUX0/S (MUX2)	0.00	5.15 r
data arrival time		5.15

```
clock MCLK (rise edge)                    10.00        10.00
clock source latency                       0.00        10.00
MCLK (in)                                  0.00        10.00 r
UMUX0/I0 (MUX2  )                          0.00        10.00 r
clock gating setup time                    0.00        10.00
data required time                                     10.00
------------------------------------------------------------
data required time                                     10.00
data arrival time                                      -5.15
------------------------------------------------------------
slack (MET)                                             4.85
```

下面是时钟门控保持时间报告。

```
Startpoint: UFF0
  (falling edge-triggered flip-flop clocked by SYSCLK)
Endpoint: UMUX0
  (rising clock gating-check end-point clocked by MCLK)
Path Group: **clock_gating_default**
Path Type: min

Point                                     Incr         Path
------------------------------------------------------------
clock SYSCLK (fall edge)                   5.00         5.00
clock source latency                       0.00         5.00
SYSCLK (in)                                0.00         5.00 f
UFF0/CKN (DFN  )                           0.00         5.00 f
UFF0/Q (DFN  )                             0.13         5.13 f
UMUX0/S (MUX2  )                           0.00         5.13 f
data arrival time                                       5.13

clock MCLK (fall edge)                     5.00         5.00

clock source latency                       0.00         5.00
MCLK (in)                                  0.00         5.00 f
UMUX0/I0 (MUX2  )                          0.00         5.00 f
clock gating hold time                     0.00         5.00
data required time                                      5.00
------------------------------------------------------------
data required time                                      5.00
data arrival time                                      -5.13
------------------------------------------------------------
slack (MET)                                             0.13
```

10.5.4 带时钟反相的时钟门控

图 10-20 所示为另一个时钟门控的例子，到触发器的时钟是反相的，触发器的输出是门控信号。因为门控单元是一个与门单元，门控信号只有在与门单元的时钟信号为低电平时翻转。这定义了建立时间和保持时间时钟门控检查。

下面是时钟门控建立时间报告。

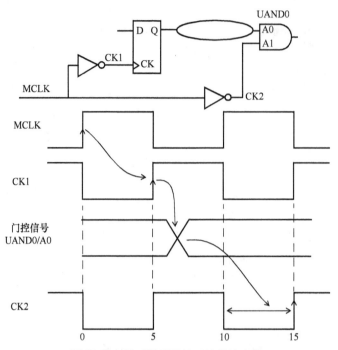

图 10-20　带时钟反相的时钟门控实例

```
Startpoint: UDFF0
  (rising edge-triggered flip-flop clocked by MCLK')
Endpoint: UAND0
  (rising clock gating-check end-point clocked by MCLK')
Path Group: **clock_gating_default**
Path Type: max


Point                                Incr        Path
-----------------------------------------------------------
clock MCLK' (rise edge)              5.00        5.00
clock source latency                 0.00        5.00
MCLK (in)                            0.00        5.00 f
UINV0/ZN (INV )                      0.02        5.02 r
UDFF0/CK (DF )                       0.00        5.02 r
UDFF0/Q (DF )                        0.13        5.15 f
UAND0/A1 (AN2 )                      0.00        5.15 f
data arrival time                                5.15

clock MCLK' (rise edge)             15.00       15.00

clock source latency                 0.00       15.00
MCLK (in)                            0.00       15.00 f
UINV1/ZN (INV )                      0.02       15.02 r
UAND0/A2 (AN2 )                      0.00       15.02 r
clock gating setup time              0.00       15.02
data required time                              15.02
-----------------------------------------------------------
data required time                              15.02
```

```
data arrival time                                       -5.15
--------------------------------------------------------------
slack (MET)                                              9.87
```

注意，建立时间检查验证数据是否在 MCLK 的沿之前改变，该沿在 15ns 处。下面是时钟门控保持时间报告。

```
Startpoint: UDFF0
  (rising edge-triggered flip-flop clocked by MCLK')
Endpoint: UAND0
  (rising clock gating-check end-point clocked by MCLK')
Path Group: **clock_gating_default**
Path Type: min

Point                                   Incr        Path
--------------------------------------------------------------
clock MCLK' (rise edge)                 5.00        5.00
clock source latency                    0.00        5.00
MCLK (in)                               0.00        5.00 f
UINV0/ZN (INV  )                        0.02        5.02 r
UDFF0/CK (DF  )                         0.00        5.02 r
UDFF0/Q (DF  )                          0.13        5.15 r
UAND0/A1 (AN2  )                        0.00        5.15 r
data arrival time                                   5.15

clock MCLK' (fall edge)                 10.00       10.00
clock source latency                    0.00        10.00
MCLK (in)                               0.00        10.00 r
UINV1/ZN (INV  )                        0.01        10.01 f
UAND0/A2 (AN2  )                        0.00        10.01 f
clock gating hold time                  0.00        10.01
data required time                                  10.01
--------------------------------------------------------------
data required time                                  10.01
data arrival time                                   -5.15
--------------------------------------------------------------
slack (VIOLATED)                                    -4.86
```

保持时间检查验证数据（门控信号）是否在 MCLK 的下降沿之前改变，该沿在 10ns 处。

当门控单元是复杂单元而且建立时间和保持时间检查不是很明显时，命令 set_clock_gating_check 可以用来给门控时钟信号的门控信号指定建立时间和保持时间检查。这个建立时间检查验证门控信号在时钟信号的有效沿之前是否保持稳定。建立时间违例可能导致门控单元输出端出现毛刺。保持时间检查验证门控信号是否在时钟信号的无效沿是否保持稳定。下面是 set_clock_gating_check 约束的一些例子。

```
set_clock_gating_check -setup 2.4 -hold 0.8 \
  [get_cells U0/UXOR1]
# 为了在指定的单元上进行时钟门控检查，指定建立时间和保持时间。
set_clock_gating_check -high [get_cells UMUX5]
# 在时钟高电平上进行检查。选项 -low 可以用来进行低电平有效时钟门控检查。
```

管理功耗是任何设计的重要方面，它是如何实现的。在设计实现时，设计者通常需要评估不同的方案，在设计的速度，功耗以及面积中间权衡。

如第 3 章所描述的，设计的逻辑部分消耗的功耗由漏电功耗（Leakage Power）和动态功耗（Active Power）组成。另外，模拟宏单元和 IO 缓冲器（特别是有动态终端的，Active Termination）会消耗功耗，而这部分功耗和动态（Activity）无关，也不是漏电。在本节，我们关注设计的逻辑部分功率消耗的权衡。

通常来说，由标准单元和存储器宏单元组成的数字逻辑的功耗管理有两部分需要考虑：

1）减小设计总动态功耗。设计者要保证总的功率消耗要在现有功耗极限内。针对设计不同的工作模式，可能会有不同的极限。另外，设计中用到的不同的供电电源也可能会有不同的极限。

2）在待机模式下减小设计的功率消耗。这对于电池供电的器件（比如，手机）是非常重要的考虑，目标是减少待机模式下的功率消耗。在待机模式下的功率消耗是漏电功耗加上待机模式下工作的逻辑的功率消耗。正如上面讨论过的，可能会有其他模式比如休眠模式（Sleep Mode），对功耗有不同约束。

本节介绍了功耗管理的多种方法。每种方法都有自己的优缺点，我们将继续介绍。

10.6.1　时钟门控

正如第 3 章描述过的，触发器上的时钟活动是总功耗的重要组成。触发器由于时钟翻转（Clock Toggle）消耗功率，即使触发器的输出端没有翻转。思考图 10-21a 中的例子，触发器只有在使能信号 EN 有效时才接收新数据，否则它保持之前的状态。在 EN 信号无效的时间里，在触发器的时钟翻转不会引起输出端的任何变化，但是时钟活动依然会造成触发器内的功率消耗。时钟门控的目的就是在时钟周期内，当触发器输入无效时，通过消除触发器的时钟活动来最小化它的功耗贡献。通过时钟门控的逻辑重构在触发器引脚引入时钟门控。图 10-21 所示的例子说明了这种时钟门控带来的转变。

所以，时钟门控确保触发器的时钟引脚只有在数据输入端的新数据准备好之后才翻转。

10.6.2　电源门控

电源门控可以门控关闭电源供电，让不活动模块的电源关闭。该方法如图 10-22 所示，电源供电串联加入接地可关断（Footer）MOS 器件［或者电源可关断（Header）］$^\ominus$。配置控制信号 SLEEP，让接地可关断 MOS 器件（或者电源可关断）在模块正常工作时处于打开状

$\ominus$　对于接地可关断（Footer NMOS），关断电源地 Vss；对于电源可关断（Header PMOS），关断电源 Vdd。——译者注

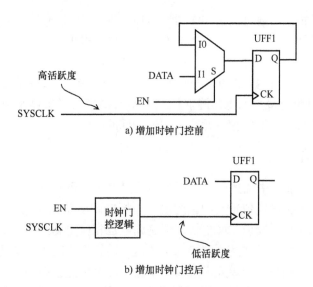

a) 增加时钟门控前

b) 增加时钟门控后

图 10-21 增加时钟门控来减少触发器功耗

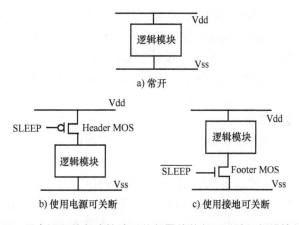

a) 常开

b) 使用电源可关断

c) 使用接地可关断

图 10-22 用电源可关断或接地可关断器件关断不活动逻辑模块的供电

态。因为该电源门控 MOS 器件（接地可关断或者电源可关断）在正常共工作模式时处于打开状态，模块上电且工作在正常功能模式。在模块的不活动（或者休眠）模式下，门控 MOS 器件（接地可关断或者电源可关断）被关闭，消除了逻辑模块中任何活动功率消耗。接地可关断是一个大型 NMOS 器件，处于真正的地和模块的地线之间，该模块由电源门控控制。电源可关断是一个大型 PMOS 器件，处于真正的电源供电和模块的电源线之间，该模块由电源门控控制。在休眠模式下，模块中唯一功率消耗是经过接地可关断（电源可关断）器件的漏电功耗。

接地可关断或者电源可关断通常用多个电源门控单元来实现，这些单元对应多个并联的 MOS 器件。接地可关断和电源可关断器件为电源供电引入串联导通电阻（On resistance）。

如果导通电阻值不是很小，通过门控 MOS 器件的电压降（IR Drop）会影响逻辑模块中单元的时序。在选择门控器件的大小时，首要标准是保证导通电阻足够小，但也要考虑在不活动或者休眠模式下电源门控 MOS 器件的漏电大小，这里需要权衡。

总的来说，需要有合适数量的电源门控单元并行连接，来保证在工作模式（Active Mode）下串联导通电阻有最小的电压降。但是在不活动模式或者休眠模式下，门控单元的漏电功耗也是选择并行的电源门控单元数量的另一标准。

10.6.3 多种阈值单元

正如第 3 章（3.8 节）中描述的，使用多种阈值单元需要权衡速度和漏电。高阈值单元有更小的漏电，但是比标准阈值单元的速度慢，而标准阈值单元速度快但是有更高的漏电。类似的，低阈值单元比标准阈值单元更快，但是漏电也相应更高。

在大多数设计中，目标是在达到需要的工作速度前提下，减小总功耗。即使漏电是总功耗的重要组成部分，只用高阈值单元实现设计来减少漏电可能会增加总功耗，即使漏电的贡献被减小了。这是因为得到的设计实现可能需要更多的（或者更大驱动能力）高阈值单元来达到要求的性能。由于使用高阈值单元，增加等效门数（Equivalent Gate Count）所增加的动态功耗会比减小的动态功耗大得多。但是，有些场景下漏电占总功耗的支配地位，在这种情况下，用高阈值单元的设计就可以减少总功耗。上面讨论的多阈值单元的使用需要在速度和漏电之间恰当的权衡，因为这取决于设计和翻转活动情况（Switching Activity Profile）。下面介绍的是高性能模块的两种不同场景，取决于模块很活跃或者只有很低频的翻转活动，设计实现的方式可能会很不同。

1. 高活跃度的高性能模块

本场景下，高性能模块有很高频的翻转活动，动态功耗占总功耗的支配地位。对于这种模块，专注减少漏电功耗可能会导致总功耗上升，即使漏电功耗的贡献被减小了。在这种情况下，最初的设计实现应该使用标准阈值（或者低阈值）单元来满足需要的性能。当需要的时序满足了，有正时序裕量的路径上的单元可以改为高阈值单元，这样在依然满足时序要求的前提下减少漏电的贡献。所以，在最终实现时，标准阈值（或者低阈值）单元只是在关键路径或者时序难满足的路径使用，非关键路径上的单元可以是高阈值单元。

2. 低活跃度的高性能模块

本场景下，高性能模块有低频的翻转活动，漏电功耗占总功耗的显著地位。因为模块的活跃度很低，动态功耗不是设计总功耗的主要部分。对于这种模块，最初的设计实现尝试组合逻辑和触发器只使用高阈值单元。唯一的例外，时钟树是始终活跃的，所以需要用标准阈值（或者低阈值）单元。

10.6.4 阱偏置

阱偏置是指给 NMOS 和 PMOS 使用的 P 阱和 N 阱分别加 1 个小的偏置电压。图 2-1 中所示 NMOS 器件的衬底（或者 P 阱）通常连接到地。类似地，图 2-1 中所示 PMOS 器件的衬底

（或者 N 阱）通常连接到电源轨（Vdd）。

如果阱的连接有很小的负偏置，漏电功耗可以显著减少。这意味着 NMOS 器件的 P 阱连接到小的负电压（比如-0.5V）。类似的，PMOS 器件的 N 阱连接到比电源轨更高的电压（比如 V_{dd}+0.5V）。通过增加阱偏置，单元的速度受到影响；但是漏电大幅减小。单元库中的时序是考虑阱偏置之后生成的。

使用阱偏置的缺点是对于 P 阱和 N 阱连接，它需要额外的供电电压（比如-0.5V 和 V_{dd}+0.5V）

10.7 反标（Backannotation）

10.7.1 SPEF

STA 是怎么知道设计的寄生参数的？最常见的情况，该信息通过寄生参数提取工具来提取，并被 STA 工具以 SPEF 格式读入。SPEF 详细的信息和格式在附录 C 中有描述。

物理设计版图工具中的 STA 引擎有类似的行为，但它提取的信息是被写入了内部的数据库。

10.7.2 SDF

在某些情况下，单元和互连线的延迟是其他工具计算得到的，这些延迟通过读入 SDF 文件进行 STA。使用 SDF 的优点是单元延迟和互连延迟不需要再计算了，这些信息直接从 SDF 读入，使得 STA 专注在时序检查上。但是，延迟反标的缺点是 STA 不能进行串扰计算，因为寄生参数信息丢失了。SDF 通常是用来给仿真工具传递延迟信息的一种机制。

SDF 的详细信息和格式在附录 B 中有描述。

10.8 签核（Sign-Off）方法

STA 可以在多种场景下进行。决定场景的 3 个主要变量是：

1）寄生参数工艺角（寄生参数提取的 RC 互连工艺角和工作条件）；

2）工作模式；

3）PVT 工艺角。

寄生参数互连工艺角

寄生参数可以在多个工艺角下提取。这些工艺角取决于制造过程中金属宽度和金属刻蚀的变化。其中一些工艺角是：

1）典型：这指的是互连电阻和电容都是标准值

2）最大 C：这指的是有最大电容的互连工艺角。互连电阻比典型工艺角的小。本工艺角对具有短线的路径有最大延迟，可以用来进行最大路径分析。

3）最小 C：这指的是具有最小电容的互连工艺角。互连电阻比典型工艺角大。本工艺角对具有短线的路径有最小延迟，可以用来进行最小路径分析。

4）最大 RC：这指的是具有最大互连 RC 乘积的互连工艺角。本工艺角对应更大刻蚀，相应减少了走线的宽度。这导致了最大的电阻但相应的电容比典型工艺角小。总的来说，本工艺角对具有长互连线的路径有最大的延迟，可以用来进行最大路径分析。

5）最小 RC：这指的是具有最小互连 RC 乘积的互连工艺角。本工艺角对应更小刻蚀，相应增大了走线的宽度。这导致了最小的电阻但相应的电容比典型工艺角大。总的来说，本工艺角对具有长互连线的路径有最小的延迟，可以用来进行最小路径分析。

基于上面描述的各种工艺角的互连电阻和电容，具有较大电容的互连工艺角就有较小电阻，具有较小电容的互连工艺角就有较大电阻。所以，在各个互连工艺角下，电阻部分地补偿了电容。这意味对于所有类型线的路径延迟，没有单个的工艺角对应极端值（最差情况或者最佳情况）。路径延迟使用 Cworst/Cbest 工艺角只对短线有极端值，而 RCworst/RCbest 工艺角只对长线有极端值。而典型互连工艺角通常对具有平均长度的线有极端值。所以，设计者通常选择在上面描述的各种互连工艺角下验证时序。但是，即使在每个工艺角下都验证也不能覆盖所有可能的场景，因为不同的金属层会独立的处于不同的互连工艺角下。比如，METAL2 在最大 C 工艺角，METAL1 在最大 RC 工艺角。10.9 节中描述的统计时序分析为 STA 提供了一种机制，不同的金属层可以在不同的互连工艺角。

10.8.1　工作模式

工作模式规定了芯片是如何工作的。芯片的各种工作模式可以是

1）功能模式 1（如高速时钟）；

2）功能模式 2（如慢速时钟）；

3）功能模式 3（如休眠模式）；

4）功能模式 4（如调试模式）；

5）测试模式 1（如捕获扫描模式）；

6）测试模式 2（如移位扫描模式）；

7）测试模式 3（如 BIST 模式[⊖]）；

8）测试模式 4（如 JTAG 模式[⊖]）。

10.8.2　PVT 工艺角

PVT 工艺角规定了 STA 分析是在什么情况下发生的。最常见的 PVT 工艺角是

⊖　内建自我测试（Built-In Self-Test，BIST）也称为内建测试（Built-In Test，BIT），是一种让设备可以自我检测的机制，也是可测试性设计的一种实现技术。——译者注

⊖　JTAG 是 Joint Test Action Group（联合测试行动组）的缩写，联合测试行动组是 IEEE 的一个下属组织，该组织研究标准测试访问接口和边界扫描结构（Standard Test Access Port and Boundary-Scan Architecture）。——译者注

1）WCS（慢速工艺，低电压供电，高温度）；

2）BCF（快速工艺，高电压供电，低温度）；

3）典型（典型工艺，标准电压供电，标准温度）；

4）WCL（低温最差情况慢速工艺，低电压供电，低温度）；

5）或者 PVT 域里的其他点。

STA 分析可以对任何场景分析。场景这里指的是互连工艺角，工作模式，以及上面描述的 PVT 工艺角的组合。

10.8.3　多模式多工艺角分析

多模式多工艺角（Multi-mode Multi-corner，MMMC）分析指的是同时在多个工作模式，PVT 工艺角和寄生参数互连工艺角进行 STA。例如，一个 DUA 有 4 个工作模式（普通、休眠、移位扫描、JTAG），在 3 个 PVT 工艺角（WCS、BCF、WCL）下分析，3 个寄生参数互连工艺角（典型、最小 C、最小 RC），见表 10-1。

表 10-1　时序签核时使用的多模式多工艺

PVT 工艺角/寄生参数互连工艺角	WCS	BCF	WCL
典型	1：普通/休眠/移位扫描/Jtag	2：普通/休眠/移位扫描	3：普通/休眠
最小 C	4：不要求	5：普通/休眠	6：不要求
最小 RC	7：不要求	8：普通/休眠 p	9 ：不要求

总共可以有 36 个可能的场景进行时序分析，比如建立时间，保持时间，转换率，时钟门控检查。对所有 36 个工艺角同时进行 STA 在运行时间上可能是行不通的，这取决于设计的大小。某个场景可能是不必要的，因为它可能包括在另一个场景里，或者该场景是不要求的。例如，设计者可能决定场景 4、6、7 和 9 是无关的，所以不需要分析。另外，在一个工艺角下分析所有的工作模式也可能是不必要的，比如移位扫描或 JTAG 模式在场景 5 下，可能就是不需要的。如果有 MMMC 的能力，STA 可以在单个场景下或多个场景下同时进行。

进行 MMMC STA 的优点是节省运行时间以及搭建分析脚本的复杂度。MMMC 场景还可以节省读入数据的时间，整个设计和寄生参数只需要读取一次或两次，而不是为每个模式和工艺角都分别多次读入。这样的工作也更适合在 LSF⊖服务器上运行。MMMC 在优化流程中有一个很大的优势，它的优化是针对所有场景进行的，在某个场景下修复时序违例不会在其他场景下引入新的时序违例。

对于 IO 接口约束，选项 -add_delay 可以和多个时钟源一起，在一次运行中分析多种模式，比如扫描模式或者 BIST 模式，或者在 PHY⊖中对应不同速度的不同工作模式。通常每

⊖　Load Sharing Facility，分布式异构计算机环境的负载管理系统。——译者注

⊖　PHY 是 Physical layer 的缩写，物理层接口 IP 模块，比如 10G PHY。——译者注

个模式都是单独分析,但不总是这样。

这种类型的设计并不常见:具有大量时钟,需要大量单独分析来覆盖最大和最小工艺角下的每个模式,并且包括串扰和噪声的影响。

10.9　统计静态时序分析

到目前为止描述的 STA 技术都是确定的,因为分析是基于设计中所有时序弧都具有固定的延迟。每个时序弧延迟的计算是基于工作条件,以及工艺和互连模型。虽然可能有多种模式和多种工艺角,但对于给定的场景,得到的时序路径延迟是确定的。

但在实际操作中,在 STA 时常用的工艺和工作条件 WCS 或 BCF 对应的是极端 $3\sigma^{\ominus}$ 情况。时序库是基于代工厂提供的工艺角模型,用生成对应单元时序值的工作条件表征的。例如,最佳情况快速库是用快速工艺模型,最大电源供电和最低温度表征的。

10.9.1　工艺和互连偏差

1. 全局工艺偏差(Global Process Variation)

全局工艺偏差也叫做片间器件偏差(Inter-die Device Variation),指的是影响裸片(或者晶圆)上所有器件的工艺参数变化。如图 10-23 所示。这说明片上所有器件都受到这些工艺偏差的类似影响,每个片上的器件可能是慢速,快速,或者两者之间。所以,希望用全局工艺参数建模的偏差来捕获裸片和裸片间的偏差。

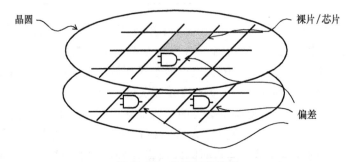

图 10-23　片间工艺偏差

全局参数值(比如 g_par1)的变化如图 10-24 所示。例如,参数 g_par1 可能对应着标准 NMOS 器件的 IDSsat(期间饱和电流)参数。(这里的标准器件是指具有固定长度和宽度的器件)。因为这是个全局参数,片上所有单元实例中的所有 NMOS 器件都对应同样 g_par1 的值。这可以换用下面的说法描述。这个 g_par1 中所有单元实例的偏差是完全相互关联的,或者片上 g_par1 的偏差是互相跟踪(Track Each Other)的。注意,也有其他全局变量(g_

　　⊖　σ 在这里指的是统计建模的独立变量的标准差。

par2，…)，比如，或许是为 PMOS 器件饱
和电流建模，或者其他相关变量建模。

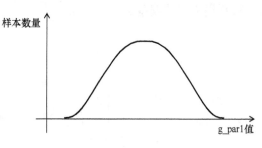

图 10-24　偏差是全局变量

不同的全局变量（g_par1，g_par2，…)
是不相关的。不同全局参数的偏差不互相跟
踪，也就是说 g_par1 和 g_par2 参数是相互
独立变化的；在裸片上 g_par1 可能是在最大
值，但同时 g_par2 可能是在最小值。

在确定性（非统计）分析中，慢速模型
可能对应着片间偏差为+3σ 工艺角条件。类
似的，快速工艺模型可能对应着片间偏差为-3σ 工艺角条件。

2. 局部工艺偏差（Local Process Variation）

局部工艺偏差，也叫做片内器件偏差（Intra-die Device Variation），指的是在给定裸片
上，可以对器件造成不同影响的工艺参数偏差。如图 10-25 所示。这意味着在同一个裸片
上，紧挨着的两个一模一样的器件可能有不同的行为。希望用局部工艺参数建模的偏差来捕
获裸片内的随机工艺偏差。

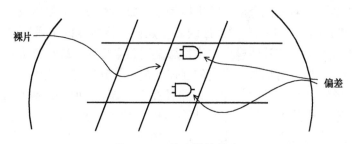

图 10-25　片内器件偏差

图 10-26 描述了局部工艺参数的偏差。片上
局部参数偏差相互之间不跟踪，一个单元实例和
另一个单元实例间的偏差是不相关的。这意味着
在同一个裸片上，局部参数对不同的器件可能有
不同的值。例如，片上不同的 NAND2 单元实例
可能有不同的局部工艺参数值。这会造成同样
NAND2 单元的不同实例具有不同的延迟值，即
使在其他参数比如输入转换率和输出负载都一致的前提下。

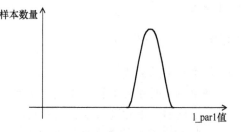

图 10-26　局部工艺参数的偏差

图 10-27 描述了全局和局部偏差引起的 NAND2 单元延迟的偏差。该图中全局参数偏差
比局部参数偏差带来了更大的延迟偏差。

在分析中，局部工艺偏差是希望用 OCV 建模捕获的 1 种偏差，在小节 10.1 中有描述。
因为统计时序模型通常包括局部工艺偏差，使用统计时序模型的 OCV 分析不应该在 OCV 设

置中包括局部工艺偏差了。

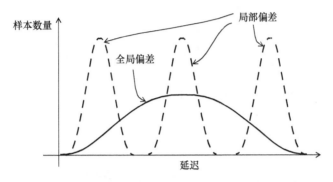

图 10-27 由全局和局部工艺偏差造成的单元延迟偏差

3. 互连线偏差

正如 10.8 节中描述的，存在各种互连工艺角，代表了每层金属的参数偏差，该偏差影响了互连线电阻和电容值。这些参数偏差通常是金属的厚度和电阻率，以及金属刻蚀。刻蚀会影响在各个金属层的金属走线的宽度和间距。通常，影响某层金属的参数会影响该层金属所有走线的寄生参数，但对其他金属层的走线寄生参数影响很小或根本没有影响。

在 10.8 节中描述的互连工艺角对互连线偏差建模，让所有的金属层映射到了相同的互连工艺角。当对互连线偏差统计建模，允许每层金属独立变化。统计方法对互连线空间所有可能的偏差组合建模，所以对那些在指定的互连工艺角下分析时可能无法捕捉到的偏差也建模了。例如，有这么一种可能，时钟树发射路径在 METAL2，但是时钟树捕获路径在 METAL3。在传统的互连工艺角下进行时序分析会考虑各种工艺角，但是所有金属层要一起变化。这样就不能对一些场景建模，比如 METAL2 在具有最大延迟的工艺角，但 METAL3 在具有最小延迟的工艺角。这样的组合对应着建立时间路径的最差情况场景，只能在对互连线统计建模时才可以捕捉到。

10.9.2 统计分析

1. 什么是 SSTA？

如果单元时序模型和互连线寄生参数是统计建模的，那对上面提到的偏差建模是可行的。除了延迟，单元输入端的引脚电容值也可以统计建模。这意味着时序模型可以用工艺参数（全局和局部）的算术平均数（Mean）和标准差（Standard Deviation）来描述。互连电阻和电容可以用互连参数的算术平均数和标准差来描述。延迟计算过程（在第 5 章有描述）得到每个时序弧（单元以及互连线）的延迟，而延迟是由各种参数的平均数和标准差来表示的。所以，每个延迟都是由平均数和 N 个（N 是统计建模的独立的工艺和互连参数的数量）标准差表示的。

因为通过独立时序弧的延迟是统计方法表示的，统计静态时序分析（Statistical Static Timing Analysis，SSTA）方法对时序弧的延迟求和得到路径延迟，该延迟也是统计方法表示的（带有平均数和标准差）。SSTA 把独立的工艺和互连参数的标准差映射得到路径延迟总的标准差。例如，思考图 10-28 所示由 2 个时序弧构成的路径延迟。因为每个延迟组成部分都有自己的偏差，偏差的不同方式求和取决于这些偏差是相关还是不相关。如果偏差是来自同源（比如由互相追踪的 g_par1 引起），那路径延迟的 σ 简单等于（$\sigma_1+\sigma_2$）。但是，如果偏差是不相关的（比如由 l_par1 造成），路径延迟的 σ 相当于 sqrt（$\sigma_1^2+\sigma_2^2$），比（$\sigma_1+\sigma_2$）要小。当对局部（不相关）工艺偏差建模时路径延迟有更小的 σ，该现象也被称为个体延迟偏差的统计抵消（Statistical Cancellation）。

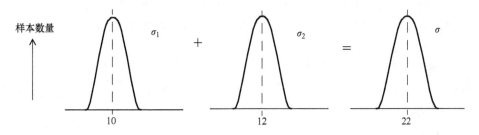

图 10-28　路径延迟包括组成部分的偏差

对于真实的设计，相关和不相关的偏差都会被建模，所以这些类型的偏差的贡献需要被适当的组合在一起。

发射和捕获时钟的时钟路径也是用同样的方式统计表达的。基于数据和时钟路径延迟，得到的裕量是使用标称值和标准差的统计变量。

假设是正态分布（Normal Distribution），可以得到有效最小和最大值对应（mean +/-3σ）。如图 10-29 所示，（mean+/-3σ）对应着正态分布分位数的 0.135% 和 99.865%。分位数 0.135% 意味着只有 0.135% 的结果分布小于这个值（mean-3σ）；类似的，分位数 99.865% 意味着 99.865% 的分布小于该值，或者只有 0.135%（100%$-$99.865%）的分布大于该值（mean+3σ）。有效的下限和上限指的是 SSTA 报告中的分位数，设计者可以选择分析中用到的分位数值，比如 0.5% 或者 99.5%，对应着（mean-/+2.576σ）。

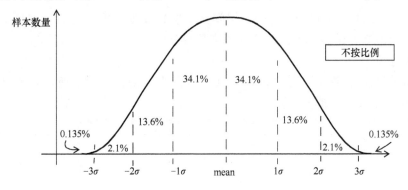

图 10-29　正态分布

对于噪声和串扰分析（见第 6 章内容），使用到的路径延迟和时间窗口也要通过各种参数的平均数和标准差的统计建模。

基于路径裕量分布，SSTA 报告了每条路径裕量的平均数，标准差，以及分位数值，所以基于要求的统计置信度（Statistical Confidence）就可以判定路径是通过还是违例。

2. 统计时序库

在 SSTA 方法中，标准单元库（以及设计中用到的其他宏单元的库）提供各种环境条件下的时序模型。例如，分析在最小 Vdd 和高温度角下进行，使用在该情况下特征化的库但是工艺参数是统计建模的。该库包括了标称参数值以及参数偏差的时序模型。对于 N 个工艺参数，一个在电源供电为 0.9V，温度为 125℃ 情况下特征化的统计时序库可能包括：

1）具有标称工艺参数的时序模型，加上下面每个工艺参数；

2）参数 i 为（标称值+1σ）的时序模型，其他参数保持在标称值；

3）参数 i 为（标称值-1σ）的时序模型，其他参数保持在标称值。

下面是有 2 个独立工艺参数的简化例子，时序模型是用标称参数值特征化的，也具有参数值的偏差，如图 10-30 所示。

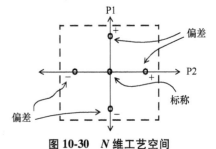

图 10-30　N 维工艺空间

3. 统计互连偏差

对于每层金属，有 3 个独立的参数。

1）金属刻蚀。它控制金属宽度，也控制和相邻导体的间距。金属层中更大的刻蚀会减少金属宽度（这会增大电阻），增加和相邻走线的间距（这会减少和相邻走线的耦合电容）。该参数表达为导体宽度的偏差。

2）金属厚度。更厚的金属意味着对下层金属更大的电容。该参数表达为导体厚度的偏差。

3）IMD（Inter Metal Dielectric，金属层间介电层）厚度。更大的 IMD 厚度会减少和下层金属间的耦合电容。该参数表达为 IMD 厚度的偏差。

4. SSTA 结果

统计分析的输出结果以平均数和有效值来提供路径裕量。如下所示，建立时间检查（最大路径分析）的 SSTA 报告的例子。

```
Path startpoint endpoint        quantile  sensitiv  mean  stddev
----------------------------------------------------------------
0   DBUS[7]   PDAT[5]           -0.43     50.00     0.86  0.43


    Path attribute           quantile  sensitiv   mean   stddev
```

```
---------------------------------------------------------------
arrival                      6.74     7.88    5.45   0.43
slack                       -0.43    50.00    0.86   0.43
required                     6.31     0.00    6.31   0.00
startpoint_clock_latency     0.25     0.00    0.25   0.00
endpoint_clock_latency       0.33     0.00    0.33   0.00


Point arrival             quantile  sensitiv  mean  stddev incr
---------------------------------------------------------------
DBUS[7]/CP (SDFQD2)          0.25     0.00    0.25   0.00
DBUS[7]/Q (SDFQD2)           0.66     4.04    0.61   0.02   0.02
U1/ZN (INVD2)                0.80     4.09    0.72   0.03   0.01
. . .
U22/ZN (NR3D4)               2.20     5.82    1.89   0.11   0.03
U23/Z (AN2D3)                2.41     6.40    2.03   0.13   0.02
U24/ZN (CKBD3)               2.53     7.10    2.10   0.15   0.02

U25/Z (AO23D2)               2.89     8.65    2.31   0.20   0.05
U26/ZN (IND2D4)              2.98     8.84    2.36   0.21   0.01
U27/Z (MUX3D4)               3.26     8.89    2.58   0.23   0.02
. . .
U51/ZN (ND2D4)               6.74     7.88    5.45   0.43   0.02
PDAT[5]/D (SDFQD1)           6.74     7.88    5.45   0.43   0.00
```

上面的报告表明当时序路径的平均数满足需求，0.135%分位数值有0.43ns的违例，也就是路径裕量分位数为−0.43ns。路径裕量有平均数值为+0.86ns，标准差为0.43ns。这意味着分布的+/−2σ满足要求。因为分布的95.5%落在2σ偏差内，这意味着只有制造部件的2.275%存在时序违例（剩下的分布的另1个2.275%有很大的正路径裕量）。所以2.275%的分位数设置表明裕量为0，或者说没有时序违例。到达时间和路径裕量分布如图10-31所示。

注意上面的报告是针对建立时间路径的，所以quantile列提供的是上限分位数（比如路径延迟+3σ的值），保持路径要指定对应的下限分位数（比如−3σ的值）。报告中的sensitiv列指的是变异系数[译注] （Sensitivity），也就是标准差和平均数的比值（用百分比表示）。对裕量来说，希望有更小的变异系数，这意味着平均数值通过检查的路径，有了偏差也很可能继续通过检查。incr列指定报告中该行增加的标准差。

有了单元和互连线的统计模型，统计时序方法分析在工艺角环境条件下的设计，以及探索由于工艺和互连线参数偏差造成的空间。比如，在最差情况 VT（电压和温度）下的统计分析会探索整个全局工艺和互连空间。而在最佳情况 VT（电压和温度）下的统计分析也会探索整个全局工艺和互连空间。这些分析可以和传统的最坏情况和最佳情况 PVT 工艺角分析对比，传统分析只探索工艺和互连空间的1个点。

⊖　Coefficient of Variation，CV。也可以称为标准差率，离散系数。——译者注

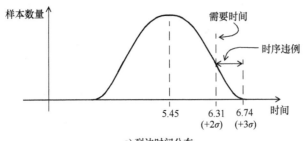

a) 到达时间分布

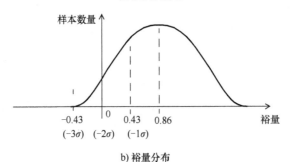

b) 裕量分布

图 10-31　路径延迟和裕量分布

10.10　违例路径的时序

本节提供一些例子来强调设计者在调试 STA 结果时需要关注的关键方面。有些例子可能只包括 STA 报告中相关的部分节选。

1. 找不到路径

当我们尝试得到 1 条路径报告，但是 STA 报告说找不到路径，或者提供了 1 条裕量为无限的路径？发生以上情况可能是因为：

1）时序路径损坏；

2）时序路径不存在；

3）设置了伪路径。

以上情况都需要对约束仔细调试，确认是哪个约束导致了路径被阻塞。一种粗暴的方式是删掉所有伪路径设置和时序中断的约束，然后检查路径是否存在（时序中断是从 STA 中删除时序弧，通过 set_disable_timing 约束来实现，在 7.10 节中有描述）。

2. 跨时钟域

下面是路径报告的开头部分。

```
Startpoint: IP_IO_RSTHN[0](input port clocked by SYS_IN_CLK)
Endpoint: X_WR_PTR_GEN/Q_REG
          (recovery check against rising-edge clock PX9_CLK)
```

```
Path Group: **async_default**
Path Type: max

Point                                      Incr      Path
----------------------------------------------------------------
clock SYS_IN_CLK (rise edge)               6.00      6.00
. . .
IO_IO_RSTHN[0] (in)                        0.00      6.00 r
. . .
X_WR_PTR_GEN/Q_REG/CDN (DFCN  )            0.00      6.31 r
. . .

clock PX9_CLK (rise edge)                  12.00     12.00
. . .
library recovery time                      0.122     15.98
. . .
```

第 1 件需要注意的事情是路径是从输入端口到触发器的清除引脚，在该清除引脚上进行恢复时间检查（见报告中 library recovery time）；第 2 件需要注意的事情是路径穿过 2 个不同的时钟域，SYS_IN_CLK，input 上的发射时钟，PX9_CLK，触发器上恢复时间检查的时钟。虽然不能从时序报告里直接看出，但从设计常识来看，需要检查这 2 个时钟是否完全同步，以及这 2 个时钟间的任何路径是否应该是伪路径。

3. 反相的生成时钟

当创建生成时钟时，使用选项 -invert 要特别小心。如果生成时钟用选项 -invert 指定，STA 假设在指定点的生成时钟是指定的类型。但是基于设计逻辑来说，或许这样的波形不可能在设计中存在。STA 通常会报出错误或者警告信息说明这样的生成时钟实现不了，但是它会继续分析设计并报告时序路径。

思考图 10-32，让我们在单元 UCKBUF0 的输出端用 -invert 选项定义 1 个生成时钟。

```
create_clock -name CLKM -period 10 -waveform {0 5} \
  [get_ports CLKM]
create_generated_clock -name CLKGEN -divide_by 1 -invert \
  -source [get_ports CLKM] [get_pins UCKBUF0/C]
```

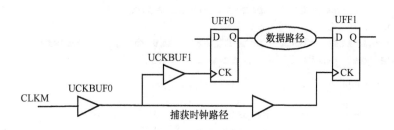

图 10-32 生成时钟的实例

下面是基于以上约束的建立时序报告。

```
Startpoint: UFF0
    (rising edge-triggered flip-flop clocked by CLKGEN)
Endpoint: UFF1
    (rising edge-triggered flip-flop clocked by CLKGEN)
Path Group: CLKGEN
Path Type: max

Point                                     Incr        Path
--------------------------------------------------------------
clock CLKGEN (rise edge)                  5.00        5.00
clock network delay (ideal)               0.00        5.00
UFF0/CK (DF  )                            0.00        5.00 r
UFF0/Q (DF  ) <-                          0.14        5.14 f
UNOR0/ZN (NR2  )                          0.04        5.18 r
UBUF4/Z (BUFF  )                          0.05        5.23 r
UFF1/D (DF  )                             0.00        5.23 r
data arrival time                                     5.23

clock CLKGEN (rise edge)                  15.00       15.00
clock network delay (ideal)               0.00        15.00
UFF1/CK (DF  )                                        15.00 r
library setup time                        -0.05       14.95
data required time                                    14.95
--------------------------------------------------------------
data required time                                    14.95
data arrival time                                     -5.23
--------------------------------------------------------------
slack (MET)                                           9.72
```

注意，STA 忠实的认为单元 UCKBUF0 输出端的波形就是时钟 CLKM 的反相时钟。所以，上升沿在 5ns，建立时钟捕获沿在 15ns。除了时钟上升沿是在 5ns 而不是 0ns，从时序报告上看并没有什么东西是错的。需要注意到的是，因为错误是在发射和捕获时钟路径的共同部分，建立时间和保持时间检查确实是正确的。STA 生成的警告和错误需要被仔细检查并理解。

需要注意的重要一点是，STA 会按照指定去创建生成时钟，而不管它是否可以实现。

现在让我们把用 -invert 选项定义的生成时钟移动到单元 UCKBUF1 的输出端口。

```
create_clock -name CLKM -period 10 -waveform {0 5} \
    [get_ports CLKM]
create_generated_clock -name CLKGEN -divide_by 1 -invert \
    -source [get_ports CLKM] [get_pins UCKBUF1/C]
```

下面是建立时间报告。

```
Startpoint: UFF0
    (rising edge-triggered flip-flop clocked by CLKGEN)
Endpoint: UFF1 (rising edge-triggered flip-flop clocked by CLKM)
Path Group: CLKM
Path Type: max

Point                                     Incr        Path
--------------------------------------------------------------
```

```
clock CLKGEN (rise edge)            5.00        5.00
clock network delay (ideal)         0.00        5.00
UFF0/CK (DF  )                      0.00        5.00 r

UFF0/Q (DF  ) <-                    0.14        5.14 f
UNOR0/ZN (NR2  )                    0.04        5.18 r
UBUF4/Z (BUFF  )                    0.05        5.23 r
UFF1/D (DF  )                       0.00        5.23 r
data arrival time                               5.23

clock CLKM (rise edge)             10.00       10.00
clock source latency                0.00       10.00
CLKM (in)                           0.00       10.00 r
UCKBUF0/C (CKB  )                   0.06       10.06 r
UCKBUF2/C (CKB  )                   0.07       10.12 r
UFF1/CK (DF  )                      0.00       10.12 r
clock uncertainty                  -0.30        9.82
library setup time                 -0.04        9.78
data required time                              9.78
----------------------------------------------------------------
data required time                              9.78
data arrival time                              -5.23
----------------------------------------------------------------
slack (MET)                                     4.55
```

路径看起来像是半周期路径，但这是不对的，因为在真实逻辑里时钟路径上没有反相。STA 再次假设 UCKBUF1/C 上的时钟是用 create_generated_clock 指定的时钟。所以上升沿在 5ns。捕获时钟沿属于时钟 CLKM，它的下 1 个上升沿在 10ns。下面的保持时间报告也像建立时间报告一样，存在矛盾。

```
Startpoint: UFF0
  (rising edge-triggered flip-flop clocked by CLKGEN)
Endpoint: UFF1 (rising edge-triggered flip-flop clocked by CLKM)
Path Group: CLKM
Path Type: min

Point                               Incr        Path
----------------------------------------------------------------
clock CLKGEN (rise edge)            5.00        5.00
clock network delay (ideal)         0.00        5.00
UFF0/CK (DF  )                      0.00        5.00 r

UFF0/Q (DF  ) <-                    0.14        5.14 r
UNOR0/ZN (NR2  )                    0.02        5.16 f
UBUF4/Z (BUFF  )                    0.06        5.21 f
UFF1/D (DF  )                       0.00        5.21 f
data arrival time                               5.21

clock CLKM (rise edge)              0.00        0.00
clock source latency                0.00        0.00
CLKM (in)                           0.00        0.00 r
UCKBUF0/C (CKB  )                   0.06        0.06 r
UCKBUF2/C (CKB  )                   0.07        0.12 r
```

```
UFF1/CK (DF  )                        0.00      0.12 r
clock uncertainty                     0.05      0.17
library hold time                     0.01      0.19
data required time                              0.19
---------------------------------------------------------
data required time                              0.19
data arrival time                              -5.21
---------------------------------------------------------
slack (MET)                                     5.03
```

通常来讲，STA 输出会包括错误或者警告来表明生成时钟是不可实现的。最好的调试这类路径是否正确的方法，就是真正画出捕获触发器和发射触发器上的时钟波形，尝试去理解是否显示出的沿可以真实存在。

经验：检查捕获和发射时钟的沿，看看它们是否确实是它们应该存在的样子。

4. 虚拟时钟延迟丢失

思考以下时序报告。

```
Startpoint: RESET_L (input port clocked by VCLKM)
Endpoint: NPIWRAP/REG_25
  (rising edge-triggered flip-flop clocked by CLKM)
Path Group: CLKM
Path Type: max

Point                                 Incr      Path
---------------------------------------------------------
clock VCLKM (rise edge)               0.00      0.00
clock network delay                   0.00      0.00
input external delay                  2.55      2.55 f
RESET_L (in) <-                       0.00      2.55 f
. . .
NPIWRAP/REG_25/D (DFF )               0.00      2.65 f
data arrival time                               2.65

clock CLKM (rise edge)               10.00     10.00
. . .
```

这是一条从输入引脚开始的路径。注意开始的到达时间显示为 0。这意味着在时钟 VCLKM 没有指定延迟，该时钟用来在输入引脚 RESET_L 指定输入到达时间。最可能的情况是，该时钟是虚拟时钟，这也是为什么到达时间丢失的原因。

经验：当使用虚拟时钟时，确保在虚拟时钟上指定延迟，或者使用了 set_input_delay 和 set_output_delay 约束。

5. IO 延迟很大

当输入或者输出路径有时序违例，第 1 件事情就是检查作为参考时钟的时钟延迟，该时钟指定了输入到达时间或者输出所需时间。这也适用于前面的例子。

第 2 件要检查的事情是输入和输出延迟，也就是输入路径的输入到达时间，或者输出路径的输出所需时间。通常情况下，你会发现这些值对于目标频率来说是不可能实现的。输入到达时间通常是报告中数据路径的第 1 个值，输出所需时间通常是报告中数据路径的最后一个值。

```
. . .
Point                                    Incr       Path
-------------------------------------------------------------
clock VIRTUAL_CLKM (rise edge)           0.00       0.00
clock network delay                      0.00       0.00
input external delay                    14.00      14.00 f
PORT_NIP (in) <-                         0.00      14.00 f
UINV1/ZN (INV  )                         0.34      14.34 r
UAND0/Z (AN2  )                          0.61      14.95 r
UINV2/ZN (INV  )                         0.82      15.77 f
. . .
```

在这条输入违例路径的数据路径上，注意输入到达时间是 14ns。在这个具体的例子中，输入到达时间约束是个错误，它太大了。

经验：当检查输入或者输出路径时，检查指定的外部延迟是否是合理的。

6. IO 缓冲器延迟不正确

当路径经过 1 个输入或者输出缓冲器时，可能发生不正确的约束导致输入或者输出缓冲器的延迟太大。如下面所示的例子，注意巨大的输出缓冲器延迟是 18ns，这是由于输出引脚上指定了巨大的负载值。

```
Startpoint: UFF4 (rising edge-triggered flip-flop clocked by CLKP)
  Endpoint: ROUT (output port clocked by VIRTUAL_CLKP)
  Path Group: VIRTUAL_CLKP
  Path Type: max

Point                                    Incr       Path
-------------------------------------------------------------
clock CLKP (rise edge)                   0.00       0.00
clock source latency                     0.00       0.00
CLKP (in)                                0.00       0.00 r
UCKBUF4/C (CKB  )                        0.06       0.06 r
UCKBUF5/C (CKB  )                        0.06       0.12 r
UFF4/CK (DFF )                           0.00       0.12 r
UFF4/Q (DFF )                            0.13       0.25 r
UBUF3/Z (BUFF  )                         0.09       0.33 r
IO_1/PAD:OUT (DDRII )                   18.00      18.33
ROUT (out)                               0.00      18.33 r
data arrival time                                  18.33
. . .
```

经验：注意由不正确负载约束造成的缓冲器巨大延迟。

7. 延迟值不正确

当时序路径违例，需要检查的一件事是发射时钟和捕获时钟的延迟是否正确，也就是说，确保时钟间的偏移（Skew）是在可接受范围内。不正确的延迟约束，或者时钟构建过程中不正确的时钟平衡，都会造成发射和捕获时钟间很大的偏移，进而导致时序违例。

经验：检查时钟偏移是否在合理范围内。

8. 半周期路径

正如之前提到的例子，我们需要检查违例路径的时钟域。随之而来，我们或许要检查发射和捕获触发器被时钟约束的时钟沿。在某些情况下，会发现半周期路径，上升沿到下降沿路径或者下降沿到上升沿路径。或许在半周期内满足时序要求是不现实的，又或许这个半周期是假的。

经验：确保数据路径有足够的时间去传播。

9. 大延迟和大转换时间

关键点要检查数据路径上延迟或者转换时间大得不寻常的值。这可能是由以下原因：

1）高扇出线：该线没有正确插入缓冲器；

2）长线：该线需要在走线上插入一些缓冲器。

3）单元弱驱动能力：这些单元没有被替换，因为它们被标记为"不要动（Don't Touch）"；

4）存储器路径：该路径违例通常是由于在存储器输入端很大的建立时间，或者存储器输出端很大的输出延迟。

10. 多周期保持时间约束丢失

对于 N 周期建立时间约束，经常会看到对应的 $N-1$ 周期保持时间约束丢失。结果，这会造成工具在修复保持时间违例时，插入大量没有必要的延迟单元。

11. 路径没有被优化

STA 违例可能出现在还没有被优化的路径上。我们可以通过检查数据路径来发现这种情况。是否有单元有很大延迟？我们是否可以手动改善数据路径的时序？或许这些数据路径需要进一步优化。一种可能的情况是，工具在修复其他更差的违例路径。

12. 仍不满足时序的路径

如果数据路径看起来已经有了很好很强的单元，但是路径仍然时序违例，我们需要检查引脚上的走线延迟和线负载是不是很大。这可能是下一个可改善的点。或许单元之间可以挪近一些，线负载和走线延迟就可以减小。

13. 如果时序还是不满足

我们可以使用有用偏差（Useful Skew）来帮助时序收敛。有用偏差是指有意识的造成时钟树不平衡，特别是时序违例路径的发射时钟和捕获时钟，来让路径的时序满足要求。这通常是指延迟捕获时钟，则捕获触发器上的时钟在数据稳定后到达. 这假设在下一级的数据路径上有足够的裕量，也就是指下一级触发器到触发器的数据路径。

也可以尝试相反的操作，也就是做短发射时钟路径，则发射触发器早点发射数据来帮助满足建立时间需求。再次强调，这要求下一级触发器到触发器的路径有额外的裕量贡献出来。

有用偏差技术可以用来修复建立时间和保持时间。该技术的缺点是，如果设计有多个工作模式，有用偏差有可能在其他模式下带来问题。

10.11　验证时序约束

随着芯片尺寸增大，越来越依靠 STA 进行时序签核。依靠 STA 的风险在于，STA 依赖时序约束的质量。所以，验证时序约束成为了非常重要的考量。

1. 检查路径例外

有些工具可以基于设计的结构（网表）检查伪路径和多周期路径的有效性。这些工具决定给定的伪路径或者多周期路径约束是否是有效的。另外，这些工具可能也可以基于设计的结构生成丢失的伪路径和多周期路径的约束。但是，这些工具生成的某些路径例外可能也不是有效的。这是因为这些工具判断伪路径或者多周期路径的证据是逻辑的结构，通常是使用形式验证的技术，但是设计者对设计的功能行为有更深层次的理解。所以工具生成的路径例外，在 STA 接受并使用之前，需要经过设计者的评估。可能还存在额外的路径例外，是基于设计的语义行为，如果工具无法提取这类例外，设计者需要自己定义。

时序约束的最大风险就是路径例外。所以，伪路径和多周期路径需要经过仔细分析后确定。总的来说，最好使用多周期路径而不是伪路径。这保证了存在疑问的路径至少还有一定的约束。如果信号是在已知时间或者可预测时间内采样，无论信号有多远，都要使用多周期路径让静态时序分析可以有一定的约束。伪路径最大的风险是让时序优化工具完全忽视它们，但在实际上，它们确实需要在很多个时钟周期后被采样。

2. 检查跨时钟域

有些工具可以用来确保设计内的所有跨时钟域有效。这些工具或许也有能力自动生成必要的伪路径约束。这些工具或许也可以发现不合法的跨时钟域，也就是数据跨越两个不同的时钟域，但是没有时钟同步逻辑。在这种情况下，工具或许有能力可以自动插入合适的时钟同步逻辑。注意，并不是所有的跨时钟域非同步时钟都需要时钟同步器。是否需要取决于数据的性质以及数据是否需要在下个周期或多个周期后被捕获。

还有一种用 STA 检查跨时钟域非同步时钟的办法是设置一个很大的时钟不确定性，大小相当于采样时钟的周期。这确保了至少会出现一些违例，可以基于这些违例来决定正确的路径例外，或者给设计增加时钟同步逻辑。

3. 验证 IO 和时钟约束

验证 IO 和时钟约束始终是个挑战。经常需要进行时序仿真来验证设计中所有时钟的有效性。进行系统时序仿真来验证 IO 时序以保证芯片可以和它的外围设备通信，且没有任何时序问题。

附　录

附录A　新思设计约束（SDC）

本附录介绍的是 SDC[⊖]格式，版本为 1.7。该格式首要是用来指定设计的时序约束。它不包括针对任意指定工具的命令，比如链接（link）和编译（compile）。它是个文本文件。它可以手写或者用程序来读写。一些 SDC 命令只适用于实现工具或综合工具。但是，下面列出了所有的 SDC 命令。

SDC 语法是基于 TCL[⊖]的语法，也就是说，所有命令都遵循 TCL 语法。SDC 文件在文件开始处包含了 SDC 的版本信息。接下来是设计约束。也可以在设计约束中选择穿插注释（注释以#开头，在行末结尾）。设计约束中的过长的 1 行，可以用反斜线（\）来分成多行。

A.1　基础命令

下面是 SDC 的基础命令。

current_instance [*instance_pathname*]
指定设计当前的实例。这让其他命令可以指定或者得到该实例的属性。
如果没有提供参数，则当前的实例就是顶层。

例子：
  current_instance /core/U2/UPLL
  current_instance ..   # 向上一个层次。
  current_instance   # 设置为顶层。

expr *arg1 arg2 . . . argn*

list *arg1 arg2 . . . argn*

set *variable_name value*

⊖　新思设计约束（Synopsys Design Constraints，SDC）。此处重现取得了新思公司的允许。

⊖　工具命令语言（Tool Command Language）。它是一种脚本语言，是 EDA 工具最常用的编程语言，几乎所有工具都支持。——译者注

set_hierarchy_separator *separator*
指定SDC文件中使用的默认层次分隔符。
可以在允许的情况下，在单独的SDC命令中用选项*-hsc*覆盖默认分隔符
例子：
　set_hierarchy_separator /
　set_hierarchy_separator .

set_units [-**capacitance** *cap_unit*] [-**resistance** *res_units*]
　[-**time** *time_unit*] [-**voltage** *voltage_unit*]
　[-**current** *current_unit*] [-**power** *power_unit*]
　# 指定SDC文件中使用的单位。
例子：
　set_units -**capacitance** pf -**time** ps

A.2　对象访问命令

下面的命令指定了如何访问设计实例中的对象。
all_clocks
返回所有时钟的集合（collection）。
例子：
　foreach_in_collection clkvar [**all_clocks**] {
　　. . .
　}
　set_clock_transition 0.150 [**all_clocks**]

all_inputs [-**level_sensitive**] [-**edge_triggered**]
　[-**clock** *clock_name*]
返回设计中所有输入端口的集合。
例子：
　set_input_delay -**clock** VCLK 0.6 -**min** [**all_inputs**]

all_outputs [-**level_sensitive**] [-**edge_triggered**]
　[-**clock** *clock_name*]
返回设计中所有输出端口的集合。
例子：
　set_load 0.5 [**all_outputs**]

all_registers [-**no_hierarchy**] [-**clock** *clock_name*]
　[-**rise_clock** *clock_name*] [-**fall_clock** *clock_name*]
　[-**cells**] [-**data_pins**] [-**clock_pins**] [-**slave_clock_pins**]
　[-**async_pins**] [-**output_pins**] [-**level_sensitive**]

[-**edge_triggered**] [-**master_slave**]
\# 返回具有指定属性的所有触发器，如果存在的话。

例子：

  all_registers -**clock** DAC_CLK
  \# 返回被时钟 *DAC_CLK* 控制的所有触发器。

current_design [*design_name*]
\# 返回当前设计的名字。如果指定了参数，把当前设计设置为指定参数。

例子：

  current_design FADD   \# 设置当前环境为 *FADD* 。
  current_design   \# 返回当前环境。

get_cells [-**hierarchical**] [-**hsc** *separator*] [-**regexp**]
  [-**nocase**] [-**of_objects** *objects*] *patterns*
\# 返回设计中匹配指定模式的单元的集合。可以用通配符匹配多个单元。

例子：

  get_cells RegEdge* \# 返回匹配模式的所有单元。
  foreach_in_collection cvar [**get_cells** -**hierarchical** *] {
    . . .
  }   \# 递归查找所有层次，返回设计中的所有单元。

get_clocks [-**regexp**] [-**nocase**] *patterns*
\# 返回设计中匹配指定模式的时钟的集合。
\# 当和 -*from* 或者 -*to* 搭配使用，返回被指定时钟驱动的所有触发器的集合。

例子：

  set_propagated_clock [**get_clocks** SYS_CLK]
  set_multicycle_path -**to** [**get_clocks** jtag*]

get_lib_cells [-**hsc** *separator*] [-**regexp**] [-**nocase**]
  patterns
\# 创建已读入的库单元的集合，且匹配指定的模式。

例子：

  get_lib_cells cmos13lv/AOI3*

get_lib_pins [-**hsc** *separator*] [-**regexp**] [-**nocase**]
  patterns
\# 返回匹配指定模式的库单元引脚的集合。

get_libs [-**regexp**] [-**nocase**] *patterns*
\# 返回读入设计中的库的集合。

get_nets [-**hierarchical**] [-**hsc** *separator*] [-**regexp**]

[-**nocase**] [-**of_objects** *objects*] *patterns*
返回匹配指定模式的线的集合。

例子：

  get_nets -**hierarchical** * # 递归查找所有层次，返回设计中的所有线。

  get_nets FIFO_patt*

get_pins [-**hierarchical**] [-**hsc** *separator*] [-**regexp**]
  [-**nocase**] [-**of_objects** *objects*] *patterns*
返回匹配指定模式的引脚的集合。

例子：
  get_pins *
  get_pins U1/U2/U3/UAND/Z

get_ports [-**regexp**] [-**nocase**] *patterns*
返回匹配指定模式的端口 (输入和输出) 的集合。

例子：
  foreach_in_collection port_name [**get_ports** clk*] {
   # 以 "clk" 开头的所有端口。
   . . .
  }

可以在不 "获取" 的情况下引用一个对象吗，比如一个端口？当设计中只有一个对象使用该名字，是可以这么做的。但是，当多个对象使用了同一个名字，那使用 get_ * 命令就变得很重要。它避免了到底引用了什么类型的对象的困扰。假设一种情况，1 条线叫 BIST_N1，1 个端口也叫 BIST_N1。考虑 SDC 命令：

set_load 0.05 BIST_N1

问题来了，到底指的是哪个 BIST_N1？线还是端口？在大多数情况下，最好明确限定对象的类型，比如：

set_load 0.05 [**get_nets** BIST_N1]

考虑另一个例子，时钟 MCLK 和端口 MCLK，下面的 SDC 命令是：

set_propagated_clock MCLK

这个对象指的是端口 MCLK，还是时钟 MCLK？在这个指定的情况下，它指的是时钟，因为命令 set_propagated_clock 的优先规则就是选择时钟。但是，为了表达清晰，最好明确限定对象的类型，比如：

set_propagated_clock [**get_clocks** MCLK]

或

set_propagated_clock [**get_ports** MCLK]

有了明确的限定，就不需要依赖优先规则，SDC 也就更清楚了。

A.3 时序约束

本节描述了关于时序约束相关的 SDC 命令。

```
create_clock -period period_value [-name clock_name]
  [-waveform edge_list] [-add] [source_objects]
```
定义1个时钟。
如果没有指定clock_name，时钟名为第1个源对象（source object）。
-period 选项指定时钟周期。
-add 选项用来在已经有时钟定义的端口上再创建1个时钟。
如果不使用该选项，时钟定义命令会覆盖端口上已有时钟。
-waveform 选项指定时钟的上升沿和下降沿（占空比）。默认是（0，½周期）。
如果1个时钟在另1个时钟的路径上，则会阻碍另1个时钟从该点继续传播。

例子：
```
create_clock -period 20 -waveform {0 6} -name SYS_CLK \
  [get_ports SYS_CLK]
  # 创建时钟周期为20ns，上升沿在0ns，下降沿在6ns。
create_clock -name CPU_CLK -period 2.33 \
  -add [get_ports CPU_CLK]
  # 在端口创建时钟，不会覆盖任何已经存在的时钟定义。
```

```
create_generated_clock [-name clock_name]
  -source master_pin [-edges edge_list]
  [-divide_by factor] [-multiply_by factor]
  [-duty_cycle percent] [-invert]
  [-edge_shift shift_list] [-add] [-master_clock clock]
  [-combinational]
  source_objects
```
定义内部生成时钟。
如果没有指定 -name，时钟名为第1个源对象。
生成时钟的源由 -source 指定，是设计的一个引脚或端口。
如果超过1个时钟传播到该源节点，必须使用 -master_clock 指定使用哪个
时钟作为生成时钟的源。
-divide_by 选项用来指定时钟分频系数；类似于-multiply_by。
-duty_cycle选项用来给倍频时钟（clock multiplication）指定新的占空比。
-inverter 选项用来指定时钟相位反转。
除了使用时钟分频和倍频，还可以使用-edges 和 -edge_shift 选项。
-edges选项用3个数字指定主时钟的沿作为生成时钟的
第1个上升沿，接下来的下降沿，以及下1个上升沿。
比如，1个时钟分频器可以用-divide_by 2指定，也可以用-edges {1 3 5}。
-edge_shift选项可以和-edges选项搭配使用，指定3个沿中每个沿的偏移量。

例子：
```
create_generated_clock -divide_by 2 -source \
  [get_ports sys_clk] -name gen_sys_clk [get_pins UFF/Q]
create_generated_clock -add -invert -edges {1 2 8} \
  -source [get_ports mclk] -name gen_clk_div
create_generated_clock -multiply_by 3 -source \
  [get_ports ref_clk] -master_clock clk10MHz \
  [get_pins UPLL/CLKOUT] -name gen_pll_clk
```

group_path [-**name** *group_name*] [-**default**]
　[-**weight** *weight_value*] [-**from** *from_list*]
　[-**rise_from** *from_list*] [-**fall_from** *from_list*]
　[-**to** *to_list*] [-**rise_to** *to_list*] [-**fall_to** *to_list*]
　[-**through** *through_list*] [-**rise_through** *through_list*]
　[-**fall_through** *through_list*]
给指定路径组命名。

set_clock_gating_check [-**setup** *setup_value*]
　[-**hold** *hold_value*] [-**rise**] [-**fall**] [-**high**] [-**low**]
　[*object_list*]
可以在任意对象上进行时钟门控检查。
时钟门控只在有时钟信号的门上进行。
默认情况下，建立时间和保持时间值是 0 。
例子：
　set_clock_gating_check -**setup** 0.15 -**hold** 0.05 \
　　[**get_clocks** ck20m]
　set_clock_gating_check -**hold** 0.3 \
　　[**get_cells** U0/clk_divider/UAND1]

set_clock_groups [-**name** *name*] [-**logically_exclusive**]
　[-**physically_exclusive**] [-**asynchronous**] [-**allow_paths**]
　-**group** *clock_list*
指定具有特定属性的时钟为一组，并给该组命名。

set_clock_latency [-**rise**] [-**fall**] [-**min**] [-**max**]
　[-**source**] [-**late**] [-**early**] [-**clock** *clock_list*] *delay*
　object_list
为给定时钟指定时钟延迟。
有两种时钟延迟：网络延迟和源延迟。
源延迟是时钟定义引脚和它的源之间的时钟网络延迟，
网络延迟是时钟定义引脚和触发器时钟引脚之间的时钟网络延迟。
例子：
　set_clock_latency 1.86 [**get_clocks** clk250]
　set_clock_latency -**source** -**late** -**rise** 2.5 \
　　[**get_clocks** MCLK]
　set_clock_latency -**source** -**late** -**fall** 2.3 \
　　[**get_clocks** MCLK]

set_clock_sense [-**positive**] [-**negative**] [-**pulse** *pulse*]
　[-**stop_propagation**] [-**clock** *clock_list*] *pin_list*
设定引脚上的时钟属性。

set_clock_transition [-**rise**] [-**fall**] [-**min**] [-**max**]

transition clock_list
  # 在时钟定义点上指定时钟转换时间。

例子：
  set_clock_transition **-min** 0.5 [**get_clocks** SERDES_CLK]
  set_clock_transition **-max** 1.5 [**get_clocks** SERDES_CLK]

set_clock_uncertainty [**-from** *from_clock*]
  [**-rise_from** *rise_from_clock*]
  [**-fall_from** *fall_from_clock*] [**-to** *to_clock*]
  [**-rise_to** *rise_to_clock*] [**-fall_to** *fall_to_clock*]
  [**-rise**] [**-fall**] [**-setup**] [**-hold**]
  uncertainty [*object_list*]
为时钟或者时钟到时钟的传输指定了时钟不确定性。
建立时间不确定性是从路径数据需求时间中减去该不确定性，
保持时间不确定性是给每条路径的数据需求时间加上该不确定性。

例子：
  set_clock_uncertainty **-setup** **-rise** **-fall** 0.2 \
    [**get_clocks** CLK2]
  set_clock_uncertainty **-from** [**get_clocks** HSCLK] **-to** \
    [**get_clocks** SYSCLK] **-hold** 0.35

set_data_check [**-from** *from_object*] [**-to** *to_object*]
  [**-rise_from** *from_object*] [**-fall_from** *from_object*]
  [**-rise_to** *to_object*] [**-fall_to** *to_object*]
  [**-setup**] [**-hold**] [**-clock** *clock_object*] *value*
在两点间进行指定的检查。

例子：
  set_data_check **-from** [get_pins UBLK/EN] \
    -to [get_pins UBLK/D] **-setup** 0.2

set_disable_timing [**-from** *from_pin_name*]
  [**-to** *to_pin_name*] *cell_pin_list*
中断指定单元内部的时序弧/沿。

例子：
  set_disable_timing **-from** A **-to** ZN [**get_cells** U1]

set_false_path [**-setup**] [**-hold**] [**-rise**] [**-fall**]
  [**-from** *from_list*] [**-to** *to_list*] [**-through** *through_list*]
  [**-rise_from** *rise_from_list*] [**-rise_to** *rise_to_list*]
  [**-rise_through** -*rise_through_list*]
  [**-fall_from** *fall_from_list*] [**-fall_to** *fall_to_list*]
  [**-fall_through** *fall_through_list*]

\# 指定一个路径例外，在 STA 中不考虑。

例子：

   set_false_path -from [**get_clocks** jtag_clk] \
    -to [**get_clocks** sys_clk]
   set_false_path -through U1/A **-through** U4/ZN

set_ideal_latency [-**rise**] [-**fall**] [-**min**] [-**max**]
  delay object_list
\# 为指定的对象设定理想延迟。

set_ideal_network [-**no_propagate**] *object_list*
\# 指定设计中的该点为理想网络的源。

set_ideal_transition [-**rise**] [-**fall**] [-**min**] [-**max**]
  transition_time object_list
\# 为理想网络和理想线指定转换时间。

set_input_delay [-**clock** *clock_name*] [-**clock_fall**]
  [-**rise**] [-**fall**] [-**max**] [-**min**] [-**add_delay**]
  [-**network_latency_included**] [-**source_latency_included**]
  delay_value port_pin_list
\# 指定对应于指定时钟，数据在指定输入端口的到达时间。
\# 默认是时钟的上升沿。
\# *-add_delay* 选项允许在特定引脚或端口上增加不止一个约束。
\# 对应不同时钟的多个输入延迟，可以用 *-add_delay* 选项指定。
\# 默认情况下，发射时钟的时钟源延迟需要加到输入延迟上，
\# 但是使用了 *-source_latency_included* 选项后，不需要再加源网络延迟，
\# 因为源延迟已经被考虑到输入延迟值里了。
\# *-max* 延迟用来进行时钟建立时间检查和恢复时间检查，
\# *-min* 延迟用来进行时钟保持时间检查和移除时间检查。
\# 如果只有 *-min*，只有 *-max* 或者一个都没有指定，两种检查用同一个值。

例子：

   set_input_delay -clock SYSCLK 1.1 [**get_ports** MDIO*]
   set_input_delay -clock virtual_mclk 2.5 [**all_inputs**]

set_max_delay [-**rise**] [-**fall**]
  [-**from** *from_list*] [-**to** *to_list*] [-**through** *through_list*]
  [-**rise_from** *rise_from_list*] [-**rise_to** *rise_to_list*]
  [-**rise_through** *rise_through_list*]
  [-**fall_from** *fall_from_list*] [-**fall_to** *fall_to_list*]
  [-**fall_through** *fall_through_list*]
  delay_value
\# 在指定路径上设置最大延迟。
\# 这是为了在任意两个引脚间设定延迟，而不是从 1 个触发器到另 1 个触发器。

例子：
```
 set_max_delay -from [get_clocks FIFOCLK] \
   -to [get clocks MAINCLK] 3.5
 set_max_delay -from [all_inputs] \
   -to [get_cells UCKDIV/UFF1/D] 2.66
```

```
set_max_time_borrow delay_value object_list
```
当分析到锁存器的路径时，指定可以借用的最大时间。
例子：
```
  set_max_time_borrow 0.6 [get_pins CORE/CNT_LATCH/D]
```

```
set_min_delay [-rise] [-fall]
  [-from from_list] [-to to_list] [-through through_list]
  [-rise_from rise_from_list] [-rise_to rise_to_list]
  [-rise_through rise_through_list]
  [-fall_from fall_from_list] [-fall_to fall_to_list]
  [-fall_through fall_through_list]
  delay_value
```
可以在任意两个引脚间，设置指定路径的最小延迟。
例子：
```
  set_min_delay -from U1/S -to U2/A 0.6
  set_min_delay -from [get_clocks PCLK] \
    -to [get_pins UFF/*/S]
```
```
set_multicycle_path [-setup] [-hold] [-rise] [-fall]
  [-start] [-end] [-from from_list] [-to to_list]
  [-through through_list] [-rise_from rise_from_list]
  [-rise_to rise_to_list]
  [-rise_through rise_through_list]
  [-fall_from fall_from_list] [-fall_to fall_to_list]
  [-fall_through fall_through_list] path multiplier
```

指定路径为多周期路径。可以指定多个 -through。
如果多周期路径只是针对建立时间，使用 -setup 选项。
如果多周期路径只是针对保持时间，使用 -hold 选项。
如果没有 -setup 和 -hold，则默认为 -setup，并且保持时间的多周期乘数为0。
-start 选项指的是路径多周期乘数应用到发射时钟上。
-end 选项指的是路径多周期乘数应用到捕获时钟上。
默认为 -start。
-hold 多周期乘数的值，代表从默认的保持时间多周期值0远离的时钟沿数。
例子：
```
set_multicycle_path -start -setup \
  -from [get_clocks PCLK] -to [get_clocks MCLK] 4
set_multicycle_path -hold -from UFF1/Q -to UCNTFF/D 2
set_multicycle_path -setup -to [get_pins UEDGEFF*] 4
```

set_output_delay [**-clock** *clock_name*] [**-clock_fall**]
　[**-level_sensitive**]
　[**-rise**] [**-fall**] [**-max**] [**-min**] [**-add_delay**]
　[**-network_delay_included**] [**-source_latency_included**]
　delay_value port_pin_list
指定对应于时钟的输出所需时间。默认是上升沿。
默认情况下，时钟源延迟需要加到输出延迟值上，
但是如果指定了 *-source_latency_included*，不需要再加时钟延迟，
因为时钟延迟已经被考虑到输出延迟值里了。
-add_delay 选项可以用来在1个引脚/端口上指定多个 *set_output_delay*

set_propagated_clock *object_list*
指定需要计算的时钟延迟，也就是不是理想时钟的时钟。

例子：

　set_propagated_clock [**all_clocks**]

A.4　环境命令

本节描述了建立 DUA 环境的命令。

set_case_analysis *value port_or_pin_list*
为指定的端口或引脚设置定值。

例子：

　set_case_analysis 0 [get_pins UDFT/MODE_SEL]
　set_case_analysis 1 [get_ports SCAN_ENABLE]

set_drive [**-rise**] [**-fall**] [**-min**] [**-max**]
　resistance port_list
用来为输入端口指定驱动能力。
它指定了端口的外部驱动电阻。
值为 0 表示最高驱动能力。

例子：

　set_drive 0 {CLK RST}

set_driving_cell [**-lib_cell** *lib_cell_name*] [**-rise**]
　[**-fall**] [**-library** *lib_name*] [**-pin** *pin_name*]
　[**-from_pin** *from_pin_name*] [**-multiply_by** *factor*]
　[**-dont_scale**] [**-no_design_rule**]
　[**-input_transition_rise** *rise_time*]
　[**-input_transition_fall** *fall_time*] [**-min**] [**-max**]
　[**-clock** *clock_name*] [**-clock_fall**] *port_list*
用来为驱动输入端口的单元的驱动电阻建模。

例子：

```
set_driving_cell -lib_cell BUFX4 -pin ZN [all_inputs]
```

set_fanout_load *value port_list*
在输出端口上设定指定的扇出负载。

例子：

```
set_fanout_load 5 [all_outputs]
```

set_input_transition [**-rise**] [**-fall**] [**-min**] [**-max**]
 [**-clock** *clock_name*] [**-clock_fall**]
 transition port_list
在输入引脚上指定转换时间。

例子：

```
set_input_transition 0.2 \
  [get_ports SD_DIN*]
set_input_transition -rise 0.5 \
  [get_ports GPIO*]
```

set_load [**-min**] [**-max**] [**-subtract_pin_load**] [**-pin_load**]
 [**-wire_load**] *value objects*
在设计中的引脚或者线上设定电容负载的值。
-subtract_pin_load 选项表明从指定的负载中减去引脚电容。

例子：

```
set_load 50 [all_outputs]
set_load 0.1 [get_pins UFF0/Q]       # 在内部引脚上。
set_load -subtract_pin_load 0.025 \
  [get_nets UCNT0/NET5]              # 在1条线上。
```

set_logic_dc *port_list*
set_logic_one *port_list*
set_logic_zero *port_list*
把指定的端口设置为不关心的值，逻辑1或者逻辑0。

例子：

```
set_logic_dc SE
set_logic_one TEST
set_logic_zero [get_pins USB0/USYNC_FF1/Q]
```

set_max_area *area_value*
为当前设计设置最大面积约束。

例子：

  set_max_area 20000.0

set_max_capacitance *value object_list*
为设计或者端口指定最大的电容。
如果是设计，它为设计中所有引脚设置了最大电容。
例子：

  set_max_capacitance 0.2 [**current_design**]
  set_max_capacitance 1 [**all_outputs**]

set_max_fanout *value object_list*
为设计或者端口指定最大的扇出值。
如果是设计，它为设计中所有输出引脚设置了最大扇出值。
例子：

  set_max_fanout 16 [get_pins UDFT0/JTAG/ZN]
  set_max_fanout 50 [**current_design**]

set_max_transition　[-**clock_path**]
  [-**data_path**] [-**rise**] [-**fall**] *value object_list*
为设计或者端口指定最大转换时间。
如果是设计，它为设计中所有引脚设置了最大转换时间。
例子：

  set_max_transition 0.2 UCLKDIV0/QN

set_min_capacitance *value object_list*
为端口或者设计中的引脚指定最小电容值。
例子：

  set_min_capacitance 0.05 UPHY0/UCNTR/B1

set_operating_conditions [-**library** *lib_name*]
  [-**analysis_type** *type*] [-**max** *max_condition*]
  [-**min** *min_condition*] [-**max_library** *max_lib*]
  [-**min_library** *min_lib*] [-object_list objects]
  [*condition*]
为时序分析设置工作条件。
分析类型可以是单一情况（*single*），最佳/最差（*bc_wc*），
片上变化（*on_chip_variation*）。
工作条件在库文件中用 *operating_conditions* 定义。
例子：

  set_operating_conditions -**analysis_type** bc_wc
  set_operating_conditions WCCOM
  set_operating_conditions -**analysis_type** \

on_chip_variation

set_port_fanout_number *value port_list*
设置端口的最大扇出值。
例子:
  set_port_fanout_number 10 [**get_ports** GPIO*]

set_resistance [**-min**] [**-max**] *value list_of_nets*
设置指定线的电阻。
例子:
  set_resistance 10 -min U0/U1/NETA
  set_resistance 50 -max U0/U1/NETA

set_timing_derate [**-cell_delay**] [**-cell_check**]
  [**-net_delay**] [**-data**] [**-clock**] [**-early**] [**-late**]
  derate_value [*object_list*]
指定减免值。
set_wire_load_min_block_size *size*
当线负载模型的模式设为 *enclosed*,指定要使用的最小模块大小。
例子:
  set_wire_load_min_block_size 5000

set_wire_load_mode *mode_name*
定义了在层次化设计中的线,是如何使用线负载模型的。
模式的名字可以是 *top*,*enclosed*,或者 *segmented*。
模式 *top* 让定义在顶层的线负载模型可以在所有低层次使用。
模式 *enclosed* 让完整包含线的模块的线负载模型,可以使用在该线上。
模式 *segmented* 让模块内线的分段使用该模块的线负载模型。
例子:
  set_wire_load_mode enclosed

set_wire_load_model -**name** *model_name* [**-library** *lib_name*]
  [**-min**] [**-max**] [*object_list*]
为当前设计或者特定的线指定线负载模型。
例子:
  set_wire_load_model -**name** "eSiliconLightWLM"

set_wire_load_selection_group [**-library** *lib_name*]
  [**-min**] [**-max**] *group_name* [*object_list*]
当基于模块的单元面积选择负载模型时,设置线负载选择组(selection group)。
选择组是在技术库文件中定义的。

A.5 多电压命令

当设计中存在多电压岛（Multi-voltage Island）时，使用下面的命令。

create_voltage_area -**name** *name*
 [-**coordinate** *coordinate_list*] [-**guard_band_x** *float*]
 [-**guard_band_y** *float*] *cell_list*

set_level_shifter_strategy [-**rule** *rule_type*]

set_level_shifter_threshold [-**voltage** *float*]
 [-**percent** *float*]

set_max_dynamic_power *power* [*unit*]
指定最大动态功耗。
例子：
 set_max_dynamic_power 0 mw

set_max_leakage_power *power* [*unit*]
指定最大漏电功耗。
例子：
 set_max_leakage_power 12 mw

附录 B　标准延迟格式（SDF）

本附录描述了标准延迟标注格式，解释了仿真时如何进行反标（Backannotation）。延迟格式描述了设计网表中的单元和互连线的延迟，它独立于描述设计时可能用到的语言。描述设计有两大统治地位的标准硬件语言：VHDL 和 Verilog HDL。

本附录描述了针对仿真的反标，但针对 STA 的反标更简单更直接，反标时 DUA 中的时序弧用 SDF 中指定的延迟标注。

B.1 SDF 是什么

SDF 是标准延迟格式（Standard Delay Format，SDF）的缩写，它是 IEEE 标准-IEEE Std 1497，是 ASCII 文本文件，用于描述时序信息和约束。它的目的是成为不同工具间的文本类型的时序信息交换媒介。它也可以用来为需要它的工具描述时序数据。因为它是 IEEE 标准，某个工具生成的时序信息可以被支持这一标准的其他工具读取。时序数据是用既不依赖工具也不依赖语言的方式表示，它包括了互连线延迟，器件延迟和时序检查的规范。

因为 SDF 是 ASCII 文件，它是人工可读的（Human-readable），所以对于真实设计，这些文件通常都很大。但是，它是作为工具间的交换媒介。在交换信息的过程中，可能会经常碰到潜在的问题，比如某个工具生成 SDF 文件，但是另 1 个工具不能正确得读取该文件。工具读取 SDF 时可能会产生 1 个错误信息或者 1 个警告，或者错误的解析了 SDF 中的值。在这种情况下，我们可能需要打开文件检查哪里出错了。本章解析了 SDF 文件的基础知识，提供了必要且足够的信息，用来帮助理解和调试任何标注问题。

图 B-1 展示了 SDF 文件如何使用的典型流程。时序计算工具通常生成存储在 SDF 文件中的时序信息。该信息被读取 SDF 的工具反标回设计。注意 SDF 文件并没有存储完整的设计信息，只有延迟信息。例如，实例名字和实例引脚的名字是存储在 SDF 中的，因为它们是指定实例和引脚延迟的必要信息。所以，生成 SDF 的工具和读取 SDF 的工具要使用同一个设计，这是非常重要的。

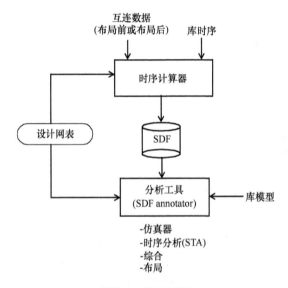

图 B-1　SDF 流程

一个设计可以有多个和它相关的 SDF 文件。一个设计可以创建 1 个 SDF 文件。在层次化设计中，层次化中的每个模块都可以有多个 SDF 文件。在标注过程中，应用每个 SDF 到正确的层次化实例上。图 B-2 图形化地展示了这一过程。

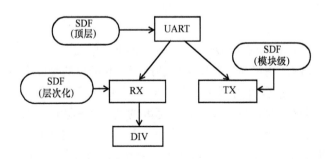

图 B-2　在层次化设计中的多 SDF 文件

一个 SDF 文件包括用于反标（Backannotation）和正向标注（Forward-annotation）的计算后的时序数据。具体来说，它包括：

1）单元延迟；

2）脉冲传播；

3）时序检查；

4）互连延迟；

5）时序环境。

引脚到引脚（Pin-to-Pin）延迟和分布延迟（Distributed Delay）都可以针对单元延迟建模。引脚到引脚延迟用 IOPATH 字段表示。这些字段为每个单元定义输入到输出的路径。可以额外使用 COND 字段指定有条件的引脚到引脚延迟。也可以使用 COND 字段指定状态相关路径延迟。使用 DEVICE 字段为分布式延迟建模。

脉冲传播字段：PATHPULSE 和 PATHPULSEPERCENT，可以用来指定毛刺的大小。该大小决定使用引脚到引脚延迟模型时，毛刺是否被允许传播到单元输出。

在 SDF 中可以指定的时序检查范围是

1）建立时间：SETUP，SETUPHOLD；

2）保持时间：HOLD，SETUPHOLD；

3）恢复时间：RECOVERY，RECREM；

4）移除时间：REMOVAL，RECREM；

5）最大偏移：SKEW，BIDIRECTSKEW；

6）最小脉冲宽度：WIDTH；

7）最小周期：PERIOD；

8）不变化：NOCHANGE。

时序检查时，信号可能存在某些条件。时序检查允许负值存在，但是那些不支持负值的工具可以选择用 0 来代替负值。

SDF 描述中支持 3 种不同风格的互连线模型。INTERCONNECT 字段是最常见的，也可以用来指定引脚到引脚的延迟（从源头到终点（Sink））。所以单根线可以有多个 INTERCONNECT 字段。PORT 字段只可以在负载端口指定线延迟-它假设线只有 1 个源头。NETDELAY 字段可以用来指定整条线的延迟，不考虑源头和终点，所以它是指定线上延迟的最不具体的方式。

时序环境提供了设计工作需要的信息。这些信息包括 ARRIVAL，DEPARTURE，SLACK 和 WAVEFORM 字段。这些字段主要是用于正向标注，比如为了综合。

B.2　格式

SDF 文件包括文件头部分（Header Section），接着是 1 个或更多单元。每个单元代表设计的 1 个区域或者范围。他可以是库文件中的原始单元，或者是用户定义的黑箱。

```
(DELAYFILE
 <header_section>
 (CELL
  <cell_section>
 )
 (CELL
  <cell_section>
 )
 ... <other cells>
)
```

文件头部分包括一些通用信息，除了层次分隔符，时间单位（Timescale）和 SDF 版本号以外，文件头部分不影响 SDF 文件的语法。层次分隔符（DIVIDER）默认是符号点（'.'）。可以用符号 '/' 来替代，指定如下：

```
(DIVIDER /)
```

如果文件头没有指定时间单位信息，默认值是 1ns。否则可以明确指定时间单位 TIMES-CALE，如下所示：

```
(TIMESCALE 10ps)
```

也就是说 SDF 文件中的所有延迟值都乘以 10ps。

SDF 版本（SDFVERSION）是必需的，SDF 使用者通过版本号确认文件是指定的 SDF 版本。文件头部分还可能包括其他通用信息类别，包括日期，程序名，程序版本（VERSION）和工作条件。

```
(DESIGN "BCM")
(DATE "Tuesday, May 24, 2004")
(PROGRAM "Star Galaxy Automation Inc., TimingTool")
(VERSION "V2004.1")
(VOLTAGE 1.65:1.65:1.65)
(PROCESS "1.000:1.000:1.000")
(TEMPERATURE 0.00:0.00:0.00)
```

紧跟着文件头部分的是 1 个或多个单元的描述。每个单元代表 1 个或多个设计中的实例（使用通配符）。1 个单元可以是库文件中的原始单元，或者是层次化模块。

```
(CELL
  (CELLTYPE <cell_type>)
  (INSTANCE <hierarchical_instance_name>)
  (DELAY
   <path_delay_section>
  )
  (TIMINGCHECK
   <timing_check_section>
  )
  (TIMINGENV
   <timing_environment_section>
  )
```

```
(LABEL
 <label_section>
 )
)
 . . . <other cells>
```

单元的顺序是很重要的，因为数据是从顶层到底层处理的。靠后的单元描述可能会覆盖之前指定的单元描述（通常，同一个单元实例的时序信息被定义两次是不常见的）。另外，时序信息可以作为绝对值标注，也可以增量形式标注。如果以增量形式标注，它在已有值上增加新值；如果是绝对值标注，它覆盖任何之前指定的时序信息。

单元实例可以是层次化实例名。层次化分隔用到的分隔符必须和文件头部分指定的分隔符一致。单元实例名可以是通配符'＊'，这意味着匹配指定类型的所有单元实例。

```
(CELL
 (CELLTYPE "NAND2")
 (INSTANCE *)
 // 指所有单元为NAND2的实例。
 . . .
```

单元有 4 种时序规范：

1）DELAY：用来描述延迟；

2）TIMINGCHECK：用来描述时序检查；

3）TIMINGENV：用来描述时序环境；

4）LABEL：声明可以用来描述延迟的时序模型变量。

下面是一些例子。

```
// 绝对路径延迟规范:
(DELAY
 (ABSOLUTE
  (IOPATH A Y (0.147))
 )
)
```

```
// 建立时间和保持时间检查规范:
(TIMINGCHECK
 (SETUPHOLD (posedge Q) (negedge CK) (0.448) (0.412))
)
```

```
// 两点间的时序约束:
(TIMINGENV
 (PATHCONSTRAINT UART/ENA UART/TX/CTRL (2.1) (1.5))
)
```

```
// 覆盖 Verilog HDL 延时参数值的标签:
(LABEL
```

```
(ABSOLUTE
  (t$CLK$Q (0.480:0.512:0.578) (0.356:0.399:0.401))
  (tsetup$D$CLK (0.112))
  )
)
```

有 4 种 DELAY 时序规范：

1）ABSOLUTE：在反标过程中，替换单元实例已有的延迟值；

2）INCREMENT：把新的延迟数据加到单元实例已有的延迟值上；

3）PATHPULSE：指定设计输入端和输出端之间的脉冲传播极限，这个极限用来决定是否把出现在输入端的脉冲传播到输出端，或者被标记为'x'，再或者过滤掉；

4）PATHPULSEPERCENT：这个规范和 PATHPULSE 精确一致，只是用百分比来描述。

下面是一些例子：

```
// 绝对端口延迟：
(DELAY
  (ABSOLUTE
    (PORT UART.DIN (0.170))
    (PORT UART.RX.XMIT (0.645))
  )
)


// 给已有的单元延迟增加IO路径延迟：
(DELAY
  (INCREMENT
    (IOPATH (negedge SE) Q (1.1:1.22:1.35))
  )
)


// Pathpulse延迟：
(DELAY
  (PATHPULSE RN Q (3) (7))
)
// 端口RN和Q是单元的输入和输出。第1个值，3，是脉冲抛弃极限，称为r-limit；
// 它定义了可以出现在输出的最窄的脉冲。
// 任何比它更窄的脉冲会被拒绝，也就是说不会出现在输出上。
// 第2个值(如果存在的话)，7，是错误极限，也被称为e-limit
// 任何比e-limit小的脉冲会使输出端为X。
// e-limit 必须比e-limit 大。见图B-3。
// 当脉冲比3 (r-limit)小，脉冲不会传播到输出端。
// 当脉冲宽度在3 (r-limit)和7 (e-limit)之间，输出端为X。
// 当脉冲宽度比7 (e-limit)大，脉冲不受过滤的传播到输出端。
// Pathpulsepercent 延迟类型：
(DELAY
  (PATHPULSEPERCENT CIN SUM (30) (50))
```

)
// r-limit被指定为 *CIN*到 *SUM* 延迟的30% ,e-limit 被指定为延迟的50%。

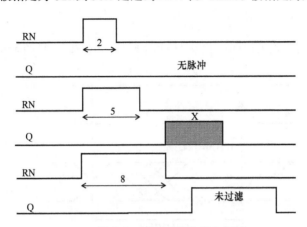

图 B-3　错误极限和抛弃极限

有 8 种延迟定义可以用 ABSOLUTE 或者 INCREMENT 描述：

1) IOPATH：输入-输出路径延迟；

2) RETAIN：保持定义。指定了输出在它相关的输入改变后，应该保持之前的值多久；

3) COND：条件路径延迟。可以用来指定依赖状态的输入-输出路径延迟；

4) CONDELSE：默认路径延迟。为条件路径延迟指定默认值；

5) PORT：端口延迟。指定互连延迟，该延迟可以建模为输入端口的延迟；

6) INTERCONNECT：互连延迟。指定 1 条线从源头到终点的传播延迟；

7) NETDELAY：线延迟。指定 1 条线从所有源头到所有终点的传播延迟；

8) DEVICE：器件延迟。主要用来描述分布式时序模型。指定通过 1 个单元到输出端口的所有路径的传播延迟。

下面是一些例子：

// *CK* 和 *Q* 上升沿之间的 IO 路径延迟：

```
(DELAY
  (ABSOLUTE
    (IOPATH (posedge CK) Q (2) (3))
  )
)
```

// 传播上升延迟是 2 ，传播下降延迟是 3 。

// 在 1 条 IO 路径上的保持延迟：

```
(DELAY
  (ABSOLUTE
    (IOPATH A Y
      (RETAIN (0.05:0.05:0.05) (0.04:0.04:0.04))
      (0.101:0.101:0.101) (0.09:0.09:0.09))
```

```
  )
)
// 在输入 A 的值变化后，Y 应该保持它之前的值 50ps(低电平为 40ps)。
// 50ps 是保持高电平的时间，40ps 是保持低电平的时间，
// 101ps 是传播上升延迟的时间，90ps 是传播下降延迟的时间。见图 B-4。
```

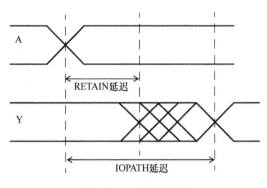

图 B-4　RETAIN 延迟

```
// 条件路径延迟:
(DELAY
  (ABSOLUTE
    (COND SE == 1'b1 (IOPATH (posedge CK) Q (0.661)))
  )
)
```

```
// 默认条件路径延迟:
(DELAY
  (ABSOLUTE
    (CONDELSE (IOPATH ADDR[7] COUNT[0] (0.870) (0.766)))
  )
)
```

```
// 在输入端 FRM_CNT[0] 的端口延迟:
(DELAY
  (ABSOLUTE
    (PORT UART/RX/FRM_CNT[0] (0.439))
  )
)
```

```
// 互连延迟:
(DELAY
  (ABSOLUTE
    (INTERCONNECT O1/Y O2/B (0.209:0.209:0.209))
```

```
    )
  )

// 线延迟:
(DELAY
  (ABSOLUTE
    (NETDELAY A3/B (0.566))
  )
)
```

1. 延迟

迄今为止，我们看到了多种不同形式的延迟。还有另外一些形式的延迟规范。通常，延迟可以指定为 1 个、3 个、6 个或者 12 个标记（Token）的集合，而集合可以用来描述下面的转换延迟：0→1、1→0、0→Z、Z→1、1→Z、Z→0、0→X、X→1、1→X、X→0、X→Z、Z→X。表 B-1 展示了如何用少于 12 个标记来代表 12 种转换时间。

表 B-1　映射到 12 个转换时间值

转换时间	2 个值($v1, v2$)	3 个值($v1, v2, v3$)	6 个值($v1, v2, v3, v4, v5, v6$)	12 个值($v1, v2, v3, v4, v5$ $v6, v7, v8, v9, v10, v11, v12$)
0→1	$v1$	$v1$	$v1$	$v1$
1→0	$v2$	$v2$	$v2$	$v2$
0→Z	$v1$	$v3$	$v3$	$v3$
Z→1	$v1$	$v1$	$v4$	$v4$
1→Z	$v2$	$v3$	$v5$	$v5$
Z→0	$v2$	$v2$	$v6$	$v6$
0→X	$v1$	$\min(v1, v3)$	$\min(v1, v3)$	$v7$
X→1	$v1$	$v1$	$\max(v1, v4)$	$v8$
1→X	$v2$	$\min(v2, v3)$	$\min(v2, v5)$	$v9$
X→0	$v2$	$v2$	$\max(v2, v6)$	$v10$
X→Z	$\max(v1, v2)$	$v3$	$\max(v3, v5)$	$v11$
Z→X	$\min(v1, v2)$	$\min(v1, v2)$	$\min(v6, v4)$	$v12$

下面是这些延迟的一些例子。

```
(DELAY
  (ABSOLUTE
    // 1个值的延迟:
    (IOPATH A Y (0.989))
    // 2个值的延迟:
    (IOPATH B Y (0.989) (0.891))
    // 6个值的延迟:
```

```
  (IOPATH CTRL Y (0.121) (0.119) (0.129)
              (0.131) (0.112) (0.124))
  // 12个值的延迟:
  (COND RN == 1'b0
    (IOPATH C Y (0.330) (0.312) (0.330) (0.311) (0.328)
              (0.321) (0.328) (0.320) (0.320)
              (0.318) (0.318) (0.316)
    )
  )
  // 在这个2个值的延迟中,第1个值是空,这代表反标没有改变它原本的值。
  (IOPATH RN Q () (0.129))
  )
)
```

每个延迟标记反过来也可以写成 1 个,2 个或者 3 个值,如下面的例子所示。

```
(DELAY
  (ABSOLUTE
    // 延迟标记中有1个值:
    (IOPATH A Y (0.117))
    // 延迟值,脉冲拒绝的极限(r-limit)和X过滤极限(e-limit)是一样的。

    // 延迟中有2个值 (注意没有冒号):
    (IOPATH (posedge CK) Q (0.12 0.15))
    // 0.12是延迟值,0.15是r-limit和e-limit。
    // 延迟中有3个值:
    (IOPATH F1/Y AND1/A (0.339 0.1 0.15))
    // 路径延迟是0.339,r-limit 是 0.1而 e-limit 是 0.15。
  )
)
```

在 1 个单独的 SDF 文件中,延迟值可以用带正负符号的实数或者 3 元数组来书写。
(8.0 : 3.6 : 9.8)
这是为了表示设计在 3 种工艺工作条件下的最小,典型,最大延迟。选择哪个值通常是由标注器(Annotator)基于用户提供的选项来决定的。这个 3 元数组的值是可选填的,但是应该至少有 1 个。例如,下面的数组是合法的。
(::0.22)
(1.001 : :0.998)
没有指定的值就不会去标注。

2. 时序检查

时序检查极限是在以关键词 TIMINGCHECK 开头的部分中指定的。在任意这类检查中,1 个 COND 字段可以用来指定条件时序检查。在一些情况下,2 个额外的时序检查可以用 SCOND 和 CCOND 指定,它们是和 stamp event 以及 check event 相关。

下面是一组检查：

1）SETUP：建立时间检查；

2）HOLD：保持时间检查；

3）SETUPHOLD：建立时间和保持时间检查；

4）RECOVERY：恢复时间检查；

5）REMOVAL：移除时间检查；

6）RECREM：恢复时间和移除时间检查；

7）SKEW：单向偏移时间检查；

8）BIDIRECTSKEW：双向偏移时间检查；

9）WIDTH：脉冲宽度时序检查；

10）PERIOD：周期时序检查；

11）NOCHANGE：不变化时序检查。

下面是一些例子。

```
(TIMINGCHECK
 // 建立时间检查极限:
 (SETUP din (posedge clk) (2))

 // 保持时间检查极限:
 (HOLD din (negedge clk) (0.445:0.445:0.445))

 // 条件保持时间检查极限:
 (HOLD (COND RST==1'b1 D) (posedge CLK) (1.15))
 // 只有当RST为1, 在D和CLK 的正沿之间进行保持时间检查。

 // 建立时间和保持时间检查极限:
 (SETUPHOLD J CLK (1.2) (0.99))
 // 1.2是建立时间极限, 0.99是保持时间极限。

 // 条件建立时间和保持时间极限:
 (SETUPHOLD D CLK (0.809) (0.591) (CCOND ~SE))
 // 为建立时间应用条件到CLK, 为保持时间应用条件到D。
 // 条件建立时间和保持时间检查极限:
 (SETUPHOLD (COND ~RST D) (posedge CLK) (1.452) (1.11))
 // 只有当RST是低电平, 在 D 和CLK 正沿之间进行建立时间和保持时间检查。

 // 恢复检查极限:
 (RECOVERY SE (negedge CLK) (0.671))

 // 条件移除检查极限:
 (REMOVAL (COND ~LOAD CLEAR) CLK (2.001:2.1:2.145))
 // 只有当LOAD是低电平, CLEAR 和CLK之间进行移除时间检查。
```

```
// 恢复时间和移除时间检查极限:
(RECREM RST (negedge CLK) (1.1) (0.701))
// 1.1是恢复时间极限, 0.701是移除时间极限。

// 条件偏移检查极限:
(SKEW (COND MMODE==1'b1 GNT) (posedge REQ) (3.2))

// 双向偏移检查极限:
(BIDIRECTSKEW (posedge CLOCK1) (negedge TCK) (1.409))

// 脉冲宽度检查极限:
(WIDTH (negedge RST) (12))

// 周期检查极限:
(PERIOD (posedge JTCLK) (13.33))

// 不变化检查极限:
(NOCHANGE (posedge REQ) (negedge GNT) (2.5) (3.12))
)
```

3. 标签

标签可以用来为 VHDL 术语或者 Verilog HDL 指定参数设置值。

```
(LABEL
  (ABSOLUTE
    (thold$d$clk (0.809))
    (tph$A$Y (0.553))
  )
)
```

4. 时序环境

有很多字段（Construct）可以用来描述设计的时序环境。但是，这些字段只能用来正向标注，而不能进行反向标注，比如在逻辑综合工具中标注。在本文中没有对其描述。

B.2.1 例子

本小节为 2 个设计提供完整的 SDF 作为例子。

1. 全加器（Full-adder）

下面是全加器电路的 Verilog HDL 网表。

```
module FA_STR (A, B, CIN, SUM, COUT);
  input A, B, CIN;
  output SUM, COUT;
  wire S1, S2, S3, S4, S5;

  XOR2X1 X1 (.Y(S1), .A(A), .B(B));
  XOR2X1 X2 (.Y(SUM), .A(S1), .B(CIN));
```

```
  AND2X1 A1 (.Y(S2), .A(A), .B(B));
  AND2X1 A2 (.Y(S3), .A(B), .B(CIN));
  AND2X1 A3 (.Y(S4), .A(A), .B(CIN));

  OR2X1 O1 (.Y(S5), .A(S2), .B(S3));
  OR2X1 O2 (.Y(COUT), .A(S4), .B(S5));
endmodule
```

下面是由时序分析工具生成的完整的对应的 SDF 文件。

```
(DELAYFILE
  (SDFVERSION "OVI 2.1")
  (DESIGN "FA_STR")
  (DATE "Mon May 24 13:56:43 2004")
  (VENDOR "slow")
  (PROGRAM "CompanyName ToolName")
  (VERSION "V2.3")
  (DIVIDER /)
  // OPERATING CONDITION "slow"
  (VOLTAGE 1.35:1.35:1.35)
  (PROCESS "1.000:1.000:1.000")
  (TEMPERATURE 125.00:125.00:125.00)
  (TIMESCALE 1ns)
  (CELL
    (CELLTYPE "FA_STR")
    (INSTANCE)
    (DELAY
      (ABSOLUTE
        (INTERCONNECT A A3/A (0.000:0.000:0.000))
        (INTERCONNECT A A1/A (0.000:0.000:0.000))
        (INTERCONNECT A X1/A (0.000:0.000:0.000))
        (INTERCONNECT B A2/A (0.000:0.000:0.000))
        (INTERCONNECT B A1/B (0.000:0.000:0.000))
        (INTERCONNECT B X1/B (0.000:0.000:0.000))
        (INTERCONNECT CIN A3/B (0.000:0.000:0.000))
        (INTERCONNECT CIN A2/B (0.000:0.000:0.000))
        (INTERCONNECT CIN X2/B (0.000:0.000:0.000))
        (INTERCONNECT X2/Y SUM (0.000:0.000:0.000))
        (INTERCONNECT O2/Y COUT (0.000:0.000:0.000))
        (INTERCONNECT X1/Y X2/A (0.000:0.000:0.000))
        (INTERCONNECT A1/Y O1/A (0.000:0.000:0.000))
        (INTERCONNECT A2/Y O1/B (0.000:0.000:0.000))
        (INTERCONNECT A3/Y O2/A (0.000:0.000:0.000))
        (INTERCONNECT O1/Y O2/B (0.000:0.000:0.000))
      )
    )
```

```
    )
  (CELL
    (CELLTYPE "XOR2X1")
    (INSTANCE X1)
    (DELAY
     (ABSOLUTE
      (IOPATH A Y (0.197:0.197:0.197)
                 (0.190:0.190:0.190))
      (IOPATH B Y (0.209:0.209:0.209)
                 (0.227:0.227:0.227))
      (COND B==1'b1 (IOPATH A Y (0.197:0.197:0.197)
                               (0.190:0.190:0.190)))
      (COND A==1'b1 (IOPATH B Y (0.209:0.209:0.209)
                               (0.227:0.227:0.227)))
      (COND B==1'b0 (IOPATH A Y (0.134:0.134:0.134)
                               (0.137:0.137:0.137)))
      (COND A==1'b0 (IOPATH B Y (0.150:0.150:0.150)
                               (0.163:0.163:0.163)))
     )
    )
  )
  (CELL
    (CELLTYPE "XOR2X1")
    (INSTANCE X2)
    (DELAY
     (ABSOLUTE

      (IOPATH (posedge A) Y (0.204:0.204:0.204)
                           (0.196:0.196:0.196))
      (IOPATH (negedge A) Y (0.198:0.198:0.198)
                           (0.190:0.190:0.190))
      (IOPATH B Y (0.181:0.181:0.181)
                 (0.201:0.201:0.201))
      (COND B==1'b1 (IOPATH A Y (0.198:0.198:0.198)
                               (0.196:0.196:0.196)))
      (COND A==1'b1 (IOPATH B Y (0.181:0.181:0.181)
                               (0.201:0.201:0.201)))
      (COND B==1'b0 (IOPATH A Y (0.135:0.135:0.135)
                               (0.140:0.140:0.140)))
      (COND A==1'b0 (IOPATH B Y (0.122:0.122:0.122)
                               (0.139:0.139:0.139)))
     )
    )
  )
```

```
(CELL
  (CELLTYPE "AND2X1")
  (INSTANCE A1)
  (DELAY
   (ABSOLUTE
    (IOPATH A Y (0.147:0.147:0.147)
              (0.157:0.157:0.157))
    (IOPATH B Y (0.159:0.159:0.159)
              (0.173:0.173:0.173))
   )
  )
)
(CELL
  (CELLTYPE "AND2X1")
  (INSTANCE A2)
  (DELAY
   (ABSOLUTE
    (IOPATH A Y (0.148:0.148:0.148)
              (0.157:0.157:0.157))
    (IOPATH B Y (0.160:0.160:0.160)
              (0.174:0.174:0.174))
   )
  )
)
(CELL
  (CELLTYPE "AND2X1")
  (INSTANCE A3)
  (DELAY
   (ABSOLUTE
    (IOPATH A Y (0.147:0.147:0.147)
              (0.157:0.157:0.157))
    (IOPATH B Y (0.159:0.159:0.159)
              (0.173:0.173:0.173))
   )
  )
)
(CELL
  (CELLTYPE "OR2X1")
  (INSTANCE O1)
  (DELAY
   (ABSOLUTE
    (IOPATH A Y (0.138:0.138:0.138)
              (0.203:0.203:0.203))
    (IOPATH B Y (0.151:0.151:0.151)
```

```
                        (0.223:0.223:0.223))
      )
    )
  )
  (CELL
    (CELLTYPE "OR2X1")
    (INSTANCE O2)
    (DELAY
      (ABSOLUTE
        (IOPATH A Y (0.126:0.126:0.126)
                    (0.191:0.191:0.191))
        (IOPATH B Y (0.136:0.136:0.136)
                    (0.212:0.212:0.212))
      )
    )
  )
)
```

所有的 INTERCONNECT 延迟都是 0，因为这是布局前的数据，使用了理想互连模型。

2. 十进制计数器

下面是十进制计数器的 Verilog HDL 网表。

```verilog
module DECADE_CTR (COUNT, Z);
  input COUNT;
  output [0:3] Z;
  wire S1, S2;

  AND2X1 a1 (.Y(S1), .A(Z[2]), .B(Z[1]));

  JKFFX1
    JK1 (.J(1'b1), .K(1'b1), .CK(COUNT),
         .Q(Z[0]), .QN()),
    JK2 (.J(S2), .K(1'b1), .CK(Z[0]), .Q(Z[1]), .QN()),
    JK3 (.J(1'b1), .K(1'b1), .CK(Z[1]),
         .Q(Z[2]), .QN()),
    JK4 (.J(S1), .K(1'b1), .CK(Z[0]),
         .Q(Z[3]), .QN(S2));
endmodule
```

接着是完整的对应的 SDF。

```
(DELAYFILE
  (SDFVERSION "OVI 2.1")
  (DESIGN "DECADE_CTR")
  (DATE "Mon May 24 14:30:17 2004")
  (VENDOR "Star Galaxy Automation, Inc.")
  (PROGRAM "MyCompanyName ToolTime")
  (VERSION "V2.3")
```

```
(DIVIDER /)
// OPERATING CONDITION "slow"
(VOLTAGE 1.35:1.35:1.35)
(PROCESS "1.000:1.000:1.000")
(TEMPERATURE 125.00:125.00:125.00)
(TIMESCALE 1ns)
(CELL
  (CELLTYPE "DECADE_CTR")
  (INSTANCE)
  (DELAY
    (ABSOLUTE
      (INTERCONNECT COUNT JK1/CK (0.191:0.191:0.191))
      (INTERCONNECT JK1/Q Z\[0\] (0.252:0.252:0.252))
      (INTERCONNECT JK2/Q Z\[1\] (0.186:0.186:0.186))
      (INTERCONNECT JK3/Q Z\[2\] (0.18:0.18:0.18))
      (INTERCONNECT JK4/Q Z\[3\] (0.195:0.195:0.195))
      (INTERCONNECT JK3/Q a1/A (0.175:0.175:0.175))
      (INTERCONNECT JK2/Q a1/B (0.207:0.207:0.207))
      (INTERCONNECT JK4/QN JK2/J (0.22:0.22:0.22))
      (INTERCONNECT JK1/Q JK2/CK (0.181:0.181:0.181))
      (INTERCONNECT JK2/Q JK3/CK (0.193:0.193:0.193))
      (INTERCONNECT a1/Y JK4/J (0.224:0.224:0.224))
      (INTERCONNECT JK1/Q JK4/CK (0.218:0.218:0.218))
    )
  )
)
(CELL
  (CELLTYPE "AND2X1")
  (INSTANCE a1)
  (DELAY
    (ABSOLUTE
      (IOPATH A Y (0.179:0.179:0.179)
              (0.186:0.186:0.186))
      (IOPATH B Y (0.190:0.190:0.190)
              (0.210:0.210:0.210))
    )
  )
)
(CELL
  (CELLTYPE "JKFFX1")
  (INSTANCE JK1)
  (DELAY
    (ABSOLUTE
      (IOPATH (posedge CK) Q (0.369:0.369:0.369)
```

```
                              (0.470:0.470:0.470))
        (IOPATH (posedge CK) QN (0.280:0.280:0.280)
                           (0.178:0.178:0.178))
      )
    )
    (TIMINGCHECK
      (SETUP (posedge J) (posedge CK)
      (0.362:0.362:0.362))
      (SETUP (negedge J) (posedge CK)
      (0.220:0.220:0.220))
      (HOLD (posedge J) (posedge CK)
      (-0.272:-0.272:-0.272))
      (HOLD (negedge J) (posedge CK)
      (-0.200:-0.200:-0.200))
      (SETUP (posedge K) (posedge CK)
      (0.170:0.170:0.170))
      (SETUP (negedge K) (posedge CK)
      (0.478:0.478:0.478))
      (HOLD (posedge K) (posedge CK)
      (-0.158:-0.158:-0.158))
      (HOLD (negedge K) (posedge CK)
      (-0.417:-0.417:-0.417))
      (WIDTH (negedge CK)
      (0.337:0.337:0.337))
      (WIDTH (posedge CK) (0.148:0.148:0.148))
    )
  )
  (CELL
    (CELLTYPE "JKFFX1")
    (INSTANCE JK2)
    (DELAY
      (ABSOLUTE
        (IOPATH (posedge CK) Q (0.409:0.409:0.409)
                           (0.512:0.512:0.512))
        (IOPATH (posedge CK) QN (0.326:0.326:0.326)
                           (0.222:0.222:0.222))
      ).
    )
    (TIMINGCHECK
      (SETUP (posedge J) (posedge CK)
      (0.348:0.348:0.348))
      (SETUP (negedge J) (posedge CK)
      (0.227:0.227:0.227))
      (HOLD (posedge J) (posedge CK)
      (-0.257:-0.257:-0.257))
```

```
    (HOLD (negedge J) (posedge CK)
      (-0.209:-0.209:-0.209))
    (SETUP (posedge K) (posedge CK)
      (0.163:0.163:0.163))
    (SETUP (negedge K) (posedge CK)
      (0.448:0.448:0.448))
    (HOLD (posedge K) (posedge CK)
      (-0.151:-0.151:-0.151))
    (HOLD (negedge K) (posedge CK)
      (-0.392:-0.392:-0.392))
    (WIDTH (negedge CK) (0.337:0.337:0.337))
    (WIDTH (posedge CK) (0.148:0.148:0.148))
  )
)
(CELL
  (CELLTYPE "JKFFX1")
  (INSTANCE JK3)
  (DELAY
    (ABSOLUTE

      (IOPATH (posedge CK) Q (0.378:0.378:0.378)
                        (0.485:0.485:0.485))
      (IOPATH (posedge CK) QN (0.324:0.324:0.324)
                        (0.221:0.221:0.221))

    )
  )
  (TIMINGCHECK
    (SETUP (posedge J) (posedge CK)
      (0.339:0.339:0.339))
    (SETUP (negedge J) (posedge CK)
      (0.211:0.211:0.211))
    (HOLD (posedge J) (posedge CK)
      (-0.249:-0.249:-0.249))
    (HOLD (negedge J) (posedge CK)
      (-0.192:-0.192:-0.192))
    (SETUP (posedge K) (posedge CK)
      (0.163:0.163:0.163))
    (SETUP (negedge K) (posedge CK)
      (0.449:0.449:0.449))
    (HOLD (posedge K) (posedge CK)
      (-0.152:-0.152:-0.152))
    (HOLD (negedge K) (posedge CK)
      (-0.393:-0.393:-0.393))
    (WIDTH (negedge CK) (0.337:0.337:0.337))
    (WIDTH (posedge CK) (0.148:0.148:0.148))
```

```
    )
  )
  (CELL
    (CELLTYPE "JKFFX1")
    (INSTANCE JK4)
    (DELAY
      (ABSOLUTE
        (IOPATH (posedge CK) Q (0.354:0.354:0.354)
                              (0.464:0.464:0.464))
        (IOPATH (posedge CK) QN (0.364:0.364:0.364)
                               (0.256:0.256:0.256))
      )
    )
    (TIMINGCHECK
      (SETUP (posedge J) (posedge CK)
        (0.347:0.347:0.347))
      (SETUP (negedge J) (posedge CK)
        (0.226:0.226:0.226))
      (HOLD (posedge J) (posedge CK)
        (-0.256:-0.256:-0.256))
      (HOLD (negedge J) (posedge CK)
        (-0.208:-0.208:-0.208))
      (SETUP (posedge K) (posedge CK)
        (0.163:0.163:0.163))
      (SETUP (negedge K) (posedge CK)
        (0.448:0.448:0.448))
      (HOLD (posedge K) (posedge CK)
        (-0.151:-0.151:-0.151))
      (HOLD (negedge K) (posedge CK)
        (-0.392:-0.392:-0.392))
      (WIDTH (negedge CK) (0.337:0.337:0.337))
      (WIDTH (posedge CK) (0.148:0.148:0.148))
    )
  )
)
```

B.3 反标过程

本节将介绍 SDF 是如何标注到 HDL 描述上的。很多工具都可以进行 SDF 标注，比如逻辑综合工具，仿真工具和静态时序分析工具；SDF 标注器（Annotator）是这些工具的一部分，用来读取 SDF，为整个设计解析并标注时序值。假设生成 SDF 文件时用到的信息和 HDL 模型是一致的，而同一个 HDL 模型也用在反标过程中。另外，SDF 标注器也要负责确保 SDF 文件中的时序值被正确的解析。

SDF 标注器标注了反标时序术语和参数。如果语法或者在映射（Mapping）过程中有任

何不符合标准的情况，它都会报错。如果一些 SDF 字段是 SDF 标注器不支持的，标注器是
不会报错的，它只会简单的忽略这些字段。

如果 SDF 标注器无法修改一个反标时序术语，那么该术语的值在反标过程中就不会更
改，也就是说，保持不变。

在仿真工具中，反标通常发生在详细描述（Elaboration）阶段之后，负约束延迟计算
（Negative Constraint Delay Calculation）之前。

B.3.1　Verilog HDL

在 Verilog HDL 中，标注的首要机制就是指定模块。指定模块可以指定路径延迟和时序
检查。真正的延迟值和时序检查极限值是通过 SDF 文件指定的。映射（Mapping）是一种行
业标准，在 IEEE Std 1364 中定义。

指定的路径延迟，延时参数值，时序检查约束极限和互连延迟等信息是从 SDF 文件中
得到的，并标注在 Verilog HDL 模块的指定模块上。其他 SDF 文件中的字段在标注 Verilog
HDL 模块时被无视了。SDF 中的 LABEL 段落定义了延时参数值。反标就是通过匹配 SDF 字
段和对应的 Verilog HDL 声明，然后把已有的时序值替换为 SDF 中的值。

表 B-2 说明了 SDF 延迟值是如何映射到 Verilog HDL 延迟值的。

表 B-2　映射 SDF 延迟到 Verilog HDL 延迟

Verilog 转换时间	1 个值(v1)	2 个值(v1,v2)	3 个值(v1,v2,v3)	6 个值(v1,v2 v3,v4,v5,v6)	12 个值(v1,v2,v3,v4,v5, v6,v7,v8,v9,v10,v11,v12)
0→1	v1	v1	v1	v1	v1
1→0	v1	v2	v2	v2	v2
0→z	v1	v1	v3	v3	v3
z→1	v1	v1	v1	v4	v4
1→z	v1	v2	v3	v5	v5
z→0	v1	v2	v2	v6	v6
0→x	v1	v1	min(v1,v3)	min(v1,v3)	v7
x→1	v1	v1	v1	max(v1,v4)	v8
1→x	v1	v2	min(v2,v3)	min(v2,v5)	v9
x→0	v1	v2	v2	max(v2,v6)	v10
x→z	v1	max(v1,v2)	v3	max(v3,v5)	v11
z→x	v1	min(v1,v2)	min(v1,v2)	min(v4,v6)	v12
z→x	v1	min(v1,v2)	min(v1,v2)	min(v4,v6)	v12

表 B-3 描述了 SDF 字段和 Verilog HDL 字段的映射。

表 B-3　映射 SDF 到 Verilog HDL

类　　型	SDF 字段	Verilog HDL
Propagation delay	IOPATH	Specify paths
Input setup time	SETUP	$ setup, $ setuphold
Input hold time	HOLD	$ hold, $ setuphold
Input setup and hold	SETUPHOLD	$ setup, $ hold, $ setuphold

(续)

类　　型	SDF 字段	Verilog HDL
Input recovery time	RECOVERY	$ recovery
Input removal time	REMOVAL	$ removal
Recovery and removal	RECREM	$ recovery, $ removal, $ recrem
Period	PERIOD	$ period
Pulse width	WIDTH	$ width
Input skew time	SKEW	$ skew
No-change time	NOCHANGE	$ nochange
Port delay	PORT	Interconnect delay
Net delay	NETDELAY	Interconnect delay
Interconnect delay	INTERCONNECT	Interconnect delay
Device delay	DEVICE_DELAY	Specify paths
Path pulse limit	PATHPULSE	Specify path pulse limit
Path pulse limit	PATHPULSEPERCENT	Specify path pulse limit

在之后的段落中有相关例子。

B. 3. 2　VHDL

SDF 标注到 VHDL 是一种行业标准。它是 IEEE 标准的 VITAL ASIC 建模规范中定义的，IEEE Std 1076.4。该标准中的 1 部分描述了 SDF 延迟标注到 ASIC 库。此处，我们只介绍 VITAL 标准中关于 SDF 映射的相关部分。

SDF 用来在符合 VITAL 标准的模块中直接更改反标时序术语。只能用 SDF 为符合 VITAL 标准的模块指定时序数据。有两种方式可以把时序数据传递给 VHDL 模型：通过配置，或者直接传给仿真。在仿真时，SDF 标注过程包括映射 SDF 字段和对应的术语到符合 VITAL 标准的模块。

在符合 VITAL 标准的模块中，有关于术语如何命名和声明的规则，该规则用来确保模型的时序术语和对应的 SDF 时序信息之间的映射可以建立起来。

一个时序术语由一个术语名和它的类型组成。名字指定了时序信息的类别，术语的类型指定了时序值的类别。如果术语名字不符合 VITAL 标准，那它就不是时序术语，不能被标注。

表 B-4 表明 SDF 延迟值是如何映射到 VHDL 延迟的。

表 B-4　映射 SDF 到 VHDL 延迟

VHDL 转换时间	1 个值(v1)	2 个值(v1,v2)	3 个值 (v1,v2,v3)	6 个值(v1,v2,v3, v4,v5,v6)	12 个值(v1,v2,v3,v4,v5,v6, v7,v8,v9,v10,v11,v12)
0→1	v1	v1	v1	v1	v1
1→0	v1	v2	v2	v2	v2
0→z	v1	v1	v3	v3	v3
z→1	v1	v1	v1	v4	v4
1→z	v1	v2	v3	v5	v5
z→0	v1	v2	v2	v6	v6
0→x	-	-	-	-	v7

（续）

VHDL 转换时间	1 个值(v1)	2 个值(v1,v2)	3 个值 (v1,v2,v3)	6 个值(v1,v2,v3, v4,v5,v6)	12 个值(v1,v2,v3,v4,v5,v6, v7,v8,v9,v10,v11,v12)
x→1	-	-	-	-	v8
1→x	-	-	-	-	v9
x→0	-	-	-	-	v10
x→z	-	-	-	-	v11
z→x	-	-	-	-	v12

在 VHDL 中，时序信息是通过术语反标的。术语名遵循一定规则来和 SDF 字段保持一致，或从 SDF 中派生出来。对于每个时序术语名词，可以指定 1 个可选的条件沿的后缀。沿指定 1 个和时序信息相关的沿。表 B-5 展示了不同种类的时序术语名词。

表 B-5　不同种类的时序术语名词

类　　型	SDF 字段	VHDL 术语
Propagation delay	IOPATH	tpd_InputPort_OutputPort [_condition]
Input setup time	SETUP	tsetup_TestPort_RefPort [_condition]
Input hold time	HOLD	thold_TestPort_RefPort [_condition]
Input recovery time	RECOVERY	trecovery_TestPort_RefPort [_condition]
Input removal time	REMOVAL	tremoval_TestPort_RefPort [_condition]
Period	PERIOD	tperiod_InputPort [_condition]
Pulse width	WIDTH	tpw_InputPort [_condition]
Input skew time	SKEW	tskew_FirstPort_SecondPort [_condition]
No-change time	NOCHANGE	tncsetup_TestPort_RefPort [_condition] tnchold_TestPort_RefPort [_condition]
Interconnect path delay	PORT	tipd_InputPort
Device delay	DEVICE	tdevice_InstanceName [_OutputPort]
Internal signal delay		tisd_InputPort_ClockPort
Biased propagation delay		tbpd_InputPort_OutputPort_ClockPort [_condition]
Internal clock delay		ticd_ClockPor

B.4　映射例子

下面的例子是 SDF 字段如何映射到 VHDL 通用术语和 Verilog HDL 声明。

B.4.1　传播延迟

● 从输入端口 A 到输出端口 Y 的传播延迟，上升时间 0.406，下降时间 0.339。

```
// SDF:
(IOPATH A Y (0.406) (0.339))
```

```
-- VHDL 术语:
tpd_A_Y : VitalDelayType01;
```

```
// Verilog HDL指定路径:
(A *> Y) = (tplh$A$Y, tphl$A$Y);
```

● 从输入端口 OE 到输出端口 Y 的传播延迟，上升时间 0.441，下降时间 0.409。最小，标称和最大延迟是一样的。

```
// SDF:
(IOPATH OE Y (0.441:0.441:0.441) (0.409:0.409:0.409))
```

```
-- VHDL 术语:
tpd_OE_Y : VitalDelayType01Z;
```

```
// Verilog HDL 指定路径:
(OE *> Y) = (tplh$OE$Y, tphl$OE$Y);
```

● 从输入端口 S0 到输出端口 Y 的条件传播延迟。

```
// SDF:
(COND A==0 && B==1 && S1==0
  (IOPATH S0 Y (0.062:0.062:0.062) (0.048:0.048:0.048)
  )
)
-- VHDL 术语:
tpd_S0_Y_A_EQ_0_AN_B_EQ_1_AN_S1_EQ_0 :
  VitalDelayType01;
```

```
// Verilog HDL 指定路径:
if ((A == 1'b0) && (B == 1'b1) && (S1 == 1'b0))
  (S0 *> Y) = (tplh$S0$Y, tphl$S0$Y);
```

● 从输入端口 A 到输出端口 Y 的条件传播延迟。

```
// SDF:
(COND B == 0
  (IOPATH A Y (0.130) (0.098)
  )
)
```

```
-- VHDL 术语:
tpd_A_Y_B_EQ_0 : VitalDelayType01;
```

```
// Verilog HDL 指定路径:
if (B == 1'b0)
  (A *> Y) = 0;
```

● 从输入端口 CK 到输出端口 Q 的传播延迟。

```
// SDF:
(IOPATH CK Q (0.100:0.100:0.100) (0.118:0.118:0.118))
```

```
-- VHDL 术语:
tpd_CK_Q : VitalDelayType01;
```

```
// Verilog HDL 指定路径:
(CK *> Q) = (tplh$CK$Q, tphl$CK$Q);
```

- 从输入端口 A 到输出端口 Y 的条件传播延迟。

```
// SDF:
(COND B == 1
  (IOPATH A Y (0.062:0.062:0.062) (0.048:0.048:0.048)
  )
)
```

```
-- VHDL 术语:
tpd_A_Y_B_EQ_1 : VitalDelayType01;
```

```
// Verilog HDL 指定路径:
if (B == 1'b1)
  (A *> Y) = (tplh$A$Y, tphl$A$Y);
```

- 从输入端口 CK 到输出端口 ECK 的传播延迟。

```
// SDF:
(IOPATH CK ECK (0.097:0.097:0.097))
```

```
-- VHDL 术语:
tpd_CK_ECK : VitalDelayType01;
```

```
// Verilog HDL 指定路径:
(CK *> ECK) = (tplh$CK$ECK, tphl$CK$ECK);
```

- 从输入端口 CI 到输出端口 S 的条件传播延迟。

```
// SDF:
(COND (A == 0 && B == 0) || (A == 1 && B == 1)
  (IOPATH CI S (0.511) (0.389)
  )
)
```

```
-- VHDL 术语:
tpd_CI_S_OP_A_EQ_0_AN_B_EQ_0_CP_OR_OP_A_EQ_1_AN_B_EQ_1_CP:
  VitalDelayType01;
```

```
// Verilog HDL 指定路径:
if ((A == 1'b0 && B == 1'b0) || (A == 1'b1 && B == 1'b1))
  (CI *> S)  = (tplh$CI$S, tphl$CI$S);
```

- 从输入端口 CS 到输出端口 S 的条件传播延迟。

```
// SDF:
(COND (A == 1 ^ B == 1 ^ CI1 == 1) &&
```

```
      !(A == 1 ^ B == 1 ^ CI0 == 1)
    (IOPATH CS S (0.110) (0.120) (0.120)
              (0.110) (0.119) (0.120)
    )
  )
```

```
-- VHDL 术语:
tpd_CS_S_OP_A_EQ_1_XOB_B_EQ_1_XOB_CI1_EQ_1_CP_AN_NT_
OP_A_EQ_1_XOB_B_EQ_1_XOB_CI0_EQ_1_CP:
  VitalDelayType01;
```

```
// Verilog HDL 指定路径:
if ((A == 1'b1 ^ B == 1'b1 ^ CI1N == 1'b0) &&
    !(A == 1'b1 ^ B == 1'b1 ^ CI0N == 1'b0))
  (CS  *> S)  = (tplh$CS$S, tphl$CS$S);
```
- 从输入端口 A 到输出端口 ICO 的条件传播延迟。
```
// SDF:
(COND B == 1 (IOPATH A ICO (0.690)))
```

```
-- VHDL 术语:
tpd_A_ICO_B_EQ_1 : VitalDelayType01;
```

```
// Verilog HDL 指定路径:
if (B == 1'b1)
  (A  *> ICO) = (tplh$A$ICO, tphl$A$ICO);
```
- 从输入端口 A 到输出端口 CO 的条件传播延迟。
```
// SDF:
(COND (B == 1 ^ C == 1) && (D == 1 ^ ICI == 1)
  (IOPATH A CO (0.263)
  )
)
```

```
-- VHDL 术语:
tpd_A_CO_OP_B_EQ_1_XOB_C_EQ_1_CP_AN_OP_D_EQ_1_XOB_ICI_E
Q_1_CP: VitalDelayType01;
```

```
// Verilog HDL 指定路径:
if ((B == 1'b1 ^ C == 1'b1) && (D == 1'b1 ^ ICI == 1'b1))
  (A *> CO) = (tplh$A$CO,  tphl$A$CO);
```
- 从 CK 正沿到 Q 的延迟。
```
// SDF:
(IOPATH (posedge CK) Q (0.410:0.410:0.410)
  (0.290:0.290:0.290))
```

-- VHDL 术语:

tpd_CK_Q_posedge_noedge : VitalDelayType01;

// Verilog HDL 指定路径:
(**posedge** CK *> Q) = (tplhCKQ, tphlCKQ);

B.4.2　输入建立时间

- D 端上升沿和 CK 端上升沿之间的建立时间。
// SDF:
(**SETUP** (**posedge** D) (**posedge** CK) (0.157:0.157:0.157))

-- VHDL 术语:

tsetup_D_CK_posedge_posedge: VitalDelayType;

// Verilog HDL 时序检查任务:
$**setup**(**posedge** CK, **posedge** D, tsetup$D$CK, notifier);
- D 端下降沿和 CK 端上升沿之间的建立时间。
// SDF:
(**SETUP** (**negedge** D) (**posedge** CK) (0.240))

-- VHDL术语:

tsetup_D_CK_negedge_posedge: VitalDelayType;

// Verilog HDL 时序检查任务:
$**setup**(**posedge** CK, **negedge** D, tsetup$D$CK, notifier);
- 输入端 E 上升沿和参考 CK 端上升沿之间的建立时间。
// SDF:
(**SETUP** (**posedge** E) (**posedge** CK) (-0.043:-0.043:-0.043))

-- VHDL术语:

tsetup_E_CK_posedge_posedge : VitalDelayType;

// Verilog HDL 时序检查任务:
$**setup**(**posedge** CK, **posedge** E, tsetup$E$CK, notifier);
- 输入端 E 下降沿和参考端 CK 上升沿之间的建立时间。
// SDF:
(**SETUP** (**negedge** E) (**posedge** CK) (0.101) (0.098))

-- VHDL术语:

tsetup_E_CK_negedge_posedge : VitalDelayType;

// Verilog HDL 时序检查任务:
$**setup**(**posedge** CK, **negedge** E, tsetup$E$CK, notifier);

- SE 端和 CK 端之间的条件建立时间。

```
// SDF:
(SETUP (cond E != 1 SE) (posedge CK) (0.155) (0.135))
```

```
-- VHDL 术语：
tsetup_SE_CK_E_NE_1_noedge_posedge : VitalDelayType;
```

```
// Verilog HDL 时序检查任务：
$setup(posedge CK &&& (E != 1'b1), SE, tsetup$SE$CK,
    notifier);
```

B.4.3　输入保持时间

- D 端上升沿和 CK 端上升沿之间的保持时间

```
// SDF:
(HOLD (posedge D) (posedge CK) (-0.166:-0.166:-0.166))
```

```
-- VHDL 术语：
thold_D_CK_posedge_posedge: VitalDelayType;
```

```
// Verilog HDL 时序检查任务：
$hold (posedge CK, posedge D, thold$D$CK, notifier);
```

- RN 端和 SN 端之间的保持时间。

```
// SDF:
(HOLD (posedge RN) (posedge SN) (-0.261:-0.261:-0.261))
-- VHDL 术语：
thold_RN_SN_posedge_posedge: VitalDelayType;
```

```
// Verilog HDL 时序检查任务：
$hold (posedge SN, posedge RN, thold$RN$SN, notifier);
```

- 输入端口 SI 和参考端 CK 之间的保持时间。

```
// SDF:
(HOLD (negedge SI) (posedge CK) (-0.110:-0.110:-0.110))
```

```
-- VHDL 术语：
thold_SI_CK_negedge_posedge: VitalDelayType;
```

```
// Verilog HDL 时序检查任务：
$hold (posedge CK, negedge SI, thold$SI$CK, notifier);
```

- E 端和 CK 端上升沿之间的条件保持时间。

```
// SDF:
(HOLD (COND SE ^ RN == 0 E) (posedge CK))
```

```
-- VHDL 术语：
```

```
thold_E_CK_SE_XOB_RN_EQ_0_noedge_posedge:
  VitalDelayType;
```

```
// Verilog HDL 时序检查任务:
$hold (posedge CK &&& (SE ^ RN == 0), posedge E,
     thold$E$CK, NOTIFIER);
```

B. 4. 4 输入建立时间和保持时间

• D 端和 CLK 端之间的建立时间和保持时间检查。这是条件检查。第 1 个延迟值是建立时间，第 2 个延迟值是保持时间。

```
// SDF:
(SETUPHOLD (COND SE ^ RN == 0 D) (posedge CLK)
  (0.69) (0.32))
```

```
-- VHDL术语（分成单独的建立时间和检查时间）:
tsetup_D_CK_SE_XOB_RN_EQ_0_noedge_posedge:
  VitalDelayType;
thold_D_CK_SE_XOB_RN_EQ_0_noedge_posedge:
  VitalDelayType;
```

```
-- Verilog HDL 时序检查
--(它可以分开进行也可以作为1个字段,这取决于Verilog HDL 模型):
$setuphold(posedge CK &&& (SE ^ RN == 1'b0)), posedge D,
          tsetup$D$CK, thold$D$CK, notifier);
--或者是:
$setup(posedge CK &&& (SE ^ RN == 1'b0)), posedge D,
      tsetup$D$CK, notifier);
$hold(posedge CK &&& (SE ^ RN == 1'b0)), posedge D,
      thold$D$CK, notifier);
```

B. 4. 5 输入恢复时间

• CLKA 端和 CLKB 端之间的恢复时间。

```
// SDF:
(RECOVERY (posedge CLKA) (posedge CLKB)
  (1.119:1.119:1.119))
```

```
-- VHDL术语:
trecovery_CLKA_CLKB_posedge_posedge: VitalDelayType;
```

```
// Verilog时序检查任务:
$recovery (posedge CLKB, posedge CLKA,
          trecovery$CLKB$CLKA, notifier);
```

• CLKA 端上升沿和 CLKB 端上升沿之间的条件恢复时间。

```
// SDF:
(RECOVERY (posedge CLKB)
  (COND ENCLKBCLKArec  (posedge CLKA)) (0.55:0.55:0.55)
)
```

```
-- VHDL术语:
trecovery_CLKB_CLKA_ENCLKBCLKArec_EQ_1_posedge_
posedge: VitalDelayType;
```

```
// Verilog时序检查任务:
$recovery (posedge CLKA && ENCLKBCLKArec, posedge CLKB,
           trecovery$CLKA$CLKB, notifier);
```

- SE 端和 CK 端之间的恢复时间。

```
// SDF:
(RECOVERY SE (posedge CK) (1.901))
```

```
-- VHDL术语:
trecovery_SE_CK_noedge_posedge: VitalDelayType;
```

```
// Verilog时序检查任务:
$recovery (posedge CK, SE, trecovery$SE$CK, notifier);
```

- RN 端和 CK 端之间的恢复时间。

```
// SDF:
(RECOVERY (COND D == 0 (posedge RN)) (posedge CK) (0.8))
```

```
-- VHDL术语:
trecovery_RN_CK_D_EQ_0_posedge_posedge:
  VitalDelayType;
```

```
// Verilog时序检查任务:
$recovery (posedge CK && (D == 0), posedge RN,
           trecovery$RN$CK, notifier);
```

B. 4. 6　输入移除时间

- E 端上升沿和 CK 端下降沿之间的移除时间。

```
// SDF:
(REMOVAL (posedge E) (negedge CK) (0.4:0.4:0.4))
```

```
-- VHDL术语:
tremoval_E_CK_posedge_negedge: VitalDelayType;
```

```
// Verilog时序检查任务:
$removal (negedge CK, posedge E, tremoval$E$CK,
         notifier);
```

- CK 端上升沿和 SN 端之间的条件移除时间。
// SDF:
(**REMOVAL** (**COND** D != 1'b1 SN) (**posedge** CK) (1.512))

-- VHDL术语:
tremoval_SN_CK_D_NE_1_noedge_posedge : VitalDelayType;

// Verilog时序检查任务:
$**removal** (**posedge** CK &&& (D != 1'b1), SN,
　　　tremovalSNCK, notifier);

B. 4. 7　周期

- 输入端 CLKB 的周期。
// SDF:
(**PERIOD** CLKB (0.803:0.803:0.803))

-- VHDL术语:
tperiod_CLKB: VitalDelayType;

// Verilog时序检查任务:
$**period** (CLKB, tperiod$CLKB);

- 输入端 EN 的周期。
// SDF:
(**PERIOD** EN (1.002:1.002:1.002))
-- VHDL术语:
tperiod_EN : VitalDelayType;

// Verilog时序检查任务:
$**period** (EN, tperiod$EN);

- 输入端 TCK 的周期。
// SDF:
(**PERIOD** (**posedge** TCK) (0.220))

-- VHDL术语:
tperiod_TCK_posedge: VitalDelayType;

// Verilog时序检查任务:
$**period** (**posedge** TCK, tperiod$TCK);

B. 4. 8　脉冲宽度

- CK 端高电平脉冲的脉冲宽度。
// SDF:
(**WIDTH** (**posedge** CK) (0.103:0.103:0.103))

-- VHDL术语:

tpw_CK_posedge: VitalDelayType;

// Verilog 时序检查任务:
$**width** (**posedge** CK, tminpwh$CK, 0, notifier);

- CK 端低电平脉冲的脉冲宽度。

// SDF:
(**WIDTH** (**negedge** CK) (0.113:0.113:0.113))

-- VHDL术语:
tpw_CK_negedge: VitalDelayType;

// Verilog 时序检查任务:
$**width** (**negedge** CK, tminpwl$CK, 0, notifier);

- RN 端高电平脉冲的脉冲宽度。

// SDF:
(**WIDTH** (**posedge** RN) (0.122))

-- VHDL术语:
tpw_RN_posedge: VitalDelayType;

// Verilog时序检查任务:
$**width** (**posedge** RN, tminpwh$RN, 0, notifier);

B.4.9 输入偏移时间

- CK 端和 TCK 端之间的偏移。

// SDF:
(**SKEW** (**negedge** CK) (**posedge** TCK) (0.121))

-- VHDL术语:
tskew_CK_TCK_negedge_posedge: VitalDelayType;

// Verilog时序检查任务:
$**skew** (**posedge** TCK, **negedge** CK, tskewTCKCK, notifier);

- SE 端和 CK 端下降沿之间的偏移。

// SDF:
(**SKEW** SE (**negedge** CK) (0.386:0.386:0.386))

-- VHDL术语:
tskew_SE_CK_noedge_negedge: VitalDelayType;

// Verilog HDL时序检查任务:
$**skew** (**negedge** CK, SE, tskewSECK, notifier);

B.4.10 不变化的建立时间

SDF 中 NOCHANGE 字段映射为 VHDL 术语的 tncsetup 和 tnchold。

- D 端和 CK 端下降沿之间不变化建立时间。

```
// SDF:
(NOCHANGE D (negedge CK) (0.343:0.343:0.343))
```

```
-- VHDL术语:
tncsetup_D_CK_noedge_negedge: VitalDelayType;
tnchold_D_CK_noedge_negedge: VitalDelayType;
```

```
// Verilog HDL 时序检查任务:
$nochange (negedge CK, D, tnochange$D$CK, notifier);
```

B. 4. 11　不变化的保持时间

SDF 中 NOCHANGE 字段映射为 VHDL 术语的 tncsetup 和 tnchold。

- E 端和 CLKA 端之间的条件无变化保持时间。

```
// SDF:
(NOCHANGE (COND RST == 1'b1 (posedge E)) (posedge CLKA)
  (0.312))
```

```
-- VHDL术语:
tnchold_E_CLKA_RST_EQ_1_posedge_posedge:
  VitalDelayType;
tncsetup_E_CLKA_RST_EQ_1_posedge_posedge:
  VitalDelayType;
```

```
// Verilog HDL 时序检查任务:
$nochange (posedge CLKA &&& (RST == 1'b1), posedge E,
          tnochange$E$CLKA, notifier);
```

B. 4. 12　端口延迟

- 到端口 OE 的延迟。

```
// SDF:
(PORT OE (0.266))
```

```
-- VHDL术语:
tipd_OE: VitalDelayType01;
```

```
// Verilog HDL:
没有明确的Verilog声明。
```

- 到端口 RN 的延迟。

```
// SDF:
(PORT RN (0.201:0.205:0.209))
```

```
-- VHDL术语:
tipd_RN : VitalDelayType01;
```

```
// Verilog HDL:
没有明确的Verilog声明。
```

B.4.13 线延迟

- 连接到端口 CKA 的线延迟。

```
// SDF:
(NETDELAY CKA (0.134))
```

```
-- VHDL术语:
tipd_CKA: VitalDelayType01;
```

```
// Verilog HDL:
没有明确的Verilog声明。
```

B.4.14 互连路径延迟

- 从端口 Y 到端口 D 之间的互连路径延迟。

```
// SDF:
(INTERCONNECT bcm/credit_manager/U304/Y
 bcm/credit_manager/frame_in/PORT0_DOUT_Q_reg_26_/D
 (0.002:0.002:0.002) (0.002:0.002:0.002))
```

```
-- 实例的VHDL术语
-- bcm/credit_manager/frame_in/PORT0_DOUT_Q_reg_26_:
tipd_D: VitalDelayType01;
-- "驱动" 端口没有对时序术语名有贡献。
```

```
// Verilog HDL:
没有明确的Verilog声明。
```

B.4.15 器件延迟

- 实例 uP 的输出端 SM 的器件延迟。

```
// SDF:
(INSTANCE uP) . . . (DEVICE SM . . .
```

```
-- VHDL 术语:
tdevice_uP_SM
```

```
// Verilog 指定路径:
//所有到输出 SM 的指定路径。
```

B.5 完整语法

下面是用 BNF 格式展示的完整语法[⊖]。为了显示更为清楚，终端（Terminal）名字采用了大写，关键字采用粗体大写，但是实际上不区分大小写。起始的终端是 delay_file。

⊖ 列举在这里的语法得到了 IEEE Std 的允许（1497—2001, Copyright 2001, by IEEE, All rights reserved）。

```
absolute_deltype ::= ( ABSOLUTE del_def { del_def } )

alphanumeric ::=
    a | b | c | d | e | f | g | h | i | j | k | l | m | n | o | p |
      q | r | s | t | u | v | w | x | y | z
   | A | B | C | D | E | F | G | H | I | J | K | L | M | N | O | P |
      Q | R | S | T | U | V | W | X | Y | Z
   | _ | $
   | decimal_digit

any_character ::=
    character
   | special_character
   | \"
arrival_env ::=
   ( ARRIVAL [ port_edge ] port_instance rvalue rvalue
     rvalue rvalue )

bidirectskew_timing_check ::=
   ( BIDIRECTSKEW port_tchk port_tchk value value )

binary_operator ::=
     +
   | -
   | *
   | /
   | %
   | ==
   | !=
   | ===
   | !==
   | &&
   | ||
   | <
   | <=
   | >
   | >=
   | &
   | |
   | ^
   | ^~
   | ~^
   | >>
   | <<

bus_net ::= hierarchical_identifier [ integer : integer ]

bus_port ::= hierarchical_identifier [ integer : integer ]

ccond ::= ( CCOND [ qstring ] timing_check_condition )

cell ::= ( CELL celltype cell_instance { timing_spec } )
```

```
celltype ::= ( CELLTYPE qstring )
cell_instance ::=
   ( INSTANCE [ hierarchical_identifier ] )
  | ( INSTANCE * )

character ::=
    alphanumeric
  | escaped_character

cns_def ::=
    path_constraint
  | period_constraint
  | sum_constraint
  | diff_constraint
  | skew_constraint

concat_expression ::= , simple_expression

condelse_def ::= ( CONDELSE iopath_def )

conditional_port_expr ::=
    simple_expression
  | ( conditional_port_expr )
  | unary_operator ( conditional_port_expr )
  | conditional_port_expr binary_operator
      conditional_port_expr

cond_def ::=
  ( COND [ qstring ] conditional_port_expr iopath_def )

constraint_path ::= ( port_instance port_instance )

date ::= ( DATE qstring )

decimal_digit ::= 0 | 1 | 2 | 3 | 4 | 5 | 6 | 7 | 8 | 9

delay_file ::= ( DELAYFILE sdf_header cell { cell } )

deltype ::=
    absolute_deltype
  | increment_deltype
  | pathpulse_deltype
  | pathpulsepercent_deltype
delval ::=
    rvalue
  | ( rvalue rvalue )
  | ( rvalue rvalue rvalue )

delval_list ::=
    delval
  | delval delval
  | delval delval delval
```

```
    | delval delval delval delval [ delval ] [ delval ]
    | delval delval delval delval delval delval delval
        [ delval ] [ delval ] [ delval ] [ delval ] [ delval ]

del_def ::=
    iopath_def
  | cond_def
  | condelse_def
  | port_def
  | interconnect_def
  | netdelay_def
  | device_def

del_spec ::= ( DELAY deltype { deltype } )

departure_env ::=
  ( DEPARTURE [ port_edge ] port_instance rvalue rvalue
    rvalue rvalue )

design_name ::= ( DESIGN qstring )

device_def ::= ( DEVICE [ port_instance ] delval_list )

diff_constraint ::=
  ( DIFF constraint_path constraint_path value [ value ] )

edge_identifier ::=
    posedge
  | negedge

  | 01
  | 10
  | 0z
  | z1
  | 1z
  | z0

edge_list ::=
    pos_pair { pos_pair }
  | neg_pair { neg_pair }

equality_operator ::=
    ==
  | !=
  | ===
  | !==

escaped_character ::=
    \ character
  | \ special_character
  | \"

exception ::= ( EXCEPTION cell_instance { cell_instance } )
```

```
hchar := . | /

hierarchical_identifier ::= identifier { hchar identifier }

hierarchy_divider ::= ( DIVIDER hchar )

hold_timing_check ::= ( HOLD port_tchk port_tchk value )

identifier ::= character { character }

increment_deltype ::= ( INCREMENT del_def { del_def } )

input_output_path ::= port_instance port_instance

integer ::= decimal_digit { decimal_digit }

interconnect_def ::=
  ( INTERCONNECT port_instance port_instance delval_list )

inversion_operator ::=
    !
  | ~
iopath_def ::=
  ( IOPATH port_spec port_instance { retain_def } delval_list )

lbl_def ::= ( identifier delval_list )

lbl_spec ::= ( LABEL lbl_type { lbl_type } )

lbl_type :=
    ( INCREMENT lbl_def { lbl_def } )
  | ( ABSOLUTE lbl_def { lbl_def } )

name ::= ( NAME qstring )

neg_pair ::=
  ( negedge signed_real_number [ signed_real_number ] )
  ( posedge signed_real_number [ signed_real_number ] )

net ::=
    scalar_net
  | bus_net

netdelay_def ::= ( NETDELAY net_spec delval_list )

net_instance ::=
    net
  | hierarchical_identifier hier_divider_char net

net_spec ::=
    port_instance
  | net_instance
```

```
nochange_timing_check ::=
  ( NOCHANGE port_tchk port_tchk rvalue rvalue )

pathpulsepercent_deltype ::=
  ( PATHPULSEPERCENT [ input_output_path ] value [ value ] )

pathpulse_deltype ::=
  ( PATHPULSE [ input_output_path ] value [ value ] )

path_constraint ::=
  ( PATHCONSTRAINT [ name ] port_instance port_instance
    { port_instance } rvalue rvalue )
period_constraint ::=
  ( PERIODCONSTRAINT port_instance value [ exception ] )

period_timing_check ::= ( PERIOD port_tchk value )

port ::=
    scalar_port
  | bus_port

port_def ::= ( PORT port_instance delval_list )

port_edge ::= ( edge_identifier port_instance )

port_instance ::=
    port
  | hierarchical_identifier hchar port

port_spec ::=
    port_instance
  | port_edge

port_tchk ::=
    port_spec
  | ( COND [ qstring ] timing_check_condition port_spec )

pos_pair ::=
  ( posedge signed_real_number [ signed_real_number ] )
  ( negedge signed_real_number [ signed_real_number ] )

process ::= ( PROCESS qstring )

program_name ::= ( PROGRAM qstring )

program_version ::= ( VERSION qstring )

qstring ::= " { any_character } "

real_number ::=
    integer
  | integer [ . integer ]
  | integer [ . integer ] e [ sign ] integer
```

```
recovery_timing_check ::=
  ( RECOVERY port_tchk port_tchk value )

recrem_timing_check ::=
    ( RECREM port_tchk port_tchk rvalue rvalue )
  | ( RECREM port_spec port_spec rvalue rvalue
      [ scond ] [ ccond ] )

removal_timing_check ::= ( REMOVAL port_tchk port_tchk value )

retain_def ::= ( RETAIN retval_list )

retval_list ::=
    delval
  | delval delval
  | delval delval delval

rtriple ::=
    signed_real_number : [ signed_real_number ] :
      [ signed_real_number ]
  | [ signed_real_number ] : signed_real_number :
      [ signed_real_number ]
  | [ signed_real_number ] : [ signed_real_number ] :
      signed_real_number

rvalue ::=
    ( [ signed_real_number ] )
  | ( [ rtriple ] )

scalar_constant ::=
    0
  | 'b0
  | 'B0
  | 1'b0
  | 1'B0
  | 1
  | 'b1
  | 'B1
  | 1'b1
  | 1'B1
scalar_net ::=
    hierarchical_identifier
  | hierarchical_identifier [ integer ]

scalar_node ::=
    scalar_port
  | hierarchical_identifier

scalar_port ::=
    hierarchical_identifier
  | hierarchical_identifier [ integer ]

scond ::= ( SCOND [ qstring ] timing_check_condition )
```

```
sdf_header ::=
  sdf_version [ design_name ] [ date ] [ vendor ]
  [ program_name ] [ program_version ] [ hierarchy_divider ]
  [ voltage ] [ process ] [ temperature ] [ time_scale ]

sdf_version ::= ( SDFVERSION qstring )

setuphold_timing_check ::=
    ( SETUPHOLD port_tchk port_tchk rvalue rvalue )
  | ( SETUPHOLD port_spec port_spec rvalue rvalue
      [ scond ] [ ccond ] )

setup_timing_check ::= ( SETUP port_tchk port_tchk value )

sign ::= + | -

signed_real_number ::= [ sign ] real_number

simple_expression ::=
    ( simple_expression )
  | unary_operator ( simple_expression )
  | port
  | unary_operator port
  | scalar_constant
  | unary_operator scalar_constant
  | simple_expression ? simple_expression : simple_expression
  | { simple_expression [ concat_expression ] }
  | { simple_expression { simple_expression
      [ concat_expression ] } }
skew_constraint ::= ( SKEWCONSTRAINT port_spec value )

skew_timing_check ::= ( SKEW port_tchk port_tchk rvalue )

slack_env ::=
  ( SLACK port_instance rvalue rvalue rvalue rvalue
    [ real_number ] )

special_character ::=
  ! | # | % | & | ' | ( | ) | * | + | , | - | . | / | : | ; | < | = | > | ? |
  @ | [ | \ | ] | ^ | ` | { | | | } | ~

sum_constraint ::=
  ( SUM constraint_path constraint_path { constraint_path }
    rvalue [ rvalue ] )

tchk_def ::=
    setup_timing_check
  | hold_timing_check
  | setuphold_timing_check
  | recovery_timing_check
  | removal_timing_check
```

```
  | recrem_timing_check
  | skew_timing_check
  | bidirectskew_timing_check
  | width_timing_check
  | period_timing_check
  | nochange_timing_check

tc_spec ::= ( TIMINGCHECK tchk_def { tchk_def } )

temperature ::=
    ( TEMPERATURE rtriple )
  | ( TEMPERATURE signed_real_number )

tenv_def ::=
    arrival_env
  | departure_env
  | slack_env
  | waveform_env
te_def ::=
    cns_def
  | tenv_def

te_spec ::= ( TIMINGENV te_def { te_def } )

timescale_number ::= 1 | 10 | 100 | 1.0 | 10.0 | 100.0

timescale_unit ::= s | ms | us | ns | ps | fs

time_scale ::= ( TIMESCALE timescale_number timescale_unit )

timing_check_condition ::=
    scalar_node
  | inversion_operator scalar_node
  | scalar_node equality_operator scalar_constant

timing_spec ::=
    del_spec
  | tc_spec
  | lbl_spec
  | te_spec

triple ::=
    real_number : [ real_number ] : [ real_number ]
  | [ real_number ] : real_number : [ real_number ]
  | [ real_number ] : [ real_number ] : real_number

unary_operator ::=
    +
  | -
  | !
  | ~
  | &
```

```
         | ~&
         | |
         | ~|
         | ^
         | ~
         | ~^

value ::=
         ( [ real_number ] )
       | ( [ triple ] )

vendor ::= ( VENDOR qstring )

voltage ::=
         ( VOLTAGE rtriple )
       | ( VOLTAGE signed_real_number )

waveform_env ::=
       ( WAVEFORM port_instance real_number edge_list )

width_timing_check ::= ( WIDTH port_tchk value )
```

附录 C　标准寄生参数交换格式（SPEF）

本附录描述了标准寄生参数交换格式（Standard Parasitic Exchange Format，SPEF）。它是 IEEE Std 1481 的一部分。

C.1　基础

SPEF 允许用 ASCII 交换格式对设计的寄生参数信息（R、L 和 C）进行描述。用户可以读取和检查 SPEF 文件中的值，但是用户永远不应该手工创建 SPEF 文件。它主要是用来从 1 个工具向另 1 个工具传递寄生参数信息。图 C-1 表明 SPEF 可以由布局布线（Place-and-route）工具或者寄生参数提取工具来生成，然后在时序分析工具中使用，进行电路仿真或进行串扰分析。

图 C-1　SPEF 是工具交换中介

寄生参数可以在多种不同的级别来表示。SPEF 支持分布线（Distributed net）模型，简化线模型（Reduced Net）模型，以及集总电容（Lumped Capacitance）模型。在分布线模型（D_NET）中，走线的每段都有自己的 R 和 C。在简化线模型（R_NET）中，只在线的负载引脚上考虑单个的简化 R 和 C，在线的驱动引脚上考虑 Pie（C-R-C）模型。在集总电容模型（Lumped Capacitance）里，只为整条线指定 1 个电容。图 C-2 展示了 1 条线的物理走线。图 C-3 展示了分布线模型。图 C-4 展示了简化线模型，图 C-5 展示了集总电容模型。

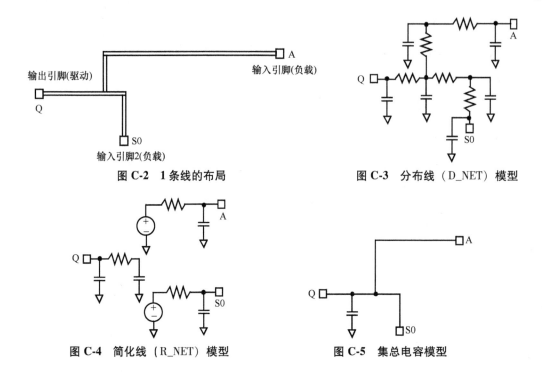

图 C-2　1 条线的布局

图 C-3　分布线（D_NET）模型

图 C-4　简化线（R_NET）模型

图 C-5　集总电容模型

互连线寄生参数依赖于工艺。SPEF 支持最佳情况，典型情况，以及最差情况的约束。允许 R、L 和 C，以及端口转换率和负载使用这 3 种情况的值。

通过名称映射，把线名称和实例名称映射为编号，SPEF 文件大小可以有效减少，更重要的是，所有长名字只能出现一次。

设计的 SPEF 可以分割为多个文件，或者可以是分层化的。

C.2　格式

SPEF 文件的格式如下。

```
header_definition
[ name_map ]
[ power_definition ]
[ external_definition ]
[ define_definition ]
internal_definition
```

header definition 包括基础信息，比如 SPEF 版本号，设计的名字，以及 R、L 和 C 的单位。name map 指定了线名称以及实例名称和编号的映射。power definition 声明了电源线和地线。external definition 定义了设计的端口。define definition 定义了实例，它的 SPEF 是在额外的文件中描述。internal definition 包括了文件的核心，也就是设计的寄生参数。

图 C-6 展示了 header definition 的例子。

*SPEF name

指定了 SPEF 的版本。

*DESIGN name

指定了设计的名字。

*DATE string

指定了该文件创建的时间戳。

*VENDOR string

指定了创建 SPEF 文件所使用的供应商的工具

*PROGRAM string

指定了用来生成 SPEF 的程序

*VERSION string

指定了用来生成 SPEF 的程序的版本号

*DESIGN_FLOW string string string . . .

指定了 SPEF 在什么阶段创建。它描述了不能通过读取文件来得到的关于 SPEF 的信息。预定义的字符串值为

- EXTERNAL_LOADS：外部负载在 SPEF 文件中完全指定；

- EXTERNAL_SLEWS：外部转换率在 SPEF 文件中完全指定；

- FULL_CONNECTIVITY：SPEF 文件中包括网表逻辑连接；

- MISSING_NETS：SPEF 文件可能丢失某些逻辑线；

- NETLIST_TYPE_VERILOG：使用 Verilog HDL 风格的命名惯例；

- NETLIST_TYPE_VHDL87：使用 VHDL87 网表命名惯例；

- NETLIST_TYPE_VHDL93：使用 VHDL93 网表命名惯例；

- NETLIST_TYPE_EDIF：使用 EDIF 风格命名惯例；

- ROUTING_CONFIDENCE 正整数：所有线的默认走线置信度，基本上是指寄生参数的精度水平；

- ROUTING_CONFIDENCE_ENTRY 正整数 字符串：对走线置信度的补充；

- NAME_SCOPE LOCAL | FLAT：指定 SPEF 中的路径是相对于本文件还是设计顶层；

- SLEW_THRESHOLDS low_input_threshold_percent | high_input_threshold_percent：指定设计的默认输入转换率阈值；

- PIN_CAP NONE | INPUT_OUTPUT | INPUT_ONLY：指定了总电容包括了哪些类型的引脚电容。默认值是 INPUT_OUTPUT。

在文件头定义中的行：

*DIVIDER /

指定了层次化的分隔符。也可以用其他符号比如 . ,:，以及/。

*DELIMITER :

指定了实例和它的引脚之间的分隔符。其他可能用到的分隔符是 . , /,:，或者 | 。

```
*SPEF "IEEE 1481-1998"
*DESIGN "ddrphy"
*DATE "Thu Oct 21 00:49:32 2004"
*VENDOR "SGP Design Automation"
*PROGRAM "Galaxy-RCXT"
*VERSION "V2000.06"
*DESIGN_FLOW "PIN_CAP NONE" "NAME_SCOPE
LOCAL"
*DIVIDER/
*DELIMITER:
*BUS_DELIMITER[]
*T_UNIT 1.00000 NS
*C_UNIT 1.00000 FF
*R_UNIT 1.00000 OHM
*L_UNIT 1.00000 HENRY

//A comment starts with the two characters "//" .
//注释用两个符号"//"开始
//TCAD_GRD_FILE/cad/13lv/galaxy-rcxt/
t013s6ml_fsg.nxtgrd
//TCAD_TIME_STAMP Tue May 14 22:19:36 2002
```

图 C-6 header definition

*BUS_DELIMITER [ ]

指定识别总线位的前缀和后缀。其他可能当作前缀和后缀的符号是 {，(，<,:，.，以及}，)，>。

*T_UNIT positive_integer **NS | PS**

指定时间单位。

*C_UNIT positive_integer **PF | FF**

指定电容单位。

*R_UNIT positive_integer **OHM | KOHM**

指定电阻单位。

*L_UNIT positive_integer **HENRY | MH | UH**

指定电感单位。

SPEF 文件中的注释可以有两种形式。

// 注释 - 到本行结束。

/* 本形式注释
可以跨越多行
结束 */

图 C-7 展示了 name map 的例子。格式如下：

*NAME_MAP
*positive_integer name
*positive_integer name
. . .

名字映射（Name Map）指定了名字和唯一整数值（名字的索引）之间的映射。名字映射通过使用索引来引用名字，以此帮助减少文件的大小。名字可以是线的名字，也可以是实例的名字。如图 C-7 所示的名字映射，这些名字可以通过索引在之后的 SPEF 文件中使用，比如：

```
*364:D        // D pin of instance
        // mcdll_write_data/write19/d_out_2x_reg_19
*11172:Y       // Y pin of instance
              // Tie_VSSQ_assign_buf_318_N_1
*5426:116      // Internal node of net
       // mcdll_read_data/read21/capture_pos_0[21]
*5426:10278    // Internal node of net *5426
*12           // The net int_d_out[57]
```

所以，名字映射通过使用唯一整数代表来避免重复长名字和它们的路径。

power definition 定义了电源线和地线。

```
*POWER_NETS net_name net_name . . .
*GROUND_NETS net_name net_name . . .
```

下面是一些例子。

```
*POWER_NETS VDDQ
*GROUND_NETS VSSQ
```

external definition 包含设计的逻辑和物理接口的定义。图 C-8 展示了逻辑接口的例子。逻辑接口用如下格式描述：

<table>
<tr><td>

*NAME_MAP
*1memclk
*2memclk_2x
*3reset_
*4refresh
*5resync
*6int_d_out[63]
*7int_d_out[62]
*8int_d_out[61]
*9int_d_out[60]
*10int_d_out[59]
*11int_d_out[58]
*12int_d_out[57]
...
*364mcdll_write_data/write19/d_out_2x_reg_19
*366mcdll_write_data/write20/d_out_2x_reg_20
*368mcdll_write_data/write21/d_out_2x_reg_21
...
*5423mcdll_read_data/read21/capture_data[53]
...
*5426mcdll_read_data/read21/capture_pos_0[21]
...
*11172Tie_VSSQ_assign_buf_318_N_1
...
*14954test_se_15_S0
*14955wr_sdly_course_enc[0]_L0
*14956wr_sdly_course_enc[0]_L0_1
*14957wr_sdly_course_enc[0]_S0

</td><td>

*PORTS
*1I
*2I
*3I
*4I
*5I
*6I
*7I
*8I
*9I
*10I
*11I
...
*450O
*451O
*452O
*453O
*454O
*455O
*456O

</td></tr>
</table>

图 C-7　名字映射　　　　　　　　　　**图 C-8　外部定义**

*PORTS

```
port_name direction { conn_attribute }
port_name direction { conn_attribute }
...
```

port_name 是格式为 * positive_integer 的接口索引。direction 的 I 代表输入，O 代表输出，B 代表双向接口。Connection attributes 是可选项，可以是下面的：

- ***C** number number：接口的坐标。
- ***L** par_value：接口的电容负载。
- ***S** par_value par_value：定义接口波形的形状。
- ***D** cell_type：定义接口的驱动单元。

SPEF 文件中的物理接口定义如下：

*PHYSICAL_PORTS

```
pport_name direction { conn_attribute }
pport_name direction { conn_attribute }
....
```

define definition 定义了在当前 SPEF 文件中引用的实体实例，但它的寄生参数在其他 SPEF 文件中描述。

*DEFINE instance_name { instance_name } entity_name
*PDEFINE physical_instance entity_name

当实体实例是物理分区（不是逻辑层次）时，使用*PDEFINE。下面是一些例子。

*DEFINE core/u1ddrphy core/u2ddrphy "ddrphy"

这意味着会有另一个 SPEF 文件，它的*DESIGN 值为 ddrphy。该 SPEF 会包含设计 ddrphy 的寄生参数。它很可能包括物理和逻辑层次。任何穿过层次化边界的线都必须描述为分布线（D_NET）。

internal definition 是 SPEF 文件的核心，它描述了设计中线的寄生参数。通常有两种格式：分布线（Distributed Net）D_NET，和简化线（Reduced Net）R_NET。图 C-9 展示了分布线定义的例子。

```
*D_NET *5426 0.899466

*CONN
*I *14212:D I *C21.7150 79.2300
*I *14214:Q O *C21.4950 76.6000 *D DFFQX1

*CAP
1*5426:10278*5290:8775 0.217446
2*5426:10278*16:3754 0.0105401
3*5426:10278*5266:9481 0.0278254
4*5426:10278*5116:9922 0.113918
5*5426:10278 0.529736

*RES
1*5426:10278*14212:D 0.340000
2*5426:10278*5426:10142 0.916273
3*5426:10142*14214:Q 0.340000
*END
```

图 C-9　线*5426 的分布线寄生参数

在第 1 行，
*D_NET *5426 0.899466

*5426 是线的索引（在名字映射中查找线名字），0.899466 是线的总电容。电容值是线上所有电容的和，包括了假设为对地电容的耦合电容，以及负载电容。它可能包括也可能没包括引脚电容，这取决于*DESIGN_FLOW 定义中 PIN_CAP 的设置。

connectivity 部分描述了线的驱动和负载。如下：
*CONN
*I *14212:D **I *C** 21.7150 79.2300
*I *14214:Q O ***C** 21.4950 76.6000 ***D** DFFQX1

*I 指的是内部引脚（*P 指的是端口），*14212：D 指的是实例*14212 的引脚 D，其中*14212是索引（在名字映射中查找真实名字）。"I"说明它是线的负载（输入引脚）。"O"

说明它是线的驱动（输出引脚）。*C 和*D 正如之前在 connection 属性中所定义的，*C 定义了引脚的坐标，*D 定义了引脚的驱动单元。

capacitance 部分描述了分布线（Distributed Net）的电容。电容单位在之前用*C_UNIT 指定过。

```
*CAP
1 *5426:10278 *5290:8775 0.217446
2 *5426:10278 *16:3754 0.0105401
3 *5426:10278 *5266:9481 0.0278254
4 *5426:10278 *5116:9922 0.113918
5 *5426:10278 0.529736
```

第 1 个数字是电容标识符。这里有两种格式的电容规范。第 1 个到第 4 个是一种格式，第 5 个是第 2 种格式。第 1 种格式（从第 1 个到第 4 个）指定两条线之间的耦合电容，第 2 种格式（编号为 5）指定对地电容。所以在电容编号 1 里，线*5426 和线*5290 之间的耦合电容为 0.217446。电容编号 5 里，对地电容为 0.529736。注意，第 1 个节点名字必须是要描述的 D_NET 的线名字。紧跟线索引的正整数（也就是*5426：10278 中的 10278）指定的是内部节点或者连接点（Junction Point）。所以在电容编号 4 里，说明在线*5426 的内部节点 10278 和线*5116 内部节点 9922 之间有耦合电容，而且该耦合电容的值是 0.113918。

resistance 部分描述了分布线的电阻。电阻单位用*R_UNIT 指定。

```
*RES
1 *5426:10278 *14212:D 0.340000
2 *5426:10278 *5426:10142 0.916273
3 *5426:10142 *14214:Q 0.340000
```

第 1 个数字是电阻标识符。所以对于这条线有 3 部分电阻。第 1 行是内部节点*5426：10278 对于*14212 的 D 引脚的电阻，值为 0.34。可以用图 C-10 中的 RC 网络来更好地理解电容和电阻部分。

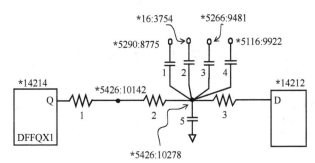

图 C-10　线*5426 的 RC

图 C-11 展示了分布线的另 1 个例子。该线有 1 个驱动和 2 个负载，线上总电容为 2.69358。图 C-12 展示了分布线规范对应的 RC 网络。

通常来说，内部定义可以包括下面的规范：

- D_NET：逻辑线的分布 RC 网络格式；

- R_NET：逻辑线的简化 RC 网络格式；
- D_PNET：物理线的分布格式；
- R_PNET：物理线的简化格式。

*D_NET*5423 2.69358

*CONN
*I *14207:D **I** ***C**21.7450 94.3150
*I *14205:D **I** ***C**21.7450 90.4900
*I *14211:Q **O** ***C**21.4900 83.8800 ***D** DFFQX1

*CAP
1*5423:10107*547:12722 0.202686
2*5423:10107*5116:10594 0.104195
3*5423:10107*5233:9552 0.208867
4*5423:10107*5265:9483 0.0225810
5*5423:10107*267:9668 0.0443454
6*5423:10107*5314:7853 0.120589
7*5423:10212*2109:996 0.0293744
8*5423:10212*5187:7411 0.526945
9*5423:14640*6577:10075 0.126929
10*5423:10213 1.30707

*RES
1*5423:10107*5423:10212 2.07195
2*5423:10107*5423:10106 0.340000
3*5423:10212*5423:10211 0.340000
4*5423:10212*5423:14640 1.17257
5*5423:14640*5423:10213 0.340000
6*5423:10213*14207:D 0.0806953
7*5423:10211*14205:D 0.210835
8*5423:10106*14211:Q 0.0932139
*END

图 C-11   另 1 个例子分布线*5423

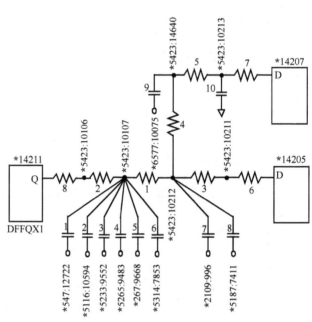

图 C-12   D_NET *5423 的 RC 网络

下面是语法：
*D_NET net_index total_cap [***V** routing_confidence]
 [conn_section]
 [cap_section]
 [res_section]
 [inductance_section]
*END

*R_NET net_index total_cap [***V** routing_confidence]
 [driver_reduction]
*END

*D_PNET pnet_index total_cap [***V** routing_confidence]
 [pconn_section]
 [pcap_section]

```
  [ pres_section ]
  [ pinduc_section ]
*END

*R_PNET pnet_index total_cap [*V routing_confidence ]
  [ pdriver_reduction ]
*END
```

inductance 部分用来指定电感，它的格式和电阻部分类似。*V 用来指定线的寄生参数的精度。这可以对每条线分别指定，也可以用*DESIGN_FLOW 中的 ROUTING_CONFIDENCE 来全局指定。如下所示：

*DESIGN_FLOW "ROUTING_CONFIDENCE 100"

它指定了最终单元布局完成，最终走线完成，3D 提取完成之后的寄生参数。其他 ROUTING_CONFIDENCE 的可能值为：

- 10：统计线负载模型；
- 20：物理线负载模型；
- 30：带有位置的物理分区，没有摆放好单元；
- 40：用基于 steiner 树绕线预估的单元位置；
- 50：用全局绕线预估的单元位置；
- 60：最终单元位置和 steiner 绕线；
- 70：最终单元位置和全局绕线；
- 80：最终单元位置和最终绕线，2D 提取；
- 90：最终单元位置和最终绕线，2.5D 提取；
- 100：最终单元位置和最终绕线，3D 提取。

简化线（Reduced Net）是从分布线格式简化来的线。线上的每个驱动都有 1 个驱动简化部分（Driver Reduction Section）。驱动简化部分的格式如下：

```
*DRIVER pin_name
*CELL cell_type
// 驱动简化：每条线的驱动都有1个这样的部分：
*C2_R1_C1 cap_value res_value cap_value
*LOADS    // One following set for each load on net:
*RC pin_name rc_value
*RC pin_name rc_value
. . .
```

*C2_R1_C1 显示了线的驱动引脚上 Pie 模型的寄生参数。*RC 字段中 rc_value 是 Elmore 延迟（R *C）。图 C-13 展示了简化线 SPEF 的例子，图 C-14 以图形方式展示了 RC 网络。

集总电容（Lumped Capacitance）模型使用*D_NET 或者*R_NET 字段描述，只包括总电容而没有其他信息。下面是集总电容声明的例子。

```
*R_NET *1200 2.995
*DRIVER *1201:Q
*CELL SEDFFX1
*C2_R1_C1 0.511 2.922 0.106
*LOADS
*RC *1202:A 1.135
*RC *1203:A 0.946
*END
```

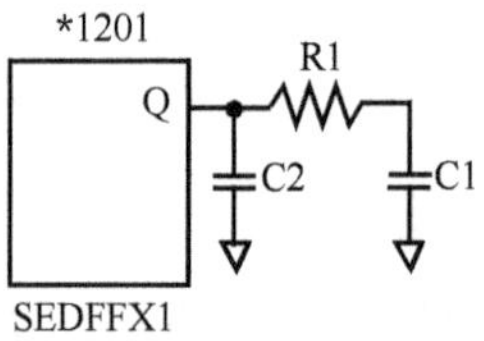

图 C-13　简化线例子 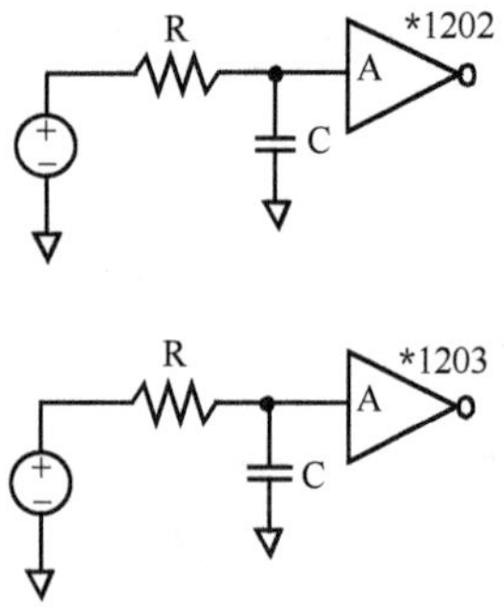　　　　　　　　　　图 C-14　简化线模型

```
*D_NET *1 80.2096
*CONN
*I *2:Y O *L 0 *D CLKMX2X2
*P *1 O *L 0
*END

*R_NET *17 58.5204
*END
```

SPEF 文件中的值是用 3 元数组代表工艺变化，比如：

```
0.243:0.269:0.300
```

0.243 是最佳情况下的值，0.269 是典型值而 0.300 是最差情况下的值。

C.3　完整语法

本小节描述了 SPEF 文件的完整语法[⊖]。

可以通过反斜杠（\）对字符进行转义。有两种形式的注释：用//开始注释直到本行结束，用/*…*/进行多行注释。

在下面的语法中，粗体的字符比如（，[是语法的一部分。所有字段均按字母排序，起始字符是 SPEF_file。

```
alpha ::= upper | lower

bit_identifier ::=
    identifier
  | <identifier><prefix_bus_delim><digit>{<digit>}
    [ <suffix_bus_delim> ]
```

⊖ 列举在这里的语法得到了 IEEE Std 的允许（1481—1999, Copyright 1999, by IEEE, All rights reserved）。

```
bus_delim_def ::=
  *BUS_DELIMITER prefix_bus_delim [ suffix_bus_delim ]

cap_elem ::=
    cap_id node_name par_value
  | cap_id node_name node_name2 par_value

cap_id ::= pos_integer

cap_load ::= *L par_value

cap_scale ::= *C_UNIT pos_number cap_unit

cap_sec ::= *CAP cap_elem { cap_elem }

cap_unit ::= PF | FF

cell_type ::= index | name

cnumber ::= ( real_component imaginary_component )

complex_par_value ::=
    cnumber
  | number
  | cnumber:cnumber:cnumber
  | number:number:number

conf ::= pos_integer

conn_attr ::= coordinates | cap_load | slews | driving_cell

conn_def ::=
    *P external_connection direction { conn_attr }
  | *I internal_connection direction { conn_attr }

conn_sec ::=
  *CONN conn_def { conn_def } { internal_node_coord }

coordinates ::= *C number number

date ::= *DATE qstring

decimal ::= [sign]<digit>{<digit>}.{<digit>}

define_def ::= define_entry { define_entry }

define_entry ::=
    *DEFINE inst_name { inst_name } entity
  | *PDEFINE physical_inst entity

design_flow ::= *DESIGN_FLOW qstring [ qstring ]

design_name ::= *DESIGN qstring
```

```
digit ::= 0 - 9

direction ::= I | B | O

driver_cell ::= *CELL cell_type

driver_pair ::= *DRIVER pin_name
driver_reduc ::= driver_pair driver_cell pie_model load_desc

driving_cell ::= *D cell_type

d_net ::=
  *D_NET net_ref total_cap [ routing_conf ]
  [ conn_sec ]
  [ cap_sec ]
  [ res_sec ]
  [ induc_sec ]
  *END

d_pnet ::=
  *D_PNET pnet_ref total_cap [ routing_conf ]
  [ pconn_sec ]
  [ pcap_sec ]
  [ pres_sec ]
  [ pinduc_sec ]
  *END

entity ::= qstring

escaped_char ::= \<escaped_char_set>

escaped_char_set ::= <special_char> | "

exp ::= <radix><exp_char><integer>

exp_char ::= E | e

external_connection ::= port_name | pport_name

external_def ::=
    port_def [ physical_port_def ]
  | physical_port_def

float ::=
    decimal
  | fraction
  | exp

fraction ::= [ sign ].<digit>{<digit>}
ground_net_def ::= *GROUND_NETS net_name { net_name }
```

```
hchar ::= . | / | : | |

header_def ::=
  SPEF_version
  design_name
  date
  vendor
  program_name
  program_version
  design_flow
  hierarchy_div_def
  pin_delim_def
  bus_delim_def
  unit_def

hierarchy_div_def ::= *DIVIDER hier_delim

hier_delim ::= hchar

identifier ::= <identifier_char>{<identifier_char>}

identifier_char ::=
    <escaped_char>
  | <alpha>
  | <digit>
  | _

imaginary_component ::= number

index ::= *<pos_integer>

induc_elem ::= induc_id node_name node_name par_value

induc_id ::= pos_integer

induc_scale ::= *L_UNIT pos_number induc_unit

induc_sec ::= *INDUC induc_elem { induc_elem }

induc_unit ::= HENRY | MH | UH
inst_name ::= index | path

integer ::= [ sign ]<digit>{<digit>}

internal_connection ::= pin_name | pnode_ref

internal_def ::= nets { nets }

internal_node_coord ::= *N internal_node_name coordinates

internal_node_name ::= <net_ref><pin_delim><pos_integer>
```

```
internal_pnode_coord ::= *N internal_pnode_name coordinates

internal_pnode_name ::= <pnet_ref><pin_delim><pos_integer>

load_desc ::= *LOADS rc_desc { rc_desc }

lower ::= a - z

mapped_item ::=
    identifier
  | bit_identifier
  | path
  | name
  | physical_ref

name ::= qstring | identifier

name_map ::= *NAME_MAP name_map_entry { name_map_entry }

name_map_entry ::= index mapped_item

neg_sign ::= -

nets ::= d_net | r_net | d_pnet | r_pnet

net_name ::= net_ref | pnet_ref

net_ref ::= index | path

net_ref2 ::= net_ref
node_name ::=
    external_connection
  | internal_connection
  | internal_node_name
  | pnode_ref

node_name2 ::=
    node_name
  | <pnet_ref><pin_delim><pos_integer>
  | <net_ref2><pin_delim><pos_integer>

number ::= integer | float
partial_path ::= <hier_delim><bit_identifier>

partial_physical_ref ::= <hier_delim><physical_name>

par_value ::= float | <float>:<float>:<float>

path ::=
  [<hier_delim>]<bit_identifier>{<partial_path>}
  [<hier_delim>]

pcap_elem ::=
```

```
    cap_id pnode_name par_value
  | cap_id pnode_name pnode_name2 par_value

pcap_sec ::= *CAP pcap_elem { pcap_elem }

pconn_def ::=
    *P pexternal_connection direction { conn_attr }
  | *I internal_connection direction { conn_attr }

pconn_sec ::=
  *CONN pconn_def { pconn_def } { internal_pnode_coord }

pdriver_pair ::= *DRIVER internal_connection

pdriver_reduc ::= pdriver_pair driver_cell pie_model load_desc

pexternal_connection ::= pport_name

physical_inst ::= index | physical_ref
physical_name ::= name

physical_port_def ::=
  *PHYSICAL_PORTS pport_entry { pport_entry }

physical_ref ::= <physical_name>{<partial_physical_ref>}

pie_model ::=
  *C2_R1_C1 par_value par_value par_value

pin ::= index | bit_identifier

pinduc_elem ::= induc_id pnode_name pnode_name par_value

pinduc_sec ::=
  *INDUC
  pinduc_elem
  { pinduc_elem }

pin_delim ::= hchar

pin_delim_def ::= *DELIMITER pin_delim

pin_name ::= <inst_name><pin_delim><pin>

pnet_ref ::= index | physical_ref

pnet_ref2 ::= pnet_ref

pnode ::= index | name

pnode_name ::=
    pexternal_connection
```

```
   | internal_connection
   | internal_pnode_name
   | pnode_ref

pnode_name2 ::=
     pnode_name
   | <net_ref><pin_delim><pos_integer>
   | <pnet_ref2><pin_delim><pos_integer>

pnode_ref ::= <physical_inst><pin_delim><pnode>
pole ::= complex_par_value

pole_desc ::= *Q pos_integer pole { pole }

pole_residue_desc ::= pole_desc residue_desc

port_def ::=
   *PORTS
   port_entry
   { port_entry }

pos_decimal ::= <digit>{<digit>}.{<digit>}

port ::= index | bit_identifier

port_entry ::= port_name direction { conn_attr }

port_name ::= [<inst_name><pin_delim>]<port>

pos_exp ::= pos_radix exp_char integer

pos_float ::= pos_decimal | pos_fraction | pos_exp

pos_fraction ::= .<digit>{<digit>}

pos_integer ::= <digit>{<digit>}

pos_number ::= pos_integer | pos_float

pos_radix ::= pos_integer | pos_decimal | pos_fraction

pos_sign ::= +
power_def ::=
     power_net_def [ ground_net_def ]
   | ground_net_def

power_net_def ::= *POWER_NETS net_name { net_name }

pport ::= index | name

pport_entry ::= pport_name direction { conn_attr }
```

```
pport_name ::= [<physical_inst><pin_delim>]<pport>

prefix_bus_delim ::= { | [ | ( | < | : | .

pres_elem ::= res_id pnode_name pnode_name par_value

pres_sec ::=
  *RES
  pres_elem
  { pres_elem }

program_name ::= *PROGRAM qstring

program_version ::= *VERSION qstring

qstring ::= "{qstring_char}"

qstring_char ::= special_char | alpha | digit | white_space | _

radix ::= decimal | fraction

rc_desc ::= *RC pin_name par_value [ pole_residue_desc ]

real_component ::= number

residue ::= complex_par_value

residue_desc := *K pos_integer residue { residue }

res_elem ::= res_id node_name node_name par_value

res_id ::= pos_integer

res_scale ::= *R_UNIT pos_number res_unit

res_sec ::=
  *RES
  res_elem
  { res_elem }

res_unit ::= OHM | KOHM

routing_conf ::= *V conf
r_net ::=
  *R_NET net_ref total_cap [ routing_conf ]
  { driver_reduc }
  *END

r_pnet ::=
  *R_PNET pnet_ref total_cap [ routing_conf ]
  { pdriver_reduc }
  *END
```

```
sign ::= pos_sign | neg_sign

slews ::= *S par_value par_value [ threshold threshold ]

special_char ::=
    ! | # | $ | % | & | ` | ( | ) | * | + | , | - | . | / | : | ; | < | = | >
  | ? | @ | [ | \ | ] | ^ | ' | { | | | } | ~

SPEF_file ::=
  header_def
  [ name_map ]
  [ power_def ]
  [ external_def ]
  [ define_def ]
  internal_def

SPEF_version ::= *SPEF qstring

suffix_bus_delim ::= ] | } | ) | >

threshold ::=
    pos_fraction
  | <pos_fraction>:<pos_fraction>:<pos_fraction>

time_scale ::= *T_UNIT pos_number time_unit

time_unit ::= NS | PS

total_cap ::= par_value

unit_def ::= time_scale cap_scale res_scale induc_scale

upper ::= A - Z
vendor ::= *VENDOR qstring

white_space ::= space | tab
```

参 考 文 献

1. [ARN51] Arnoldi, W.E., *The principle of minimized iteration in the solution of the matrix eigenvalue problem*, Quarterly of Applied Mathematics, Volume 9, pages 17–25, 1951.

2. [BES07] Best, Roland E., *Phase Locked Loops: Design, Simulation and Applications*, McGraw-Hill Professional, 2007.

3. [BHA99] Bhasker, J., *A VHDL Primer, 3rd edition*, Prentice Hall, 1999.

4. [BHA05] Bhasker, J., *A Verilog HDL Primer, 3rd edition*, Star Galaxy Publishing, 2005.

5. [CEL02] Celik, M., Larry Pileggi and Altan Odabasioglu, *IC Interconnect Analysis*, Springer, 2002.

6. [DAL08] Dally, William J., and John Poulton, *Digital Systems Engineering*, Cambridge University Press, 2008.

7. [ELG05] Elgamel, Mohamed A. and Magdy A. Bayoumi, *Interconnect Noise Optimization in Nanometer Technologies*, Springer, 2005.

8. [KAN03] Kang, S.M. and Yusuf Leblebici, *CMOS Digital Integrated Circuits Analysis and Design, 3rd Edition*, New York: McGraw Hill, 2003.

9. [LIB] *Liberty Users Guide*, available at "http://www.opensourceliberty.org".

10. [MON51] Monroe, M.E., *Theory of Probability*, New York: McGraw Hill, 1951.

11. [MUK86] Mukherjee, A., *Introduction to nMOS & CMOS VLSI Systems Design*, Prentice Hall, 1986.

12. [NAG75] Nagel, Laurence W., *SPICE2: A computer program to simulate semiconductor circuits*, Memorandum No. ERL-M520, University of California, Berkeley, May 1975.

13. [QIA94] Qian, J., S. Pullela and L. Pillegi, *Modeling the "Effective Capacitance" for the RC Interconnect of CMOS Gates*, IEEE Transaction on CAD of ICS, Vol 13, No 12, Dec 94.

14. [RUB83] Rubenstein, J., P. Penfield, Jr., and M. A. Horowitz, *Signal delay*

in RC tree networks, IEEE Trans. Computer-Aided Design, Vol. CAD-2, pp. 202-211, 1983.

15. [SDC07] *Using the Synopsys Design Constraints Format: Application Note*, Version 1.7, Synopsys Inc., March 2007.

16. [SRI05] Srivastava, A., D. Sylvester, D. Blaauw, *Statistical Analysis and Optimization for VLSI: Timing and Power*, Springer, 2005.

北京市版权局著作权合同登记　图字：01-2021-2296 号

图书在版编目（CIP）数据

IC 芯片设计中的静态时序分析实践/（美）J. 巴斯卡尔（J. Bhasker），（美）拉凯什·查达（Rakesh Chadha）著；刘斐然译. —北京：机械工业出版社，2022.6（2023.10 重印）

（IC 工程师精英课堂）

书名原文：Static Timing Analysis for Nanometer Designs：A Practical Approach

ISBN 978-7-111-70686-1

Ⅰ. ①I… Ⅱ. ①J…②拉…③刘… Ⅲ. ①IC 卡–芯片–设计 Ⅳ. ①TN402

中国版本图书馆 CIP 数据核字（2022）第 074863 号

机械工业出版社（北京市百万庄大街 22 号　邮政编码 100037）

策划编辑：吕　潇　责任编辑：吕　潇

责任校对：张晓蓉　封面设计：马精明

责任印制：单爱军

北京虎彩文化传播有限公司印刷

2023 年 10 月第 1 版第 4 次印刷

184mm×240mm · 22.75 印张 · 517 千字

标准书号：ISBN 978-7-111-70686-1

定价：135.00 元

电话服务　　　　　　　　　网络服务

客服电话：010-88361066　　机 工 官 网：www.cmpbook.com

　　　　　010-88379833　　机 工 官 博：weibo.com/cmp1952

　　　　　010-68326294　　金 书 网：www.golden-book.com

封底无防伪标均为盗版　机工教育服务网：www.cmpedu.com